鄂尔多斯盆地南缘陆相致密油储层精细表征

刘传喜　夏东领　夏冬冬　著

中国石化出版社

内容提要

鄂尔多斯盆地南缘延长组致密油是典型的陆相致密砂岩油藏，盆缘和陆相的特殊地质环境决定了其具有“基质储层、裂缝和含油性”三大强非均质性特征，储层精细表征难度大。本书围绕鄂尔多斯盆地南缘陆相致密油开发工作需求，系统阐述了陆相致密油“基质储层、裂缝和含油性”三大强非均质性的表征技术，并给出了现场应用实例，是对鄂尔多斯盆地南缘陆相致密油储层精细表征的系统总结，充分反映了该方面的最新研究成果，对评价和认识我国陆相致密油具有借鉴和指导作用。

本书可供从事致密油勘探开发工作的科研、生产及管理人员阅读参考，亦可作为高校师生的教学与学习参考用书。

图书在版编目(CIP)数据

鄂尔多斯盆地南缘陆相致密油储层精细表征/刘传喜，夏东领，夏冬冬著. —北京：中国石化出版社，2022.11
ISBN 978-7-5114-6896-3

Ⅰ.①鄂… Ⅱ.①刘… ②夏… ③夏… Ⅲ.①鄂尔多斯盆地-陆相油气田-致密砂岩-砂岩油气藏 Ⅳ.①P618.130.2

中国版本图书馆 CIP 数据核字(2022)第 195155 号

中国石化出版社出版发行

地址：北京市东城区安定门外大街 58 号
邮编：100011 电话：(010)57512500
发行部电话：(010)57512575
http://www.sinopec-press.com
E-mail：press@sinopec.com
北京富泰印刷有限责任公司印刷
全国各地新华书店经销

*

787×1092 毫米 16 开本 13.25 印张 279 千字
2022 年 12 月第 1 版 2022 年 12 月第 1 次印刷
定价：108.00 元

前　言

自然资源部全国油气资源动态评价（2015 年）显示，我国致密油总资源量达到 146.6 亿吨，主要分布在鄂尔多斯盆地、松辽盆地、四川盆地、准噶尔盆地、渤海湾盆地等区域，随着开发技术的不断进步、原油产量的不断增长，致密油已成为我国非常规油气开发的亮点和未来石油开发最现实的接替领域。当前我国各大石油公司对如何规模有效开发致密油都非常重视。

中国致密油主要为陆相致密油，其中以鄂尔多斯盆地致密砂岩油分布最广，发现的大油田最多，探明储量和产量也最多。中国石油天然气股份有限公司在陕北靖安、姬塬等地区发现多个大型致密砂岩油田，储量规模十亿吨级以上，近年来原油产量持续稳定上升。中国石油化工集团有限公司在盆地南缘三叠系延长组发现致密砂岩油探明与控制储量超 4 亿吨。相比较于盆地内部，盆地南缘的致密油地质条件有着巨大差异，一是构造改造强烈，断缝大规模发育；二是陆相沉积相变快，河道多而窄，砂体厚度薄且分布不稳定；三是受沉积、成岩作用控制，储层物性差，平面和纵向非均质性强；四是主力烃源岩长 7_3 张家滩页岩的厚度薄、生烃强度小，油气充注程度不高导致储层含油饱和度低，加之经过多期聚集与调整，油水分布十分复杂。这种特殊的地质背景，导致延长组致密油存在着“基质储层、裂缝和含油性”三大强非均质性，甜点规模小且分散。可以认为，鄂尔多斯盆地南缘陆相致密油是我国乃至世界范围内地质条件最为复杂的致密砂岩油藏，在早期地质认识不到位的情况下，借鉴北美经验采用水平井分段压裂建产，开发效果未达到预期。因此，开展致密油“三大强非均质性”精细表征，深化地质认识、分类分批地有序动用，对实现此类复杂陆相致密油效益开发具有重要的现实意义。

陆相致密油储层精细表征面临三大技术难题：一是基质储层非均质性强，储层质量差异机理认识不清，预测与表征难度大；二是不同尺度裂缝发育，中小尺度裂缝识别与预测缺乏技术手段，分级裂缝定量表征需要攻关；三是储层含油性差异大，油气富集主控因素不清，测井含油饱和度解释精度低，含油非均质性表征难。

本书以鄂尔多斯盆地南缘中生界延长组长 8 致密砂岩油藏为研究对象，攻关形成了针对南缘致密油“基质储层、裂缝和含油性”三大强非均质性的储层精细表征技术系列：一是沉积－成岩联合约束的致密砂岩储层质量表征技术，提出“沉积构型约束成岩、成岩约束储层质量”的新思路，建立了微观孔隙结构与宏观储层质量的对应关系，实现了“微观”与“宏观”研究的有效融合，刻画了单期河道的储层质量分布特征；二是多信息融合的裂缝分级描述与预测方法，岩心、测井、地震、地应力场多专业信息融合，建立不同尺度裂缝带表征及融合建模方法，技术集成解决了分级裂缝刻画难题，实现“千米级”到“米级”裂缝定量表征；三是测井饱和度解释新方法与成藏富集规律新认识相结合，创新直井－水平井结合的非阿尔奇饱和度测井解释技术，攻克了储层含油饱和度算不准的难题，并提出致密油成藏富集新模式，深化了含油非均质性认识；四是建立了致密油储量分类评价参数及标准体系，明确了“甜点”分布特征及分类储量规模，建立了储量动用序列，提出中尺度富油裂缝带为优先开发的一类储量区。

通过多年的技术攻关，促使致密油储层表征精度大幅提高，并重新认识了鄂尔多斯盆地南缘致密油的地质特征和富集规律，认识到断裂在致密油气成藏富集中起主导作用，不同级别断裂差异化控藏，中尺度断裂相对有利，“甜点”沿裂缝带和优质储层呈条带状分布，小而分散，造成水平井油层钻遇率较低。地质认识的重大改变，对致密油勘探开发具有重要指导意义，促使油田现场转变了勘探开发思路，为鄂南致密油先导试验和开发调整奠定了地质基础。

本书重点总结了多年来鄂尔多斯盆地南缘陆相致密油储层精细表征的技术成果和现场应用，希望为类似致密油开发提供借鉴。与国内外其他同类专著相比，本书更注重于致密砂岩油藏储层三大强非均质性表征和储量分级评价的研究背景及技术方法，并且在结合理论方法和实际应用的基础上，尽量反映该研究领域的新思路、新方法、新认识，使读者有所裨益。刘传喜提出了本书的主体架构和思路，前言和第一章由刘传喜、夏冬冬、夏东领执笔，第二章由夏东领、邹敏、郭秀娟执笔，第三章由伍岳、胡松、夏冬冬执笔，第四章由夏冬冬、郭秀娟、胡松执笔，第五章由郭秀娟、何维领、方文超执笔，第六章由刘传喜、夏冬冬、夏东领执笔。本书由刘传喜、夏东领、夏冬冬统稿。

本书是在长期科研攻关的基础上形成的，在相关科研项目的研究过程中，中国石化石油勘探开发研究院云金表（教授）、秦学杰、李军（教授）、庞雯、王静、王萍、宋文芳、蒲军、徐婷、苟斐斐、张军、李冀秋、付育璞、于岚、吴军来、王秀芝、张爱芹、王鹏、魏漪、殷夏等相关专家和同事，中国石化华北油气分公司各级领导及同仁给予了大力的支持和帮助，技术攻关过程中还得到了中国石油大学（北京）吴胜和教授、岳大力教授和曾联波教授的诸多指导和启发，在此一并表示衷心感谢！

由于鄂尔多斯盆地南缘陆相致密油的复杂性及作者水平有限，书中难免存在不足之处，恳请广大读者批评指正。

目　录

第1章　概　述

1.1　致密油概念

致密油是非常规油气最重要的类型之一，但由于考虑的角度和出发点的不同，目前对致密油概念的理解尚存在一定的争议。致密油作为一般性的描述词在20世纪40年代已出现在《AAPG Bulletin》杂志中，用来描述含油的致密砂岩(Ledingham等，1947)，而致密油作为一个专业术语在国内广泛应用则是近十年的事情，其具有广义和狭义之分(周庆凡等，2012)。

所谓广义致密油泛指储存在具有极低的孔隙度和渗透率的致密储层中的石油资源。这类储层既包括砂岩、白云岩、灰岩，也包括泥岩和页岩，其共同特点是储层物性极差，以往作为非储层来对待。2012年贾承造等将致密油定义为以吸附或游离状态赋存于生油岩中，或与生油岩互层、紧邻的致密砂质岩、致密碳酸盐岩等储集岩中，未经过大规模长距离运移的石油富集。一般来说，致密油具有4个明显的标志：①大面积分布的致密储层(孔隙度$<10\%$、基质覆压渗透率$<0.1\times10^{-3}\mu m^2$、孔喉直径$<1\mu m$)；②广覆式分布的成熟优质生油层(Ⅰ型或Ⅱ干酪根、平均TOC大于1%、R_o为0.6%～1.3%)；③连续性分布的致密储层与生油岩紧密接触的共生关系，无明显圈闭边界，无油“藏”的概念；④致密储层内原油密度大于40°API或小于$0.8251g/cm^3$，油质较轻。

与广义的致密油相对应，狭义的致密油主要指的是致密“储层”油，这类储层主要以砂岩和碳酸盐岩为主，不包括泥岩和页岩中的石油。邹才能等(2012)认为致密油是致密储层油的简称，是指覆压基质渗透率小于或等于$0.1\times10^{-3}\mu m^2$的砂质岩、石灰岩等储油层中的石油经过短距离运移而富集的非常规油气资源，主要包括致密砂质岩和灰岩等，油质较轻，单井一般无自然产能或自然产能低于工业产能下限，在一定经济条件和技术措施下可获得工业石油产量。他认为致密油缺乏明显圈闭界限，无统一油气水界面和压力系统，含油气饱和度差异大，油气水常多相共存，与常规圈闭油气藏的形成机理、分布特征等具有显著不同；赵靖舟等(2013)依据国内外致密油储层调研结果，结合对鄂尔多斯盆地致密油储层特征和成藏研究认识，将致密油定义为：储层致密、只有经过大型压裂改造等措施才可以获得经济产量的烃源岩外油藏，其绝对渗透率约小于$2\times10^{-3}\mu m^2$，孔隙度约小于12%，主要包括致密砂岩油和致密碳酸盐岩油两大类型。杨华等(2013)依据鄂尔多斯盆地石油勘探开发实际，将渗透率小于$0.3\times10^{-3}\mu m^2$，赋存在油页岩及其互层共生的致密砂岩中，石油未经大规模长距离运移的石油称为致密油，包括致密砂岩油和页岩油两大类。白玉彬等(2014)认为致密油一般是指储层致密、油气难以在其中自由上浮且一般表现为非达西渗流的岩石，其地面孔隙度一般小于10%～12%，空气渗透率一般小于1～2×10^{-3}μm^2。

由于致密砂岩、碳酸盐岩与页岩在储层特征、石油运移聚集机制等方面的差异，将其分开研究更能揭示致密油的本质，且鄂尔多斯盆地南缘与盆地内部相比，地质条件具有特殊性。因此，本书中的致密油定义为狭义的致密砂岩油，指大面积连续或准连续聚集在紧邻优质烃源岩层系的覆压渗透率小于或等于0.1×10^{-3}μm^2(空气渗透率小于或等于1.0×10^{-3}μm^2)砂岩储层中的油气资源，一般无自然产能，需要借助新的技术手段改善储集层渗流性能和增加原油流动性才能获得工业石油产能。鄂尔多斯盆地南缘陆相致密油特指鄂尔多斯盆地南部中生界三叠系延长组长8致密砂岩油。

1.2 鄂尔多斯盆地致密油形成条件

与国外海相盆地相比，鄂尔多斯盆地经历了多旋回构造演化，具有烃源岩横向变化较大、储层分布稳定性差、含油非均质性强、隔夹层多等特点，因此，鄂尔多斯盆地陆相致密油的形成条件具有自身特点，且由于沉积位置的差异，盆地南缘致密油的形成条件与盆内对比既有相似性，又具有特殊性。盆内致密油主要发育在延长组长7段重力流砂体中，盆地南缘致密油主要发育在延长组长8段辫状河三角洲平原—前缘的分流河道砂体中。

1)平缓的构造背景有利于规模发育储层和烃源岩

鄂尔多斯盆地延长组致密油分布的一个显著特点是分布面积广。因此，其形成必须存在一个大型平缓的斜坡或坳陷背景，只有在这种构造背景上才能形成大面积分布的储层和烃源岩。同时，平缓的构造背景不利于油水的分异，也不利于石油在其中进行长距离的侧向运移。大型平缓的斜坡或坳陷往往是构造活动较弱的产物，断裂不发育，油气藏保存条件较好。这种特点使鄂尔多斯盆内的延长组长7油层组、长8油层组成为我国致密油最为富集的层位(白玉彬，2014)。

鄂尔多斯盆地南缘延长组以大型坳陷为背景，主要目的层地层整体平缓，地层倾角一般不足1°，无二级构造，三级构造以鼻状褶曲为主，很少见幅度较大、圈闭较好的背斜构造发育，延长组长8—长7沉积期整体有利于规模发育烃源岩层(长7_3张家滩页岩)和三角洲储层(长8)。由于处于盆缘，多期构造改造较为强烈，断裂发育，这是鄂尔多斯盆地南缘致密油与盆内在构造特征上的重要区别之一。

2)规模分布的致密储层为致密油形成提供了储集空间

致密储层规模发育是致密油形成的必要条件。在平缓的构造背景下，由于水体分布范围广且发育稳定，有利于形成大面积分布、具有一定储集空间的致密砂岩储层。由于物源、沉积环境和岩石类型的不同，造成不同地区、不同层位的储层受成岩作用和构造改造的程度不同，从而导致致密储层非均质性强、地区差异性大。

鄂尔多斯盆地盆内延长组长7沉积时期湖盆达到鼎盛，在半深湖—深湖环境沉积了规模的重力流砂体，主要以呈中—厚层块状的砂质碎屑流为主，储层非均质性相对较弱。平面上砂岩呈大面积连续分布，纵向上叠置砂体厚度大，形成累积厚度30～50m、数千米宽度的致密砂岩地质体。盆地南缘延长组长8沉积时期位于辫状河三角洲下平原—前缘的有利相带，多期分流河道叠加沉积，砂体连片分布，厚度8～45m，是油气大规模聚集的主要场所。但河道分支多、延伸范围远，单河道砂体厚度4～8m，宽度400～1200m，下游相对厚度薄、宽度窄，平面上呈条带状分布，规模小于盆内长7段重力流砂体。

3)广泛分布的烃源岩为致密油形成提供了物质基础

鄂尔多斯盆地盆内致密油的生烃条件较好，一是烃源岩分布面积广且厚度大，长7段内部发育两至三套黑色页岩，累计厚度平均超过30m，具备生烃条件的暗色泥岩，累计厚度达到80m以上；二是烃源岩热演化程度适中，R_o一般为0.7%～1.2%；三是烃源岩有机质丰度高，生烃母质主要为腐泥型，干酪根类型以Ⅰ－$Ⅱ_1$型为主，盆内长7页岩有机碳含量一般为10%以上，最可达30%。

鄂尔多斯盆地南缘致密油的烃源岩条件略差一些，一方面主力烃源岩长7_3张家滩页岩虽然分布面积广，但整体厚度相对小，主要发育在靠近盆内位置，呈现北厚南薄的特点，厚度一般为10m左右；二是烃源岩热演化程度低到中等，R_o一般为0.6%～1.0%；三是烃源岩有机质丰度较盆内偏低，有机碳含量平均小于8%，且生烃母质为腐泥型和腐殖型混合，干酪根类型以$Ⅱ_1$型为主。但无论是盆内还是盆缘，烃源岩均已达到优质烃源岩标准，主要差异在于烃源岩厚度和质量，造成南缘整体生排烃动力相对较弱，是南缘致密油储层油气充注不足，含油饱和度较低的主要原因。

4)烃源岩与致密储层大范围相邻分布有利于致密油成藏富集

优质烃源岩与致密储层纵向上相邻分布或互层接触是致密油形成的充分必要条件。源储紧密接触有利于石油短距离运聚成藏，因为石油在致密储层中运移时所受的毛细管阻力非常大，石油在致密储层中经短距离运移后在相对优质的储层内聚集成藏，由于烃源岩生排烃过程持续，源源不断的石油被充注到储层中，驱替已经聚集的石油继续向前或向上下运聚，形成距离油源区越近的致密储层中的石油充注压力大、充注程度高。

鄂尔多斯盆地盆内长7致密油正是上述有利情况，其主力储层主要分布在主力烃源岩长7_3张家滩页岩之上，长7油层组内部的长7_1亚段、长7_2亚段致密储层中也发育优质烃源岩，与致密砂岩相互接触，主要为下生上储和源储一体成藏模式，有利于石油排出后就近成藏，而长4+5区域盖层很大程度上对致密油的保存具有重要的作用。鄂尔多斯盆地南缘致密油主力层位长8段，位于主力烃源岩长7_3张家滩页岩之下，为上生下储成藏组合模式，油气充注条件差于盆内长7致密油。因为石油向下运移需要克服浮力和毛细管力的综合作用，同时由于南缘烃源岩较薄，生排烃动力相对较弱，加之长8砂体连续性和储层物性相对较差，油气选择性对高孔渗储层充注，油藏主要呈条状或土豆状分布，连续性差，甜点小而分散。而长8断裂发育，起到双刃剑的作用，一方面为油气运移的优势通道，裂缝带附近优先充注或后期调整形成富集区；另一方面存在部分强活动断裂带保存差，易造成油气散失。

1.3 鄂尔多斯盆地南缘致密油基本地质特征

相比较于盆内致密油，盆地南缘致密油地质条件有着较大差异，主要表现在4个方面。一是沉积相变快，河道多而窄，砂体薄且分布不稳定；二是储层物性差，微米—纳米级孔喉为主，差异化成岩严重，储层非均质性强；三是构造改造强烈，断裂和裂缝大规模发育，裂缝分布非均质性强；四是烃源岩生烃强度弱，不同级别断裂+储层差异化控藏，加之经过多期聚集与调整，油水分布十分复杂，含油饱和度整体较低且非均质性强。这种特殊的地质背景和成藏过程，导致盆地南缘致密油存在着“基质储层、裂缝和含油性”三大强非均质性，甜点规模小且分散。可以说，鄂尔多斯盆地南缘陆相致密油是我国乃至世界范围内地质条件最为复杂的致密砂岩油藏。本书主要以鄂尔多斯盆地南缘红河油田延长组长8致密油为主要研究和描述对象。

红河油田位于甘肃省东部，大地构造上位于鄂尔多斯盆地西南部，构造区划上属于鄂尔多斯盆地西缘天环向斜的南段(图1－1)，毗邻西峰亿吨级大油田。钻井揭示该区中生界自下而上主要发育三叠系、侏罗系中下统、白垩系下统地层。上三叠统延长组上部地层受晚印支运动的影响而剥蚀缺失，且在西南部与上覆地层成角度不整合接触，这明显有别于盆地内部。钻井揭露地层平均厚度2100m左右，自上而下钻遇第四系，白垩系志丹群，侏罗系安定组、直罗组、延安组，上三叠统延长组(未穿)。其中，三叠统延长组是一套在内陆湖泊三角洲沉积体系上发育的重要油气储集层，也是红河油田主要的含油层系(表1－1)。

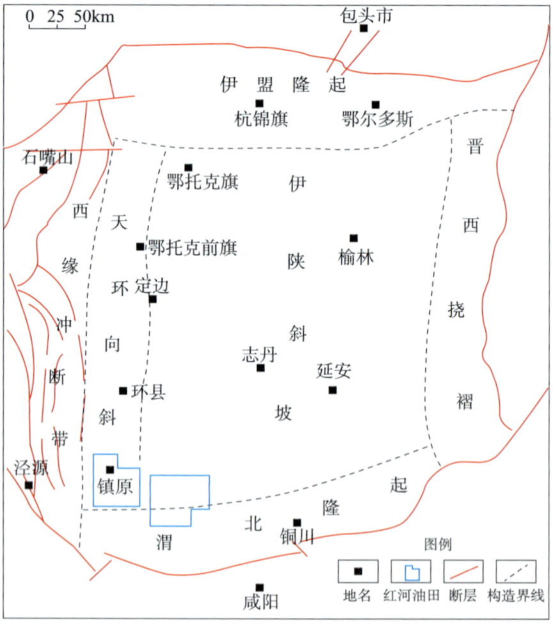

图1－1 鄂尔多斯盆地南缘红河油田构造位置

表1-1 鄂尔多斯盆地南缘红河油田地层简表

地层					垂深/m	垂厚/m	岩性描述
系	统	组	段	油层组			
第四系	全新统				135	135	灰黄色黏土层与棕色砾石层呈不等厚互层
白垩系	下统(志丹群)	罗汉洞组			330	195	棕黄、棕色细、中、粗砂岩与褐色泥岩呈不等厚互层
		环河组			710	380	灰色泥岩、粉砂质泥岩夹灰色泥质粉砂岩、细砂岩，局部具石膏薄层
		华池组			910	200	灰褐、灰色泥岩与棕褐色泥质粉砂岩、灰褐色中砂岩呈不等厚互层
		宜君组			1152	242	棕、棕灰色中砂岩与褐色泥岩呈略等厚互层
侏罗系	中统	安定组			1326	174	中、上部紫褐色泥岩及褐色泥灰岩与棕灰色中砂岩呈略等厚互层；下部为棕灰色中砂岩与褐、紫褐色泥岩呈等厚互层
		直罗组			1604	278	上部为绿灰、灰色泥岩及粉砂质泥岩与浅灰色细砂岩呈略等厚互层；下部为大套浅灰色细、粗砂岩与绿灰、紫褐色泥岩呈略等厚互层
	下统	延安组			1590~1740	100~130	深灰、灰黑色泥岩与灰色粉、细砂岩呈略等厚互层，夹5层煤
三叠系	上统	延长组	第三段	长4+5	1650~1826	65~90	深灰色泥岩、粉砂质泥岩与浅灰色粉、细、中砂岩呈不等厚互层
				长6	1785~1960	100~120	上部深灰色泥岩、粉砂质泥岩与灰色粉、细砂岩略等厚互层；中部浅灰、灰褐色中、细砂岩与深灰色泥质岩略等厚互层；下部深灰色泥岩、粉砂质泥岩与灰色粉、细砂岩略不等厚互层
				长7	1855~2025	70~90	上部深灰色、灰黑色泥岩夹灰色细砂岩；下部深灰、灰黑色泥岩、粉砂质泥岩及浅灰、灰褐色细砂岩互层；底部为黑色泥岩
			第二段	长8	1860~2140	80~100	深灰、灰黑色泥岩、粉砂质泥岩与灰、浅灰色细砂岩等厚互层
				长9	2070~2250	90~100	灰绿色、灰黑色(夹暗紫色)泥页岩与灰绿色粉、细砂岩互层，顶部局部具有0.3~6m黑色页岩
			第一段	长10	2145(未穿)		浅灰色中砂岩夹黑色泥岩

红河油田主力含油层为延长组长8油层组。长8油层组自上而下包括长8_1和长8_2两个亚油层组，长8_2亚油层组储层相对欠发育，长8_1亚油层组发育3个次级沉积旋回，自上而

下为长 8_1^1、长 8_1^2 和长 8_1^3 共 3 个小层。长 8_1^1 普遍发育一套 5 ~ 8m 的泥岩，长 8_1^2 是长 8 油层组的主力油层，砂体主要为三角洲平原分流河道沉积，主要由细砂岩、粉砂岩组成。砂岩物性较差，平均孔隙度小于 10%，平均渗透率小于 $1\times10^{-3}\mu m^2$，属于典型的致密油储层。

1）辫状河三角洲下平原沉积为主，河道多而窄，砂体薄且分布不稳定

研究表明，延长组长 8 油层组主要为辫状河三角洲沉积体系，其中主力油层长 8_1^2 为辫状河三角洲下平原沉积，主要发育分流河道、决口水道和分流间湾三类沉积微相，其中分流河道是有利沉积微相，是砂体发育的主要区域。河道砂体见多期冲刷面、泥砾和钙质胶结层，内部沉积构造较多，为多期河道叠加形成，隔夹层较多。岩石成分以长石质岩屑砂岩为主，成分成熟度较低，且磨圆以次棱角状为主，反映相对较近的搬运距离。一般来说，近源沉积的砂岩分选差、杂基含量高以及后期成岩作用强，更容易形成致密储层。

通过对红河油田主力开发区红河 36 井区长 8_1^2 砂层组单期砂体精细解剖，识别出长 8_1^2 砂层组至少有 4 条河道汇聚，单河道宽度为 350 ~ 750m，砂体厚度为 1.8 ~ 3.5m，宽厚比为 180 : 1 ~ 200 : 1，呈现单期河道窄、砂体厚度薄的特征。结合直井和水平井信息精细刻画长 8_1^2 砂层组 3 个小层砂体分布情况，河道砂体叠置样式以垂向叠置和侧向拼接为主，并存在孤立式叠置方式，砂体横向变化快、连续性较差。其中长 8_1^{2-2} 砂体厚度最大为 8 ~ 12m，长 8_1^{2-1} 小层和长 8_1^{2-3} 小层砂体厚度较小，主要为 4 ~ 6m，仅在局部交汇区厚度达到 8m 左右。本书在第 2 章 2.3 节详细阐述单期河道砂体的识别与刻画方法。

2）储层物性差，微米—纳米级孔喉为主，基质储层非均质性强

储层物性差是致密油最基本的特征，而且一般在主成藏期储层即已致密化并一直持续到现今。根据对鄂尔多斯盆地南缘红河油田 26 口取心井 1217 块样品的常规物性统计，长 8_1 砂岩孔隙度、渗透率均呈单峰态分布，孔隙度主要为 4% ~ 12%，平均 8.6%［图 1 - 2（a）］；渗透率普遍小于 $0.5\times10^{-3}\mu m^2$，平均 $0.21\times10^{-3}\mu m^2$［图 1 - 2（b）］，基质储层十分致密。

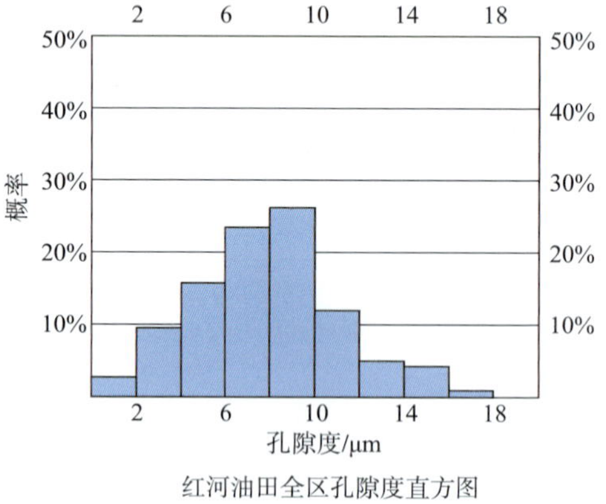

(a)长8_1^2孔隙度分布直方图

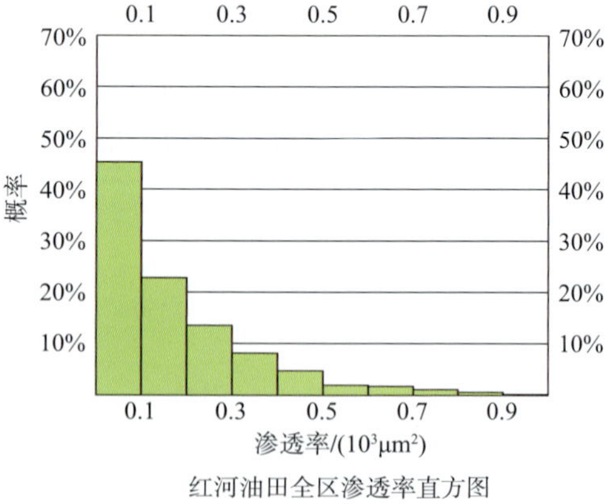

(b)长8_1^2渗透率分布直方图

图 1 - 2　鄂尔多斯盆地南缘红河油田长 8_1^2 孔隙度、渗透率直方图

长8储层孔隙结构复杂，孔隙类型多样、喉道以微米—纳米级孔喉为主。孔隙类型主要是粒间孔、粒内溶孔、微孔隙群，孔隙直径较小，主要为20～100μm。其中粒间孔包括原生残余粒间孔及混合成因粒间孔，孔径变化较大，大孔隙直径一般为50～150μm，连通性较好，但分布不均一，具有强烈的非均质性；粒内溶孔主要为长石、岩屑的粒内溶孔，少量长石颗粒的铸模孔，孔隙直径一般小于50μm，对于储层的渗流能力贡献不大；微孔隙主要由自生高岭石和自生伊利石、伊/蒙混层晶间微孔隙等组成，以高岭石晶间孔最为发育，孔径一般小于5μm。微孔隙常常集合成微孔隙群，整体孔隙孔径小、连通性差，对储层的渗透能力贡献很小。喉道类型以片状喉道为主，孔隙缩小型喉道和管状喉道极少见，孔喉中值半径主要为0.01～0.5μm，平均小于0.1μm。

致密砂岩储层经历了复杂的成岩作用，成岩非均质性强，储层质量受控于沉积和成岩的综合作用(吴胜和，2016)。据岩石薄片、扫描电镜以及X衍射分析，鄂尔多斯盆地南缘红河油田长8_1^2致密砂岩在埋藏过程中经历了压实、胶结、交代及溶解等成岩作用。其中压实作用是造成储集砂岩孔隙减少，渗透性下降的主要成岩作用，岩石颗粒接触关系由点—线接触演变至凹凸接触，当塑性组分含量大于60%时，易发生强压实；胶结作用在成岩各阶段均可发生，是储层孔渗下降的主要原因之一，对长8_1^2致密砂岩储层致密化影响最大的为方解石胶结和高岭石胶结作用，而衬边绿泥石胶结是储层改善的重要因素之一，随着衬边绿泥石胶结物含量的增加，抑制了石英的次生加大，有利于粒间孔隙的保存。溶解作用主要表现为长石、岩屑等各种易溶组分的溶解，使得储层物性变好，但增孔效果并不显著，砂岩孔隙度最终维持在10%以下。

河道砂体的不同部位经历了差异化的成岩演化过程，使得储层质量非均质性极强。强压实和强胶结导致厚度小于7m的单套砂体致密，几乎不发育有效储层。而大于7m的单套砂体垂向上顶部压实，底部钙质胶结致密，储层质量较差；中部胶结相对弱、物性好，储层质量较好；平面上顺河道方向，绿泥石胶结中溶解相发育规模增大，相对优质储层分布形态由土豆状向条带状转变，储层质量整体变好。

3)构造改造强烈，断缝大规模发育，裂缝分布非均质性强

鄂尔多斯盆地是一个经多期构造运动叠合形成的残余内克拉通盆地，中—新生代经历了内陆克拉通盆地、内陆拗陷盆地、断陷盆地等演化阶段(张国伟等，2001)。红河油田位于陕北斜坡、天环坳陷、西缘冲断构造带与渭北隆起等不同构造单元的交汇地带。整体构造东南高、西北低，地层向北西西平缓倾斜，构造相对比较简单。过去很长一段时间，由于中生界构造研究基础较为薄弱，部分学者认为鄂尔多斯盆地西南部构造稳定、变形微弱且少有断裂发育。随着高精度地震勘探工作开展，钻井、测录井及分析测试等基础资料的丰富，为盆地构造精细研究提供了难得的数据，逐步认识到红河油田正处于盆地边缘强烈变形与盆内弱变形的过渡转折区，受盆地边缘强烈构造变形的影响明显，发育复杂断裂体系。

红河油田中生界主要发育北西向、北东东向、近东西向3组断裂(图1－3)，断裂性质以压扭性为主，同时发育有张性、张扭性断层以及反转断层。受多期构造运动影响，断

裂多期次叠加，性质复杂。印支期近南北向挤应力作用下形成北西向压扭性走滑断裂；中、晚燕山期左旋剪切—挤压应力环境下北东向断裂活动加强；喜山期右旋剪切—拉张应力作用使北西向断裂挤压闭合、北东东向断裂呈张性特征，同时派生大量规模不等的剪切裂隙(张园园等，2020)。平面上北东东向断裂发育于红河油田北部，呈雁列式带状分布，断裂密度大，横向延伸长，并在该区中部与北西向断裂交切。近东西向断裂在该区西南部沿北西向走滑断裂带附近少量分布。剖面上，断裂高陡产出，断距小、隐蔽性强且多具走滑性质，组合形成平行斜列式、“Y”字型、反“Y”字型、花状、阶梯状等多种构造样式。北西向断裂产状近于直立，平均倾角大于75°，断穿三叠系至白垩系并向浅部地层延伸，断距变化大。北东东向断层倾角及断距较小，断穿上三叠统至中白垩统，多组合形成复杂断裂区。此外，长8油层组内部发育多条层间断裂，垂直断距小于10m，在地震剖面中难以直接识别。

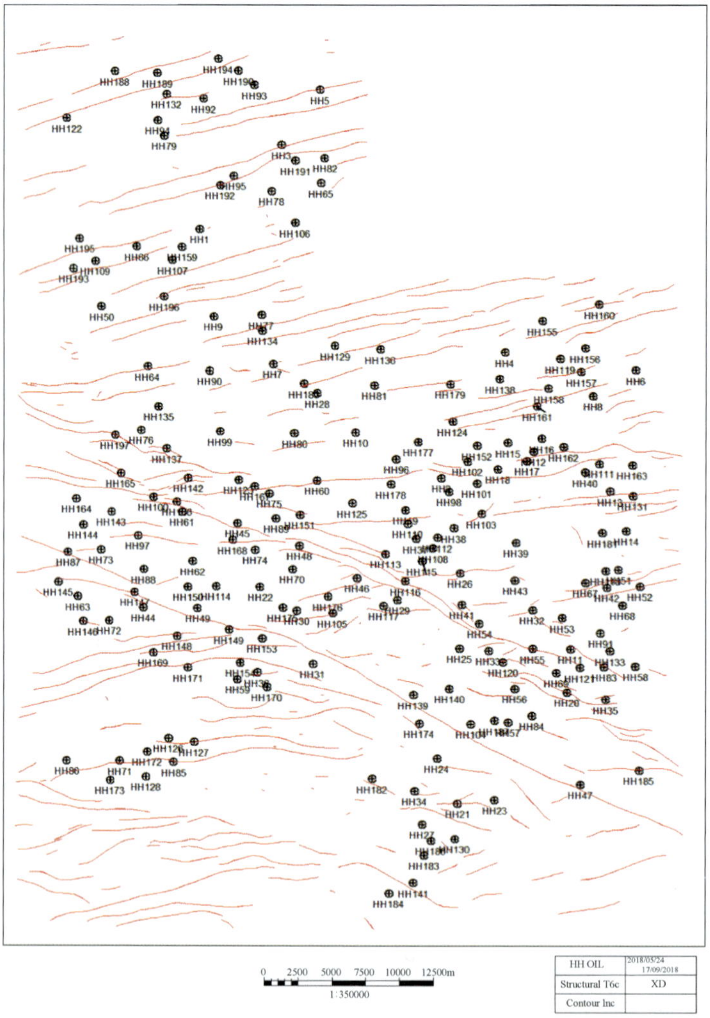

图1-3　鄂尔多斯盆地南缘红河油田长7段底界面断裂体系分布图(引自华北油气分公司内部报告)

野外露头及红河油田取心井裂缝观察，延长组长 8 段裂缝发育 NE 向、NW 向、近 SN 向、近 EW 向等 4 个组系，以近 EW 向和 NW 向为优势走向。裂缝产状以垂直裂缝和高角度斜交裂缝为主，倾角大于 80°裂缝占 70% 以上，低角度斜交裂缝较少，见少量的网状缝和泥岩收缩缝。垂直裂缝缝面一般比较平直，斜交裂缝面在砂岩、泥岩中可以观察到擦痕、阶步等缝面构造，擦痕为顺缝面方向的 X 形剪破裂，且共轭出现，张性和剪性破裂缝均有发育。裂缝主要发育在砂岩中，线密度主要为0.5 ~3 条/米，垂直裂缝纵向延伸具有一定规模，最大达到 1m 以上，能切穿一些薄层的砂岩层和泥岩层。裂缝充填程度高、有效性差，充填物以方解石为主，石英、泥质充填少见。

断裂发育且不同尺度裂缝分布非均质性强，是鄂尔多斯盆地南缘致密油区别于盆内致密油主要的地质特征之一，并对长 8 段致密油藏的形成与分布有重要控制作用，是南缘致密油精细表征的重点和难点，本书在第 3 章详细阐述多尺度裂缝的识别、预测与表征问题。

4)烃源岩生烃强度弱，多期成藏和调整，断裂与储层差异化控藏

鄂尔多斯盆地延长组烃源岩主要为黑色油页岩和暗色泥岩两种，其中油页岩是最为优质的烃源岩，主要是发育在长 7 段底部的张家滩页岩和长 9 段顶部的李家畔页岩。在盆地南缘，长 9 段李家畔页岩并不发育，长 7 段张家滩页岩是主力烃源岩。长 7 段沉积时期湖盆面积最大，为半深湖—深湖沉积，烃源岩围绕湖盆沉积中心呈环状分布，越靠近湖盆边缘烃源岩沉积厚度越薄。由于水体深度的不同造成植物数量存在很大的差异，因此，导致烃源岩地球化学特征差异明显。湖盆中心长 7 烃源岩超过 80m，优质烃源岩一般大于 30m，湖盆南缘烃源岩的厚度为 40m 左右，优质烃源岩厚度一般小于 10m。离中心越远，烃源岩厚度越小，质量也越差。从有机质丰度、有机质类型和有机质成熟度三方面来对比鄂尔多斯盆地盆内、盆缘长 7 烃源岩质量。

岩石中有足够数量的有机质是形成油气的物质基础，是决定岩石生烃能力的主要因素。湖盆内部长 7 优质烃源岩有机碳平均值为 14.2%，最高达到 38.8%，生烃潜量(S_1+S_2)平均值超过 45mg/g，氯仿沥青“A”平均值为 0.74%(廖青，2019)；湖盆南缘红河长 7 优质烃源岩有机碳平均值为 6.4%；生烃潜量(S_1+S_2)平均值为 36.7mg/g；氯仿沥青“A”平均值为 0.64%(张枝焕，2013)。可以说，鄂尔多斯盆地盆内、盆缘长 7 烃源岩的地化指标均已达到优质烃源岩标准，但盆缘烃源岩各项地化指标均低于盆内。不同的有机质类型其生油的潜能是不一样的，鄂尔多斯盆地延长组长 7 烃源岩盆内有机质类型主要为Ⅰ型和II_1型，盆缘主要为II_1型和II_2型，少量Ⅰ型，且随着距离湖盆中心越远，其有机质类型由Ⅰ型过渡为Ⅱ型的特点，生油能力逐渐变差。有机质(干酪根)只有达到生烃门限才能生烃。鄂尔多斯盆地延长组长 7 段烃源岩镜质组反射率主要为 0.7% ~1.3%，处于主要的生油阶段，其中湖盆中部镜质组反射率为 1% 左右，向湖盆边部 R_o 逐渐变小，南缘红河油田长 7 镜质组反射率为 0.8% 左右，明显小于湖盆内部。

从鄂尔多斯盆地延长组致密油成藏过程来看，由于地质条件的差异，南缘致密油有其

自身特点，以红河油田长8致密油成藏过程说明。晚三叠世是长8储集层、烃源岩层初始沉积形成期，此时红河地区烃源岩质量整体较差、热演化程度低，尚未进入排烃期；早白垩世初期，长7段烃源岩热演化突破生烃门限，有机质 R_o 达到0.5%～0.7%，少量低熟液态烃类开始生成，并在浮力及生烃增压作用下向烃源岩附近有利砂体前端缓慢充注，完成第一幕小规模、近距离油气聚集成藏（任战利等，2020）。早白垩世末期是成熟油快速充注成藏期，此时优质烃源岩热演化加剧，R_o 达到0.6%～1.0%，进入低熟到成熟阶段，烃源岩短期内快速生烃增压，为油气近源运移提供动力（朱光有等，2013），早白垩世末晚期燕山构造运动增强，一方面使红河地区转变为“东南高、西北低”单斜形态，进而改变了砂岩圈闭倾向及闭合幅度；另一方面全盆地抬升卸压，使红河地区北西向断裂性质转化，北北东向剪切断裂大规模发育，沟通长7段烃源岩层与长8段储集体。因此，大量生成的液态石油沿断裂由源岩区向下伏长8段相对有利储层快速输导，并在断裂附近砂岩带聚集，完成第二次油气幕式快速充注。此时有两类成藏模式，一是在断缝欠发育的基质区，成藏动力为烃源岩生烃高压，整体充注度较低，油气富集受控于储层、烃源岩品质及配置关系；二是在断缝与砂体叠合区，通过断缝输导在断裂带附近形成高含油条带，油气富集受控于断缝规模及储层质量。晚白垩世以来，喜山期构造旋回作用对原生油藏调整，一是长7段烃源岩热演化停滞，长8段砂岩储层更加致密化，不利于油气继续充注；二是NNE向张性、张扭性断裂活动强度增强、裂缝密度增大，并伴有剪切裂隙发育，能够改善致密砂岩储层孔渗性，早期油藏动态平衡被打破，烃类物质沿北东东向断裂与连续性优质砂体发生调整或局部聚集，形成沿断裂带及高渗砂岩带分散式分布的特征，同时，喜山期构造活动持续增强，富油断缝带的断距增大超过上覆泥页岩盖层的厚度，断层封堵性变差，不利于长8段油藏保存，油藏遭到改造及调整，油气向上运移至上覆长7段、长6段地层形成岩性油藏，在侏罗系延安组地层形成岩性-构造油藏等。最终在红河油田长8段形成低压、低丰度油藏沿保存条件较好的中等尺度断裂带及高渗砂岩带分布的现状（张园园等，2020）。

5）油水分布复杂，含油饱和度低且非均质性强

常规油藏一般油、水分异明显，具有明显的边水或者底水。然而，鄂尔多斯盆地南缘延长组致密油上千口直井及数百口水平井试油、试采及生产结果表明，已发现的致密油边、底水均不明显，油水同储同出，基本上不存在纯油层，纯水层也很少，而以油水同层、含水油层为主，这与典型的常规油藏明显不同。造成延长组致密油油水同储同出、边底水不明显的原因，主要是由于其储层致密，孔隙喉道细小，横向上岩性、物性变化大，加之地层平缓，油水难以在其中形成良好分异，从而形成油水同储、自由水缺乏的现象。而成藏时期储层已经比较致密，可能是造成油藏中自由水较少的一个重要原因。

依据鄂尔多斯盆地南缘红河油田大量岩屑录井及岩心观察结果分析，大部分井长8段致密砂岩均见到油气显示，含油产状以油斑、油迹为主，部分物性较好的岩心段见油浸显示，整体含油性中等到差，表明含油饱和度较低。三口密闭取心井的含油饱和度测试分析

结果，主力层长 8_1 原始含油饱和度分布于 5% ~65%，值域跨度大，分布范围散，主力油层的平均含油饱和度平均小于 50%，测井解释以油水同层为主。对比鄂尔多斯盆地内华池地区长 7 致密油密闭取心含油饱和度分析结果，原始含油饱和度主要分布于 65% ~85%，平均达到 72.8%（杨华，2013），反映出盆缘致密油含油饱和度与盆内致密油有着较大的差距。

红河油田长 8 致密油的基质储层含油性受物性控制明显，纵向上以长 8_1^2 层含油饱和度最高，长 8_1^3 层含油饱和度显著降低；从横切河道剖面来看，河道主体物性相对好，含油饱和度高，河道侧翼物性差，含油饱和度低；平面上，高含油饱和度区沿裂缝带和优质储层呈条带状分布，顺主河道方向，河道变宽，砂体变厚，物性逐渐变好，含油性变好，油气富集程度由差变好。

从生产上来看，红河油田长 8 段以水平井开发为主，油井产能差异大，整体表现出初产低、含水高、能量弱、递减快的特点。平面上油井产油和含水的剧烈变化真实反映了盆缘长 8 致密储层含油强非均质性。以红河 36 井区为例，初期 66 口水平井投产情况表明，平面上油井日产油、含水差异极大。初期日产油平均仅 6.3t，日产油小于 5t 的油井占比超过 50%，日产油大于 10t 的高产油井占比仅 30%，且油井投产即含水，含水从 10% ~90% 及以上不等，初期含水率平均达到 60%。其中，含水小于 30% 的低含水油井占比仅 23.8%，而高含水（含水 60% ~90%）的油井比例为 22.2%，特高含水（含水大于 90%）的油井比例为 28.6%。生产动态表明地下含油饱和度整体较低，油藏具有极强的含油非均质性。

1.4 鄂尔多斯盆地南缘致密油储层表征面临问题与解决思路

“十一五”末期到“十二五”中期，是鄂尔多斯盆地南缘致密油快速增储上产的阶段，油田现场开展了大规模的勘探开发工作，但由于地质认识程度较低、建产节奏快，开发效果未达到预期，表现在平面上油井产能差异很大，不少井低效甚至无效，很多的开发现象得不到很好的解释，油田勘探开发面临巨大挑战和困惑，促使科研人员开始反思并开展新一轮的研究评价，逐渐认识到鄂尔多斯盆地南缘致密油地质特征异常复杂，存在“基质储层、裂缝和含油性”三大强非均质性，其成藏富集规律、油藏地质特征、“甜点”分布特征与盆内致密油完全不同，需要发展针对性油藏精细描述技术，深化陆相致密油地质特征认识，为鄂尔多斯盆地南缘致密油开发奠定地质基础。为此，以红河油田长 8 段为研究对象，系统梳理了鄂尔多斯盆地南缘致密油储层表征难题并提出了研究思路。

1.4.1 致密油储层表征存在的问题

1）基质储层质量表征方面

与常规砂岩储层相比，致密砂岩储层基质孔喉小、物性差、孔隙结构复杂，储层非均质性极强。基质储层质量是储层储集能力和渗流能力的综合体现，是致密油储层表征最主要的内容，其中致密砂岩基质储层质量差异机理及分布规律是致密油储层表征的关键和难点。

吴胜和在《储层表征与建模》一书中指出，储层的发育一般受控于沉积作用、成岩作用，沉积对储层的控制作用主要表现在对储层空间分布的控制，沉积微相类型直接控制了砂体分布，不同沉积砂体具有不同的孔隙度和渗透率。沉积物沉积之后，其孔隙空间的变化主要取决于沉积物所受成岩作用的类型和强度，对于致密砂岩储层来说，其后期的成岩作用对储层质量的差异影响非常大。从文献调研情况来看，多位学者曾对区域规模（盆地、凹陷）及砂组以上级别砂体的储层质量平面分布进行过详尽的研究（罗静兰，2001；钟大康，2012；付晶，2013），在致密油勘探中发挥了重要作用，但到了致密油开发阶段，研究精度需提高到小层级别，弄清楚单河道砂体内部的成岩非均质及储层质量差异分布，这方面的工作进展有限。

因此，满足鄂尔多斯盆地南缘致密油开发需求，需加大小层级别砂体内部的储层质量差异研究，尚存在三个亟待解决的科学问题。

（1）致密砂岩孔隙空间的复杂连通性表征不足。致密砂岩孔喉复杂，有着多种孔喉组合配置关系。不同产状的孔隙与喉道之间具有什么样的连通性？不同的连通结果（不同孔喉组合配置关系）对储层储集性能及渗流性能有什么样的影响？

（2）小层级别砂体内部储层质量差异的影响因素及孔隙演化尚不明确。致密砂体内部成岩强度差异性的控制因素和不同成岩相的分布样式是什么？对于同一沉积微相致密砂岩内，不同构型单元及部位的成岩作用及孔隙演化有何区别？最终形成的储层质量（孔隙结构及储层物性）差异程度有多大？

（3）致密砂体内部储层质量的分布样式尚不清楚。目前，对盆地规模及层序级别的致密储层质量分布做过较多的研究，但小层级别的砂体内部的储层质量差异分布样式尚不清楚。小层级别的砂体内部储层质量在垂向上、侧向上以及顺物源方向上具有什么样的分布规律？

2）多尺度裂缝表征方面

天然裂缝是致密储层主要的渗流通道和重要的储集空间，是控制致密油气成藏富集、油井高产的主要因素之一。因此，业内把裂缝定量描述及预测作为致密油储层表征的重要内容之一，在裂缝岩心描述、测井识别和地震预测等方面开展了丰富的工作。

鄂尔多斯盆地南缘致密储层发育不同尺度的天然裂缝，包括长度百米级的大尺度裂缝、数十米级的中尺度裂缝、米级的小尺度裂缝和厘米级及以下的微尺度裂缝，裂缝精细描述是储层表征的难点之一。前期利用地震预测方法实现了大尺度裂缝表征，利用岩心分析和测井方法实现了微尺度的定量表征，但中小尺度裂缝识别与预测的难度依然很大，尚不能满足三维空间多尺度裂缝定量表征的需求。亟待解决的问题具体表现在三个方面。

（1）裂缝发育地质规律和主控因素研究需深化。裂缝的成因类型、发育期次及形成机理是什么？不同尺度裂缝的分类标准如何确定？

（2）不同尺度裂缝带，尤其是中小尺度裂缝带识别与预测技术不成熟。在测井裂缝识别方面，限于现场资料录取情况，电阻率测井以双感应测井为主，基于双感应测井电阻率的裂缝识别机理是什么？在裂缝地震预测方面，中小尺度发育具有较强的随机性，如何提高中小尺度裂缝带的预测精度？

（3）多尺度裂缝的三维裂缝建模方法需要攻关。不同资料、不同方法预测的大中小级别裂缝，如何实现尺度上的耦合？如果采用离散裂缝网络建模方法，如何确定裂缝发育强度约束体、终止条件是什么？如何提高趋势约束算法的效率？

3）含油非均质性表征方面

陆相致密油含油非均质性强，含油饱和度是致密储层评价、甜点优选的重要内容和指标之一。由于地震手段预测储层含油性受资料品质和技术方法的限制，不确定性强，可以实现定性预测，但无法满足定量表征的精度要求。长期以来，业内除了岩心测试，实现含油饱和度定量计算最主要的方法是依据测井资料。随着油气勘探开发对象越来越复杂，传统阿尔奇公式在低孔致密储层、裂缝孔洞发育储层越发不适用，只有不断发展和完善饱和度计算方法，在新技术基础上研究和推广全新的方法，并在应用中不断发展和改进，以达到最大限度求准复杂储层含油饱和度的目的。

对致密砂岩储层中油气运聚机制及成藏模式而言，业内比较普遍的认识是，浮力是常规油气藏油气运移的主要动力，而在致密储层中，一般认为浮力作用很弱，油气运移的主要动力为烃源岩内产生的异常压力。常规油气藏的形成一般要经过一定甚至较长距离的二次运移，而致密油多为近距离运移成藏，断裂是优势通道。但基质储层质量和断裂如何控制致密油成藏和调整，很少有深入研究。

鄂尔多斯盆地南缘致密油成藏条件较差、含油饱和度整体较低。从生产动态资料分析，油井产能和含水差异大，投产即含水，反映出储层含油非均质性极强，仅在局部存在高含油饱和度区，但具体原因尚未解释清楚。前期主要依靠测井和动态资料，开展多井对比和含油非均质性评价，对致密油藏含油非均质性的地质认识仍然不够深入，满足不了致密油“甜点”评价、储量计算和开发选区的需求，存在两个方面的问题。

（1）经典阿尔奇模型不适用于致密砂岩油藏测井饱和度计算。致密储层测井响应特征及导电机理是什么？如何构建致密储层的非阿尔奇饱和度解释模型，提高含油饱和度计算精度？如何进行水平井曲线环境校正，提高油水解释符合率？

（2）致密油富集主控因素和成藏模式认识需要深化。不同级别断裂和基质储层如何差异化控制致密油气成藏和富集？长8致密油成藏模式是什么？储层含油饱和度及“甜点”的纵横向分布规律是什么？

1.4.2 致密油储层表征研究思路与方法

致密油储层表征以层序地层学、储层地质学、地球物理学、非常规油气成藏理论为指导，应用露头、岩心、测井、地震、动态等多种资料，以成烃—成储—成藏研究为主线，以致密油藏精细描述为核心，采用宏观地质背景分析与微观实验分析测试技术相结合、整体油藏研究与局部典型井组解剖相结合、静态地质—地球物理研究与生产动态分析相结合的研究思路和方法，开展致密油储层精细表征研究。重点围绕影响致密油“甜点”评价的“基质储层、裂缝和含油性”三大强非均质表征开展技术方法攻关，构建具有致密砂岩油藏特色的三维地质模型，并以技术经济界限为基础，开展储量分类评价，最终形成一套适用于鄂尔多斯盆地南缘致密油储层表征技术方法体系。

1）基质储层质量表征是基础

第一步开展致密砂岩孔隙结构表征与基质储层质量分级研究。优选适合于致密砂岩储层微观孔隙结构表征的实验方法，研究不同岩性的孔隙结构特征，包括孔隙与喉道的成因和结构类型、大小、分布、孔—喉配置关系等，基于不同产状的孔隙与喉道的复杂孔喉配置关系表征致密砂岩储层孔隙结构，并优选分类参数和分级方法，建立致密砂岩基质储层质量分级标准。第二步开展致密砂岩基质储层质量差异机理研究。在充分考虑不同储层物性、不同沉积相、不同成岩作用的基础上，通过系统取样与配套实验测试，从微观孔喉结构成因入手，系统建立不同孔隙结构与储层物性、沉积相、成岩相之间的关系，揭示不同沉积—成岩演化过程对不同孔隙结构类型及储层质量差异分布的控制作用。重点研究致密化过程中沉积构型及岩性控制下的成岩序列差异，定量估算压实、不同类型胶结及溶蚀强度，分析河道砂体致密化过程中沉积因素对成岩强度和孔隙变化的控制作用。第三步开展基质储层质量空间差异分布规律研究。由于基质储层质量受控于沉积和成岩的综合作用，需要通过沉积与成岩规律来预测储层差异分布。在小层级别砂体精细解剖、岩相类型识别以及砂体内部塑性成分分布规律研究的基础上，明确沉积因素—成岩相—储层类型对应关系，以“沉积因素控制成岩相、成岩相控制微观孔隙结构、微观孔隙结构控制基质储层质量”的多级约束储层质量预测思路，研究致密砂岩基质储层质量差异分布规律，明确河道垂向、侧向以及顺物源方向上储层物性的变化特征。

2）多尺度裂缝表征是关键

首先，明确裂缝的主要类型、发育期次及成因机理，建立分级标准。通过岩心、露头观察及成像测井分析，划分裂缝不同成因类型，统计裂缝密度、高度、充填程度、走向、倾角等参数特征。根据地层埋藏史及区域构造演化史，分析岩心、露头裂缝相互切割及追踪关系，结合裂缝填充物及流体包裹体地球化学特征，划分裂缝发育期次及古地应力场特征。在以上分析基础上，研究裂缝发育特征与岩性、地层厚度、断层、不同期次构造应力场等地质因素关系，明确裂缝发育主控地质因素和分级标准。其次，开展基于常规测井的裂缝识别与评价。通过不同类型裂缝发育情况与测井系列进行对比，开展不同类型裂缝测井响应特征研究。设计基于感应测井的裂缝物理模拟和数值模拟实验，研究双感应测井评价裂缝的测井原理及响应规律，并以双感应测井为核心，构建裂缝敏感指数，研究测井裂缝识别方法与标准。依据裂缝参数物模—数模实验结果，以岩心、成像测井为刻度，研究基于双感应测井的裂缝参数计算模型，实现直井、水平井裂缝定量评价。对于大尺度裂缝带，表征的重点应在于对裂缝带的地质边界及几何结构定量刻画；对于中小尺度裂缝带，应考虑叠前各向异性、地应力场和测井等不同资料结合，相互验证和补充，以提高中小尺度裂缝预测精度。最终，在裂缝带分级识别和预测的基础上，考虑不同尺度裂缝带耦合配置关系，形成多尺度裂缝带地质综合表征方法，实现从千米级到米级裂缝带定量刻画。

3）含油非均质性表征是核心

提高致密砂岩储层含油饱和度测井计算精度是实现含油非均质性表征的关键。通过大量的岩电、压汞、核磁的联测实验，分析致密砂岩储层“非阿尔奇响应”的主要原因，明确储层孔隙半径差异分布对储层岩电参数，如地层因素、饱和度指数的影响，推导适用于致密砂岩的饱和度计算新模型。由于井下测井仪器的设计是假设井眼周围地层是对称的，而测井仪器在水平井中时，并不能满足这种关系，因此，首先要对水平井测井曲线开展环境校正，才能运用基于直井资料建立的饱和度计算模型。充分考虑井眼附近地层的几何形状、测量方位、重力引起的仪器偏心、井眼底部聚集的岩屑、异常侵入剖面以及地层各向异性等对水平井测井曲线测量的影响，利用交互式正反演技术确定水平井井轨迹与地层精细接触关系，开展水平井测井曲线校正，恢复到储层真实测量值，进而应用直井解释模型来计算储层含油饱和度等参数，提高测井解释精度。以大量直井、水平井含油饱和度解释结果为基础，地质分析—动态数据相结合，从烃源岩、基质储层、裂缝、断层、构造五个方面，分析影响致密砂岩储层含油非均质分布的主要因素，恢复致密砂岩油气运聚及成藏过程，总结出鄂尔多斯盆地南缘致密油成藏富集规律和成藏模式。以地质模式为指导，采用“井点数据控制、井间模式约束”的方法，刻画出主力储层含油饱和度的非均质分布特征。

最终，基于致密油“基质储层、裂缝和含油性”三大强非均质表征结果和油气富集规律认识，构建具有致密油特点的三维地质模型，包括基质模型和裂缝模型。在模型基础上计算致密油储量，并从单井技术经济界限出发（考虑单井投资、油价、收益率），结合地质评价参数，包括基质储层非均质性评价、裂缝非均质性评价、含油非均质性评价、产能评价及经济评价五个方面，构建储量分类评价标准，开展致密油储量分类评价，并预测不同类型储量的平面分布范围，为甜点评价、开发选区和分类储量开发对策研究奠定地质基础。

第 2 章　基质储层质量表征

基质储层质量决定了致密储层的储集与渗流能力。明确基质储层非均质成因、建立储层质量差异表征方法是认识优质储层发育规律的重要支撑。本章从微观实验分析测试技术出发，以致密油储层质量差异机理研究为核心，明确了基质储层非均质性成因，并结合沉积成岩作用，建立了不同岩石相类型的成岩作用过程，明确了微观孔喉结构与沉积成岩作用之间的关系，在此基础上，发展了沉积—成岩联合约束的基质储层质量差异表征方法，为认识优质储层发育规律奠定基础。

2.1　致密储层孔隙结构定量表征

随着科技的进步，储层微观孔隙结构的研究手段从简单物性分析向先进的数字化实验测试发展，其研究理论及方法也逐渐呈现出多学科交叉的特点，涉及地质、化学、数学和物理等学科。目前的方法主要从镜下直接二维观察到三维观察，从间接测量逐渐发展至数字岩心综合测试。通过多种手段对微观孔喉进行表征，逐步建立了不同类型微观孔喉与宏观储层质量的对应关系，实现了基于微观孔隙结构差异的储层质量分级，将微观孔喉升华至宏观物性，夯实了储层质量分级的理论基础。

2.1.1　孔隙结构表征方法

2.1.1.1　孔隙结构表征方法概述

致密砂岩储层的孔喉产状较为复杂，直接观察是定性确定孔喉类型最为直接有效的研究方法，直接观察技术主要包括铸体薄片、扫描电镜以及近年来逐渐兴起的大面积背散射扫描电镜成像、微米 CT 和纳米 CT 技术。

1) 二维表征方法

(1) 铸体薄片。

铸体薄片法是将带色的有机玻璃或环氧树脂注入岩石的孔隙裂缝中，待树脂凝固后，再将岩心切片放在显微镜下观察，用以研究岩心薄片中的面孔率、孔喉类型、连通性、孔喉配位数等。由于该方法简单易行，成本低廉，是目前图像分析法中最常用的方法。

(2) 扫描电镜。

扫描电镜的原理是由电子枪发射出电子束，经加速偏转后，在样品表面聚焦成极细的电子束，该电子束对样品表面进行扫描，电子与样品相互作用，激发出各种信号，这些信号被处理后在荧光屏上成像。扫描电镜下的矿物具有图像立体、分辨率高及景深大等特点，可以对样品中微孔隙和喉道的立体形态及连通性、孔喉配置关系、黏土矿物类型及其赋存形态等进行分析。

(3)大面积背散射扫描电镜成像(Modular Automated Processing System，简称MAPS)。

大面积背散射扫描电镜成像是针对需要大面积观察的样品(含有多尺度孔隙结构的样品)，在选定区域内排布扫描出一系列连续且边缘重叠的大量高分辨率的小图像，扫描完成以后会将这些小图像进行拼接进而得到一张超高分辨率、超大面积的二维背散射电子图像。图像获取的原理是利用高能电子与物质的相互作用，在样品上产生各种信息，如二次电子、背反射电子、俄歇电子、X射线、阴极发光、吸收电子和透射电子等，这些信号通过探测器按顺序、成比例地转为视频信号，经过放大，调节光点亮度，形成了扫描电镜图像(图2-1)。

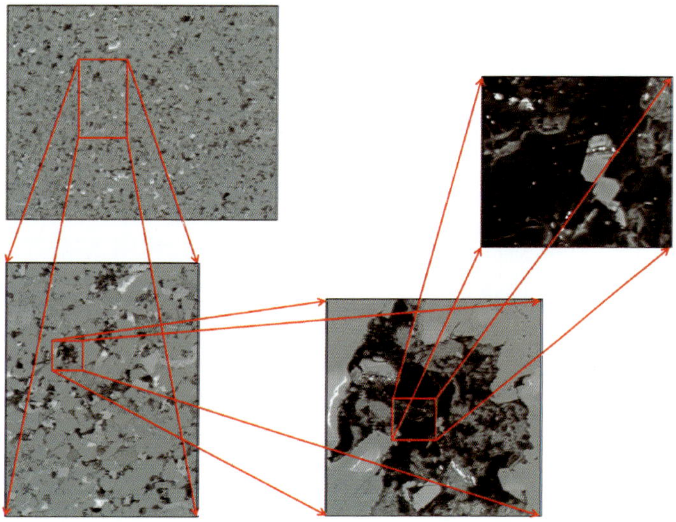

图2-1　大面积背散射高分辨率成像分析原理图

大面积背散射扫描电镜成像获得可以进行逐级放大的背散射扫描电镜图像，从定性分析的角度，可以获得样品的结构特征、孔隙特征和矿物形态特征的信息。在实现了普通氩离子抛光扫描电镜分析功能的基础上，保证了对样品整体的观察和认知，避免了图像采集能力限制而导致的图像代表性的问题。从定量分析的角度而言，大面积背散射扫描电镜成像可以实现孔隙、裂缝、有机质等多种地质研究对象的含量、大小的定量化分析。

2)三维表征方法

(1)微米CT。

微米CT扫描的原理是利用锥形X射线穿透物体，通过不同倍数的物镜放大图像，由360°旋转所得到的大量X射线衰减图像重构出三维的立体模型。利用微米级CT进行岩心扫描的特点是在不破坏样品的条件下，能够通过大量的图像数据对很小的特征面进行全面展示。由于 CT 图像反映的是 X 射线在穿透物体过程中能量衰减的信息，因此，三维 CT 图像能够真实地反映出岩心内部的孔隙结构与相对密度大小。

利用微米 CT 扫描仪对岩心柱塞进行三维(无损)连续扫描，适用于粗粒岩石、裂隙、页岩纹层等的三维无损成像。通过样品获得岩心柱塞的三维微观密度变化图像，反映柱塞的内部结构(颗粒，胶结，孔隙等)。应用该数据可对岩石的微观结构进行描述，并开展微米级的孔隙(裂缝)及连通性的统计计算(图 2 -2)。

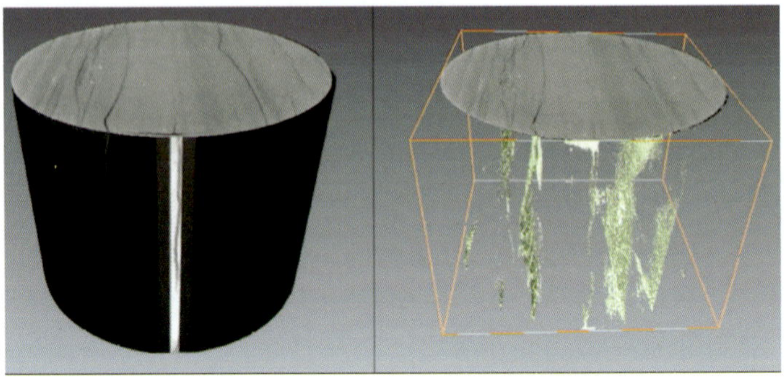

图 2 -2　致密砂岩柱塞微米 CT 扫描实例

(2)纳米 CT。

纳米 CT 扫描成像是利用平行 X 射线穿透样品，扫描过程中180°旋转样品，通过探测器接收衰减后能量图像(吸收衬度成像和相位衬度成像)，利用 X 射线衰减图像重构出三维立体模型。利用纳米 CT 扫描仪可以对岩心柱塞进行三维(无损)连续扫描，适用于致密岩石、微裂缝的观测，样品直径一般为 65μm，分辨率可达 65nm。

样品纳米 CT 扫描是对三维空间获取更细级别的孔、缝信息。结合微米 CT 扫描结果和多尺度高分辨率大面积扫描成像结果，对感兴趣的区域进行更高分辨率的三维纳米 CT 扫描，可用于确定致密砂岩、页岩储层纳米孔喉分布、大小、连通性等，并对任意断面虚拟成像展示，利用相位衬度技术，可表征石油在纳米级孔喉系统中的赋存状态。其获取的三维图像，提取岩心孔隙网络后，能够为建立数字岩心模型提供数据支持。

此外，三维聚焦离子束扫描电镜成像(FIB - SEM)、扫描电镜定量矿物分析(QEM - SCAN)等技术也可以应用于微观孔隙结构定性表征中。前者由于分辨率极高，这一技术主要针对黏土矿物晶间孔开展研究，尤其适合开展对页岩中有机质孔隙的相关研究。后者可以获得柱塞样品截面的矿物分布特征及含量百分比，与 MAPS 图像结合分析，还将获得样品的孔隙度精细划分结果。

3)间接表征方法

(1)压汞法。

研究岩石孔隙结构最常用的方法是通过测定毛管压力来定量确定孔隙和喉道的特征。实验室测定毛管压力的方法主要有半渗透隔板法、压汞法和离心机法等，其中压汞法由于其快速、准确，可以定性、半定量地研究储层的孔隙结构，从毛管曲线上获取能够反映孔喉大小、连通性和渗流能力的参数，因而是目前测定岩石毛管压力的主要手段。1921 年，Washbum 建议利用实验室内的压汞实验来确定岩石的孔隙大小及分布，之后经过学者们研究，对压汞法不断完善，使其成为研究储层孔隙结构极其重要的方法之一。

汞是一种非润湿液体，将汞注入被抽空的岩样空间中，一定要克服岩石孔隙系统对汞的毛细管阻力。显然，注入汞的过程就是测量毛细管压力的过程。注入汞的每一点压力就是代表一个相应的孔隙大小下的毛细管压力，在这个压力下进入孔隙系统的汞量就代表这个相应的孔喉大小在系统中所连通的孔隙体积。随着注入压力不断增加，汞不断进入较小的孔隙。一块岩样的毛细管压力曲线，不仅仅是孔径分布和孔隙体积分布的函数，也是连通性连接好坏的函数，更是孔隙度、渗透率和饱和度的函数。因此，压汞法测定岩石毛管压力曲线也是进行孔隙结构研究的方法之一。

高压压汞是在常规压汞的基础上，进一步提升进汞压力而发展出来的设备。其技术原理和方法与常规压汞类似，但为了检测更小的孔喉特征，进一步提高了进汞压力，其额定进汞压力可达60000psi（$1\text{psi}=6.895\times10^{-3}\text{MPa}$），约400MPa，相对于常规压汞方法，进汞压力提升近 4 倍。

随着一些复杂油气储层的开发，常规压汞和高压压汞技术已不能满足生产的需要，而恒速压汞技术在实验进程上实现了对喉道数量的测量，从而克服了常规压汞方法的不足。恒速压汞的原理是以非常低的进汞速度维持准静态进汞过程。当汞进入到喉道时，压力上升，突破后，压力突然下降，汞进入孔隙，之后汞将进入下一个次级喉道，产生第二个次级压力降落，渐次将主喉道所控制的所有次级孔室填满。通过该过程实现了对喉道数量的定量刻画，弥补了常规压汞和高压压汞的不足。

总体上，高压压汞和恒速压汞这两类技术表征的储集空间大小略有不同，前者基本覆盖所有储集空间，后者只针对较大喉道控制的孔隙体积。前者通过精确的压力控制，精细确定初始进汞段，更能反映对流动有贡献的喉道半径分布。后者主要针对大于 0.2μm 喉道连通的储集空间中孔隙与喉道的大小、分选特征，对于定量认识这部分储集空间的喉道特征有重要作用。

（2）核磁共振法。

核磁共振技术是利用氢原子核（质子 1H）自身的磁性及其与外加磁场相互作用的原理，通过测量地层岩石孔隙流体中氢核的核磁共振弛豫信号的幅度和弛豫速率来探测地层岩石孔隙结构的一种技术。在探测岩石孔隙中饱和含氢流体时，氢原子核弛豫信号的幅度与地层的孔隙度呈正比，其弛豫速率或弛豫时间 $T2$ 与孔隙大小和流体性质（黏度和可流动性等）有关。

核磁共振实验提供的原始数据是随时间衰减的自旋—回波串，其包含了储层物性、孔隙类型、孔径大小、流体类型及其分布等十分丰富的信息。

4）数字岩心综合表征方法

数字岩心技术是通过 CT 扫描等手段将岩心转化为三维图像的一种信息处理技术。传统的岩心取样实验分析周期长，还可能对岩心样品造成不可逆转的破坏，常规技术手段难以准确刻画微观孔喉结构特征。数字岩心分析方法从微观角度对储层岩石孔隙结构特征进行深入研究，可以统计计算扫描区域内所有孔隙的特征，结果较常规方法更加直观、可靠、全面和准确。常规实验手段难以准确刻画致密储层微观孔隙结构，如高压压汞无法反映孔隙信息，恒速压汞无法表征小于100nm的孔隙，铸体薄片观察视域小，不具有统计意义。近年来，随着扫描成像设备与计算机技术的快速发展，基于高精度扫描图像构建数字岩心，建立多孔介质模型，开展统计分析为精细刻画储层孔喉结构特征提供了新的技术手段。与常规室内实验测试相比，新兴数字岩心技术具有可视化、精度高、周期短、可重复、成本低等优势，逐渐引起国内外众多石油公司及研究机构的重视，成为当前研究热点与前沿，也是未来发展的必然方向。

(1)数字岩心概述。

国外数字岩心技术起步较早，目前，数字岩心技术在碳酸盐、火成岩、灰岩、非常规页岩、致密砂岩等方面都有了相关的研究和应用，在替代传统实验，构建全新的数字岩石物理实验上逐渐得到进一步的发展和应用。

(2)处理方法。

构建数字岩心目前有三种方式。一是通过CT扫描或其他成像设备获取样本数字数据体，再通过图像处理算法构建数字岩心；二是通过随机模拟方法，设定模拟的约束参数(如孔隙度)，通过模拟得到一定大小的数字岩心；三是采用物理成像方法获取一个小尺寸的数字岩心，提取该小尺寸数字岩心的特征参数，以其作为约束条件，模拟生成较大尺寸的数字岩心数据体，或者通过二维扫描图像重构建立三维数字岩心模型。这三种方法中，随机模拟方法成本低，但可靠性也较差，多用于方法研究和算法开发；物理成像与随机模拟结合的方式，对于非均质不强的储层可以兼顾成本和可靠性。

岩心图像获取是数字岩心表征的第一步。获取岩心图像的方法包括铸体薄片、序列成像法、聚焦扫描法和CT扫描法等。对于大部分成像设备，视域大则分辨率低，分辨率高则视域小。与常规储层不同，致密砂岩储层的两个基本特征，一是微纳尺寸的孔隙较为发育；二是孔喉极差大，非均质性强。基于这两个特点，对于致密砂岩储层的成像，既要求较大的视域以得到特征单元尺寸大小，同时要求极高的扫描精度。二者相互冲突，故采用多级别多尺度扫描，通过不同级别的扫描放映致密储层不同的性质；通过大量的扫描样本寻找统计规律来弥补视域小的缺陷。常见的数字岩心扫描图像分辨率与视域大小如表2-1所示。

表2-1 岩心不同级别精度扫描参数

项目	样本大小	分辨率	适用性
全直径岩心扫描	长1m，直径10cm	0.5mm	密度测井，柱塞扫描样选择
柱塞扫描长	2.5~2.9cm，直径2.5cm	12μm或17μm	地质分析，非均质分析
岩心块扫描	长1cm，直径1~2.5cm	0.5~12.0μm	孔隙结构分析
纳米扫描	长、宽、高均小于1mm	3~150nm	适用于页岩、致密岩石、碳酸盐等

(3)定量表征参数。

在构建得到的数字岩心的基础上，可以进一步通过数学方法计算分割出孔隙和喉道，再分别针对单个孔隙和喉道计算孔喉参数，最后对孔喉参数进行统计分析。目前，在二值图上进行喉道分割的方法主要有多向搜索算法、基于中轴的算法、最大球算法以及图像形态学腐蚀膨胀算法。

对于分离得到的孔隙和喉道，从几何形态出发，可以计算周长、面积、形状因子、等效椭圆、喉道长度、迂曲度、控制面积等参数。对于周长、面积、形状因子、等效椭圆的计算方法，数字岩心与其他图像的计算并无不同，而一些储层微观结果特有的参数，如喉道长度、迂曲度、控制面积、配位数等需要研究专门的计算方法，如喉道流动宽度等。

喉道的流动宽度是衡量流体流动能力的重要参数，他是指喉道最狭窄处的宽度，也即流动阻力的主要控制宽度。采用的方法是沿喉道轮廓线每个像素点作切线，如图 2－3 所示，再作该切线的垂线，垂线与轮廓的相交的部分得到喉道在该点处的宽度，流动宽度取所有轮廓像素点宽度的最小值。

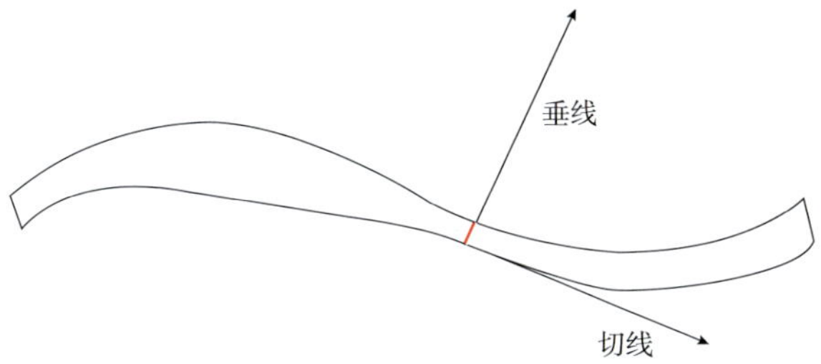

图 2－3　喉道流动宽度

2.1.1.2　致密砂岩孔隙结构表征方法优选

中—高渗砂岩储层孔喉类型较为单一，孔喉大小比较均一，以原生粒间孔和混合成因粒间孔为主，喉道以孔隙缩小型喉道为主，几乎不存在微孔隙群等类型，孔喉组合也较为简单，因此，常规的铸体薄片、扫描电镜及普通压汞技术即可满足研究需要。致密砂岩经历的成岩作用较强，孔喉大小整体较小且分选很差，喉道半径小至 0.1μm，大至 10μm，较大喉道对储层渗透性起到主要贡献，而且孔隙类型也较为多样，非均质性较强，不同孔隙结构对于储层的渗流性影响各不相同。与常规砂岩储层相比，致密砂岩储层孔隙结构具有以下特点：粒间、粒内孔隙较小，但微孔隙群发育；喉道小，为数微米至数十纳米；孔喉配置关系复杂。因此，孔隙结构的实验方法需要满足三个方面：①需要满足研究精度，即纳米—微米级。②要能够体现孔隙结构的非均质性。③能够体现储层微观渗流特征。

虽然致密砂岩孔隙相较于常规砂岩整体较小，但孔喉级差大(级差达 10^5)，其中较大部分孔喉的大小仍在铸体薄片和 MAPS 的观察分辨率之内，而相对于扫描电镜的视域范围孔隙则过大，并不利于观察鄂尔多斯盆地南缘致密油储层的孔隙类型，因此，对于该区孔隙的研究主要选用铸体薄片和 MAPS。由于该区喉道较细，普通的铸体薄片观察较为困难，因此，主要选用扫描电镜和 MAPS 对喉道进行观察。

在表征参数方面，前人对孔喉结构的表征参数研究方面做了大量工作。随着低渗透油藏的兴起，国内以李道品(2003)为代表的专家学者继续深入挖掘微观孔喉结构的表征参数及其与储层特征的关系，并进一步提出汞饱和度、大于 0.1μm 喉道控制体积、主流喉道半径、平均喉道半径、均值、分选系数等为关键参数。近年来，随着对储层研究的逐步深入，专家学者在不断总结关于微观孔喉结构表征参数。总的来说，对各类直接表征微观孔喉结构特征的参数归纳为三大类，即反映孔喉大小、孔喉分选、孔喉连通的参数。继承了对孔喉结构大小、分选以及连通性三方面的表征，通过采用高精度微区分析实验技术，将孔隙与喉道分开，分别得到反映孔隙、喉道的大小、分选特征及孔喉连通性特征的表征参数。这样划分的优势在于，既吸收了前人研究的精华，亦抓住致密砂岩孔喉级差较大的特殊性。结合数字岩心实验技术，提出了致密砂岩储层微观孔喉结构表征参数及实验方法(表 2 -2)。

实验方法方面，致密砂岩孔隙直径小，孔喉极差大，主要选用高压压汞技术，高压压汞进汞压力高达 400MPa，理论上能进入 2nm 以上孔隙空间，覆盖了微米—纳米级别孔隙，基本满足了致密砂岩孔喉结构表征的需要，而且结合数字岩心扫描技术，可进一步强化孔喉表征的精度。

表 2 -2　常规储层与致密储层孔喉结构表征差异对比表

项目	储层类型		
	常规储层	致密储层	
储集空间划分	孔喉	孔隙	喉道
主要测试技术	薄片观察、常规压汞	场发射扫描电镜技术	高压压汞、恒速压汞
		微米 CT	
大小	最大连通孔喉半径、中值半径、平均半径	孔隙大小分布、平均孔隙直径、中值孔隙直径、孔隙直径中位数、孔隙直径众数	喉道大小分布、主流喉道半径
分选	孔喉分选系数、歪度、峰态、均值系数	孔隙直径分选系数、孔隙直径均质系数	喉道分选系数、喉道均值系数
连通	退汞效率、孔喉比、孔喉配位数	孔喉组合类型、连通储集空间体积百分比	

2.1.2　孔隙、喉道及孔喉配置关系表征

采用适应于致密砂岩微观孔隙结构实验方法、表征参数，对长 8 段典型致密砂岩微观孔喉结构进行定量表征。对采自红河长 8 段致密储层的 32 块样品开展多种实验联测(高压压汞与数字岩心等)，以其中 3 块具有典型代表性的样品进行进一步分析。3 块样品信息如表 2 -3 所示。

表 2 -3　红河长 8 段典型代表性样品信息表

序号	井号	实验编号	孔隙度/%	渗透率/($10^{-3}\mu m^2$)
1	HH1057 -3	1	4. 25	0. 078
2	ZJ27	73	9. 94	0. 346
3	HH12	46	14. 57	0. 739

2. 1. 2. 1　孔隙表征

陆相致密砂岩储层经历了较强的成岩作用，孔隙类型复杂多样，微观非均质性极强。对非均值性极强的储层进行孔隙表征，通过更多观察点得到的储层微观孔隙特征越接近于地质真实情况。MAPS 图像视域大，基本覆盖柱塞岩心截面。在对场发射扫描电镜实验得到的二维图像进行处理的基础上，采用岩石孔隙结构特征图像分析法，一次性提取图像内的所有孔隙特征，对每一个独立孔隙逐个计算其面积、周长，统计孔隙特征参数，明确孔隙大小、分选的特征。

孔隙大小表征参数方面，致密砂岩储层存在着大孔隙少而小微孔隙发育的特征，具体到孔隙大小分布特征曲线而言，该曲线为负偏态(图 2 -4)。因此，单一参数已经无法刻画孔隙大小的发育特征，必须采用一组统计参数来反映孔隙的大小。结合在地质参数提出过程中广泛采用的数理统计与图解方法，通过计算每个孔隙的折算直径，提出了以一组特征参数来反映孔隙大小分布，分别是最大孔隙直径、平均孔隙直径(Dm)、孔隙直径中位数(Dd)、孔隙直径众数参数(Do)。其中，Dm 为所有孔隙直径的加权平均值，权值大小与孔隙面积占所有储集孔隙面积呈正比关系，Dd 为所有孔隙直径的中位数，Do 为频率曲线中最大频率的孔隙直径。

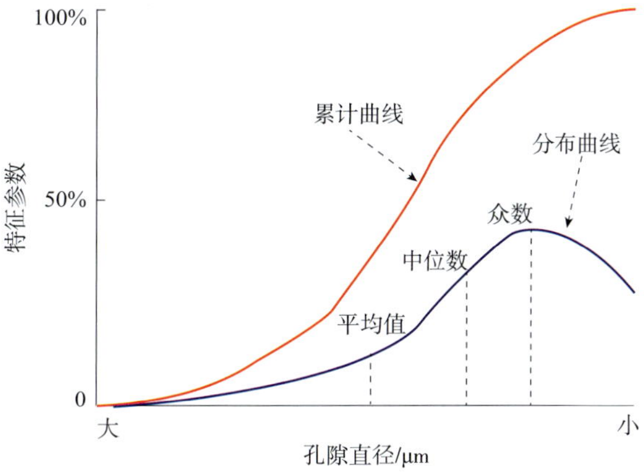

图 2 -4　致密砂岩孔隙分布与特征参数示意图

孔隙分选表征参数方面，孔隙直径均质系数和孔隙直径分选系数是表征致密砂岩储层孔隙分选特征的重要参数。对于不同类型的致密砂岩储层，孔隙直径均质系数表征了最大孔隙直径相对于所有孔隙分布的偏离程度。均质系数在 0 ~1 之间变化，值越大则最大孔隙相对于所有孔隙偏离越小，孔隙大小分布也相对越集中；而孔隙直径分选系数则反映了孔隙大小分布相对于平均孔隙直径的集中程度，孔隙直径分选系数越大，则孔隙大小分布越分散，分选越差。

实验样品经初步处理后采用 HITACH IM400 型氩离子抛光仪进行抛光，然后在 Helios 650 型仪器上用 MAPS 模式开展场发射扫描电镜实验，得到长宽为 16. 51mm ×16. 76mm 的图像，图像分辨率为250nm，像素达到46.06×108，图像大小约为6GB。采用图像识别技术分别在三块样品的图像上提取734、3555、9081个孔隙，孔隙密度平面为2.65个/m²、12.85个/m²、32.82个/m²。随着孔隙度的增加，单位面积内的孔隙个数显著增加。对样品所有孔隙的统计结果表明，最大孔隙直径分别为112.8μm、145.9μm、242.4μm，平均孔隙直径分别为40.16μm、47.27μm、62.12μm。平均孔隙直径与最大孔隙直径有较大的差距，且孔隙度越大，差距越大，说明孔隙度大的样品孔隙直径的分布越广，长尾效应越明显(图2-5)。

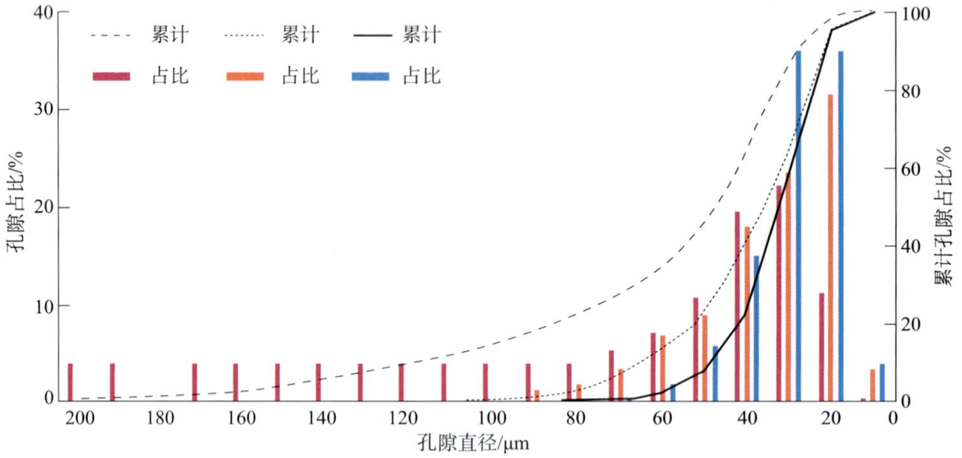

图2-5　红河地区典型致密样品孔隙分布直方图

表征孔隙直径的是一组参数，随着表征参数由平均孔隙直径向孔隙直径中位数、孔隙直径众数的转变，特征参数在不同样品间的差异逐步缩小。可以看到，对于不同孔隙度的样品，小孔隙的分布基本一致，主要的差异表现在大孔隙方面。大孔隙个数越多，特征参数越大，孔隙度也越大，因此，在致密砂岩储层孔隙表征中重点关注大孔隙。

孔隙分选特征方面，随着孔隙度增大，孔隙均质系数从0.36减小到0.26，孔隙均质性越来越差，孔隙度大的样品均值系数越小；孔隙直径分选系数随着孔隙度增大而增大，孔隙度小的样品分选性更好。

2.1.2.2　喉道表征

致密砂岩储层经历了复杂的成岩作用，形成了大量的粒内孔、晶间孔等孔隙类型，这类孔隙对于储层渗流能力的提升较小，属于低效、无效孔隙。常规的表征参数难以建立与储层渗流能力的关系，难以满足对致密砂岩储层微观孔喉结构研究的需要。采用高压压汞与恒速压汞相结合的技术刻画喉道的大小和分选特征。

喉道大小表征参数方面，喉道的大小可以通过主流喉道半径来表征。由于致密砂岩储层渗滤能力较低，对渗透率有贡献的喉道半径更小，必须依据对渗透率的贡献，合理地划分出喉道的下限，因此，选用与渗滤能力相关性更强的主流喉道半径参数。主流喉道半径定义为渗透率贡献累积达95%(也有部分学者定义为80%)时的喉道半径平均值。主流喉道半径的计算公式为：

$$R_z = \frac{\sum_{i=1}^{n} r_i S_i}{\sum_{i=1}^{n} S_i} \tag{2-1}$$

式中，R_z 为主流喉道半径，μm；S_i 为某一区间孔喉半径对应的进汞饱和度,%；r_i 为某一区间对应的孔喉半径，μm；n 为渗透率贡献值累积达 95% 或 80% 的孔喉区间个数。

喉道分选表征参数方面，喉道分选性主要是喉道均质系数与喉道分选系数表征。均质系数表征了最大连通喉道相对喉道分布的偏离程度，均质系数越小，则偏离程度越大；而分选系数则表征了喉道分布相对于主流喉道的集中程度，分选系数越小，集中程度越好(图 2-6)。

高压压汞表明，对致密砂岩储层，渗透率越大的样品喉道半径分布越宽，大喉道进汞比例越高，而渗透率越小的样品在大喉道部分进汞较少或者不进汞。这一结论得到了恒速压汞印证，高渗透率样品大喉道少量连续发育，使整个分布曲线具有明显的“长尾”特征，而渗透率更低的样品喉道则近似正太分布，集中分布在小喉道部分(图 2-7)。

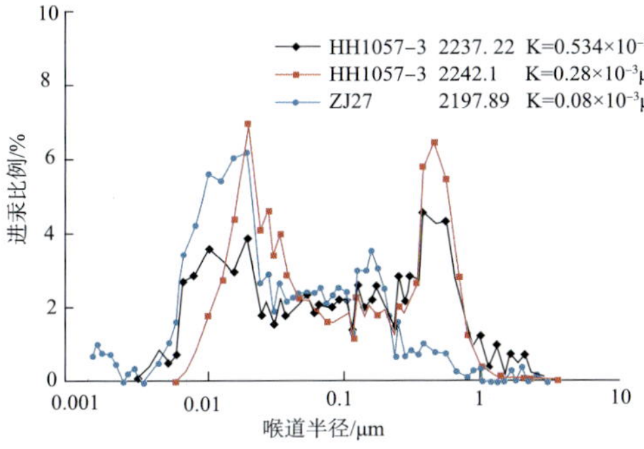

图 2-6 高压压汞喉道分布图

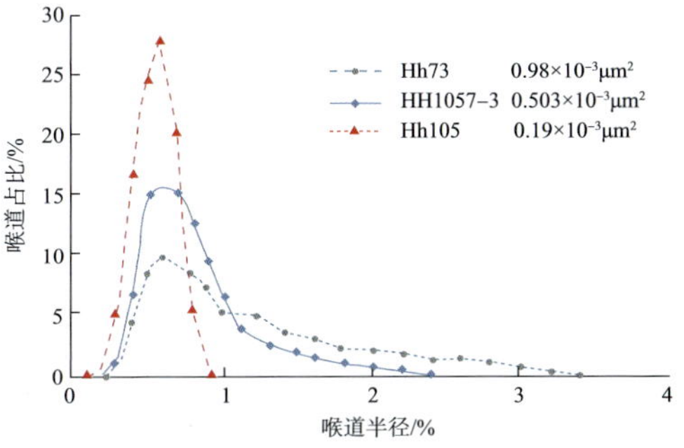

图 2-7 恒速压汞喉道分布图

高压压汞实验采用美国 AutoPoreIV 9500 型自动高压压汞分析仪，其在初始压力(0.2~50psi)范围内，可提供 0.05psi 的小步长压力增量，从而在大孔喉范围内详细采样，得到更加精确的大孔喉分布。恒速压汞实验主要采用美国岩心实验系统公司 ASPE-730 型仪器。

高压压汞实验测试表明，长 8 喉道主要为 0.01~1μm，存在少量大于 1μm 的喉道，但比例较低，低于 5%，主要为纳米级喉道(图 2-6)。分别计算不同大小的喉道对渗透率的贡献，得出 HH1057-3、ZJ27 及 HH12 的典型样品的主流喉道半径分别是 0.073μm、0.487μm、0.742μm，对应的喉道分选系数分别为 0.053、0.314、0.548。渗透率越小，主流喉道半径越小，喉道分选系数也越小，说明喉道集中到主流喉道半径附近的能力越强。恒速压汞实验可得到相似的结论，渗透率越小的样品，喉道分布的长尾效应越弱，大喉道发育越少，喉道主要集中在较小的喉道范围(图 2-7)。喉道均质系数计算表明，三块典型样品分别为 0.495、0316、0.078，随着渗透率的增大，均质系数减小，具有负相关关系(表 2-4)。

表 2-4 红河长 8 典型样品孔隙结构表征参数表

表征参数		样品		
		HH1057-3 井 1 号	ZJ27 井 73 号	HH12 井 46 号
物性	孔隙度/%	4.25	9.94	14.57
	渗透率/($10^{-3}\mu m^2$)	0.078	0.346	0.739
孔隙表征	孔隙密度/(个/mm^2)	2.65	12.85	32.82
	最大孔隙直径/μm	112.8	145.9	242.4
	平均孔隙直径/μm	40.16	47.27	62.12
	孔隙直径中位数/μm	32.55	34.06	34.68
	孔隙直径众数/μm	27.12	28.88	29.35
	孔隙直径均质系数	0.36	0.32	0.26
	孔隙直径分选系数	14.97	19.06	38.82
喉道表征	主流喉道半径/μm	0.073	0.487	0.742
	喉道均质系数	0.495	0.316	0.078
	喉道分选系数	0.053	0.314	0.548
孔喉连通表征	喉道组合类型	微孔隙群—窄片状组合	粒间孔-粒内孔—片状组合	粒间孔—宽片状组合
	最大连通体积占比/%	19.7	42.1	64.7

2.1.2.3 孔喉连通性表征

1)连通性评价方法

孔喉连通性的表征主要采用定性与定量相结合的方法，分别从地质认识上评价孔喉连通的潜力，从数字岩心上刻画孔喉连通的多少。通过二维 MAPS 图像观察，孔喉组合类型说明了储集空间连通的潜力，如粒间孔-片状喉组合比粒间溶孔-弯片状组合、晶间孔-管束喉连通的潜力大，储集空间相互连通的概率大，因此，从地质评价上粒间孔-片状喉组合比晶间孔-管束状喉道的连通潜力大。从定量分析上，通过对微米 CT 扫描成果进行三维数值重构，获取连通储集空间分布，计算每一个连通体积占总孔隙体积比例。在相同的扫描精度和范围内，连通体积越多，说明孔喉连通性越强。为了便于比较，一般用每个样品中的储集空间的最大连通体积占总孔隙体积的比例作为不同样品之间对比孔喉连通性的定量参数。

采用二维 MAPS 图像与微米 CT 三维重构数字岩心技术，分别评价了储层孔喉连通的定性与定量特征。从二维 MAPS 图像看，3 号主要为粒间孔，孔隙直径主要为 60~150μm，孔隙边缘平直，有绿泥石包壳发育，平面图像上喉道最窄处一般大于 0.5~1μm，样品连通潜力最高[图 2-8(a)]；2 号主要为颗粒溶蚀形成的次生孔隙，孔隙直径一般为 40~90μm，绿泥石包壳发育较少，原始储集空间主要为高岭石所充填，喉道最小宽度为 0.8μm，连通潜力一般[图 2-8(b)]；1 号样品孔隙不发育，大孔隙多为高岭石所充填，仅保留较少微小孔隙，二维图中观察到的连通喉道也较少，分辨率大多低于250nm，连通潜力最差[图2－8(c)]。定量表征方面，采用Xradia公司Micro XCT－200型仪器，分别获取了3块样品的微米CT扫描实验图像，该图像大小为512μm×512μm×900μm，分辨率为0.5μm。HH12井46号连通性较好，最大连通体积占比为64.7%[图2－8(d)]，连通孔隙度达9.43%，三维空间上多为相对两面的连通；其次为ZJ27井73号最大连通体积占比42.1%[图2－8(e)]，连通孔隙度为4.18%，与HH12井46号样品相比，连通通道更加集中，三维空间上多为相邻两面的连通；HH1057－3井1号样品连通最差，仅19.7%的空间是连通的，连通孔隙度为0.84%，三维空间上的连通主要位于立方体同一个侧面上[图2－8(f)]。

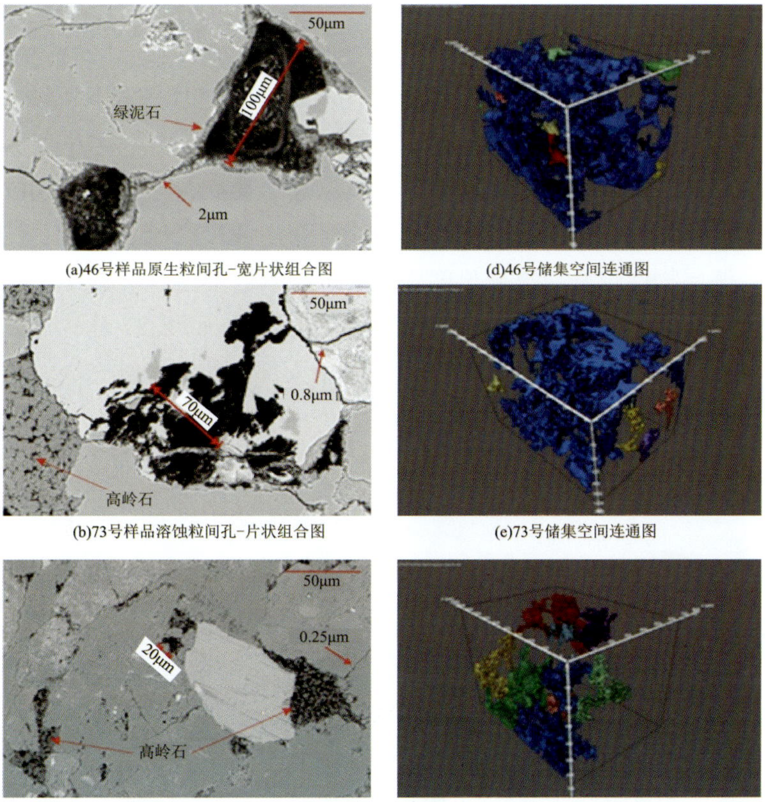

图2－8 红河典型致密样品孔喉连通性评价图

a：46号场发射扫描电镜；b：73号场发射扫描电镜；c：1号场发射扫描电镜；d：微米CT，46号最大连通体积(蓝色区域)占比64.7%；e：微米CT，73号最大连通体积(蓝色区域)占比42.1%；f：微米CT，1号最大连通体积(蓝色区域)占比19.7%

2)基于流域的评价方法

孔喉连通性评价的本质是储集空间连通性评价，孔隙与喉道只是认识储集空间的概念工具，应该回归更为本质的储集空间评价。利用流域参数评价储集空间连通性的方法。首先流域定义与河流流域相似，指连通孔喉最大外边界所包络区域内所有的储集空间

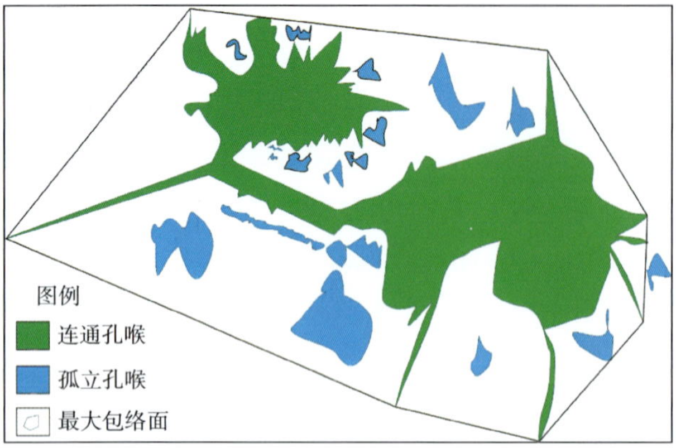

图 2-9　流域概念示意图

(图 2-9)，包络面内储集空间属于同一流域，参与同一流域内的流动。流域的参数体系包括流域面积、长度和效率参数。连通储集空间中的任意两点距离中的最大距离为流域长度，流域长度与扫描图形最大边长的比值为流域长度比；连通储集空间的最大包络面内所有储集空间的面积总和为流域面积，流域面积与扫描图像中所有孔隙面积的比值为流域面积比；流域效率为流域长度比与流域面积比的乘积，反映了更多的流体以更快的速度流动时储集空间的连通性特征。

在典型储层岩样高精度扫描图像基础上，提取连通孔喉，计算并提取最大连通孔喉面积，形成最大连通孔喉包络面。通过不同物性储层的流域长度比、流域面积比及流域效率分析结果表明，储层物性越好，流域长度比越大，流域效率越高。其中，流域面积存在异常可能是孔隙类型的差异，HH12 岩心样品以粒间孔为主，而 ZJ27 井岩心以粒内溶孔 - 高岭石晶间孔为主，HH1057 -3 以微孔隙群为主，绝大部分粒间孔被充填，此类孔隙呈团块状分布，彼此间连通性较弱(图 2 -10)。

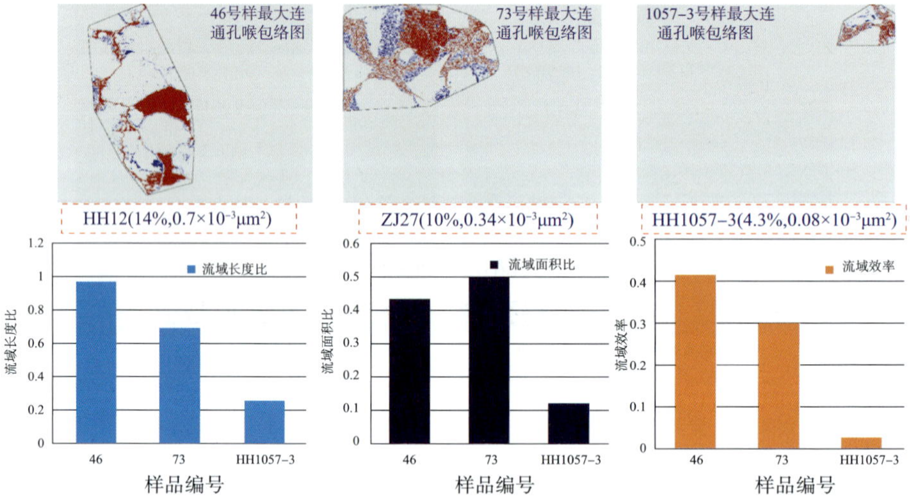

图 2-10　不同样品流域参数分布图

研究表明，流域长度比参数与孔喉结构类型吻合较好，原生粒间孔 - 片状喉道形成的流域较长，连通效率较高，储层流动性最好；粒内溶孔 - 微孔隙群 - 片状喉道次之，微孔隙群 - 片状喉道最差(图 2 -11)。

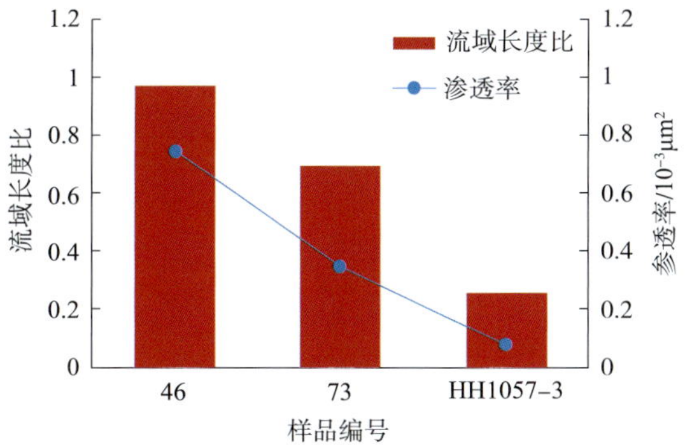

图 2-11 流域长度比参数与样品渗透率的关系

2.1.3 孔隙结构分类与分级评价

2.1.3.1 分类、分级方法概述

1)孔隙结构分类方法概述

致密砂岩储层物性及孔隙结构特征关系是储层评价的重要环节之一。致密砂岩渗透率极低、孔隙结构复杂，储集空间类型、孔径大小与分布以及孔喉连通性等方面特征与常规储层差异较大。近年来，非常规油气的兴起逐步推动了针对致密储层孔隙结构的研究。从常规油气向非常规油气的勘探转变，本质上是储集油气的储层发生了改变，油气分布于大面积连片的储集体系内，纳米级孔喉(主要为10~500nm的孔喉)广泛发育。非常规油气致密储层主体孔径为20~500nm，致密灰岩油储层孔径为40~500nm，致密砂岩油储层孔径为50~900nm，致密砂岩气储层孔径为40~700nm。

非常规油气的发展带动了储层孔隙结构分类与评价研究。储层孔隙结构评价通常是指在准确、全面地研究储层孔隙结构特征的前提下，选取恰当的评价参数，借助一定的评价方法或模型，综合运用各种因素评估储层孔隙结构并对其进行分类的过程。储层孔隙结构的分类评价在评价储层质量、寻找优质储层并评级、预测有效储层、开发方案设计调整及预测剩余油分布等方面意义重大。储层孔隙结构分类方法的选取是影响评价结果准确度的关键因素。目前，基于岩心资料的储层孔隙结构分类方法主要包括曲线形态-经验参数法、质量指数-流动带指标法、分形分析法和机器学习(聚类)法，基于测井资料的分类方法包括常规测井和核磁共振测井两类，其中基于常规测井曲线的分类方法包括交会图、气泡图、雷达图等定性方法和线性回归等定量方法。

曲线形态-经验参数法主要通过压汞、核磁共振或气体吸附等实验获得的曲线形态及部分经验参数定性或半定量划分孔隙结构类型。Saneifar 将压汞获得的孔喉分布曲线进行高斯拟合，并按拟合曲线的形态将储层孔隙结构分为大孔型、双峰型和小孔型三类。

曲线形态-经验参数法准确快速，来源于某一地区的实际实验数据也意味着较好的应用效果。但这种方法多仅针对某一地区或油层，不具普遍意义，同时人工确定类别的方法对研究人员综合素质要求较高，不同测试手段或不同经验参数之间也可能会产生矛盾。

质量指数－流动带指标法一般通过综合化参数划分孔隙结构类型。前人研究中，从理论出发提出了多种定量指标参数及其改进参数。Amaefule 利用 K－C 方程进行理论推导定义了储层质量指数(RQI)和流动带指标(FZI)。这些改进参数需要岩电、压汞、驱替或核磁共振实验数据的支持，研究人员在实际应用中仍然主要使用原始 RQI 和 FZI。原始 RQI 和 FZI 采用宏观物性参数评价储层孔隙结构，成本低，易与测井曲线结合，但缺少微观参数，从而影响了评价准确度。

由于岩心资料有限且获取成本过高，研究者们尝试使用测井资料对储层孔隙结构进行评价。核磁共振测井可直接反映储层孔隙结构在不同深度上的连续变化，与其他方法相比优势较大。核磁共振测井成本较高，难以得到大规模应用，学者们更希望使用成本较低的常规测井资料进行孔隙结构分类研究。这些研究采用了定性方法或线性回归模型，在一定程度和范围内得到了较好的应用效果，但缺少理论模型支持。闫建平也提出 Archie 公式中的 a(岩性系数)和 m(胶结指数)与孔隙结构相关性较好。这些结论证实了常规测井曲线可表征储层孔隙结构，但二者间存在非线性定量关系，利用常规测井曲线定量评价孔隙结构时，仅使用线性模型准确度较低。

2)储层分级分类方法概述

随着我国石油工业的发展，低渗致密石油储量和产量逐年增多。致密低渗致密储量已成为目前新区产能建设和油田上产的主体。如何筛选出相对优质储层和利于开发的储量，确定技术攻关方向，就显得尤为重要。储层分级是筛选优质储量的基础工作。在储层分级方面，杨振明等提出采用主流喉道半径、可动流体百分数、拟启动压力梯度、原油黏度和黏土矿物含量作为评价参数，确定了各表征参数的分类界限，给出了低渗致密储层分类评价结果。该研究深化了对低渗致密油藏的认识，进而提出了低渗致密油藏储层评价新的表征参数。室内实验和矿场实践表明：在相同渗透率条件下，不同油区低渗致密油藏岩心的微观孔隙结构、液固界面作用及渗流规律差异较大，导致其现场开发效果也不同。以渗透率为主要评价参数的中、高渗透油藏储层评价方法已不能较好地评价低渗致密油藏，进而提出了低渗致密油藏储层评价新的表征参数，即表征储层特征和渗流难易程度的主流喉道半径、表征储层开发潜力的可动流体百分数和表征渗流能力的启动压力梯度，为低渗致密油藏的储层评价奠定基础。

此外，长庆油田淡卫东等进行了储层综合分类研究。随着勘探开发区块和层系的增多，需要对不同地区不同层系油藏的特征和成藏规律进行精细研究以指导油气勘探开发。而对于鄂尔多斯盆地延长组低渗透岩性油藏，除受烃源岩分布、油气运移通道等成藏条件控制外，储层品质对油气成藏乃至开发效果的影响尤为重要。开展低渗致密储层精细评价对于延长组低渗透岩性油藏勘探开发意义重大。通过分析鄂尔多斯盆地重点含油区块延长组长 8 段低渗致密储层特征，优选出反映沉积、物性、孔隙结构及孔隙类型等方面特征的参数作为储层综合评价指标，首次建立了鄂尔多斯盆地三叠系延长组低渗致密储层统一的分类评价标准，依据该标准进行不同区块低渗致密储层分类评价，其评价结果具有可对比性。

前人方法主要从开发参数方面进行评价，主要来自实验获得参数，其方法参数难以应用到地质评价中。

3）基于微观孔隙结构的储层分级方法

基质储层质量是基质储层储集能力和渗流能力的体现，其要素包括微观孔隙结构、宏观岩石物理参数等。针对致密砂岩基质储层的特征，分别从储集能力和渗流能力两个方面进行评价参数优选。在孔喉拓扑结构研究的基础上，以不同孔喉拓扑结构的储集与渗流性能为分级依据，按离散变量（孔喉配置关系）对孔隙度、渗透率等连续变量进行截断，将具有相似孔渗关系的孔隙结构进行组合，建立致密砂岩基质储层质量分级标准。以红河油田长8段致密储层为例详细阐述基质储层质量分级方法。

（1）储层能力评价参数优选。

在砂岩储层中，流体的赋存状态可分为束缚流体状态和自由流体状态两类。束缚流体大多存在于极微小的孔隙中，被毛细管力所束缚而难以流动。而在较大孔隙中赋存的流体受岩石骨架作用力相对较小，在一定外加驱动力的作用下流动性较好。对于致密砂岩储层而言，由于孔隙小，只有部分处于较大流动空间中的流体能够参与流动。此时束缚流体百分数或者称可动流体百分数对储层流体渗流性能的影响不容忽视。其中，部分可动流体所占的孔隙度为可动流体孔隙度，相对于其他孔隙度（如总孔隙度），其更能确切地反映致密砂岩储层储集能力。因此，选用可动流体孔隙度作为致密储层储集能力的评价参数。

核磁共振实验表明，红河地区致密砂岩储层可动流体孔隙度与储层有效孔隙度呈良好的幂函数关系（图2－12），依此建立可动流体孔隙度解释公式。

（2）渗流能力评价参数优选。

致密砂岩基质储层的渗流能力主要受喉道控制，而主流喉道半径能很好地体现对产能有贡献的喉道特征。因此，选择主流喉道半径作为致密储层渗流能力的评价参数。

根据恒速压汞实验，红河地区致密砂岩储层主流喉道半径与渗透率具有较好的线性关系（图2－13），依此建立主流喉道半径解释公式。

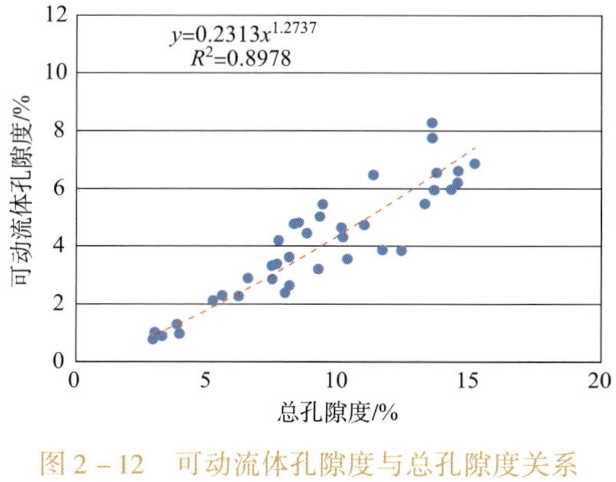

图2－12　可动流体孔隙度与总孔隙度关系

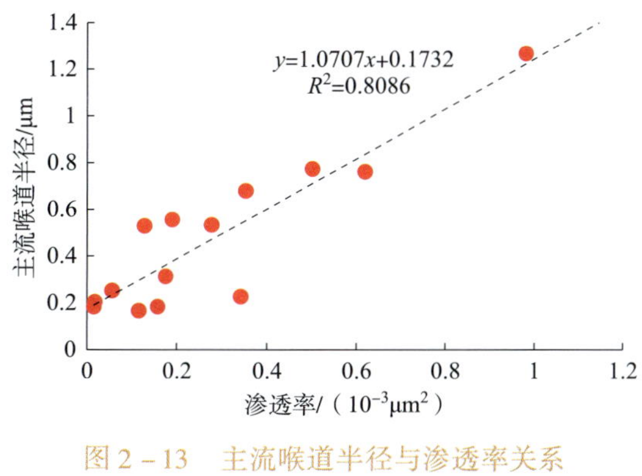

图2－13　主流喉道半径与渗透率关系

(3)基于微观孔隙结构的基质储层质量分级。

孔隙结构研究表明，不同孔喉拓扑结构具有不同的储集与渗流特征(表2－7)，说明孔喉拓扑结构能反映基质储层的储集与渗流性能，以此作为分级依据对基质储层质量进行分级。而孔隙度、渗透率等连续变量难于截断，故按离散变量(孔喉配置关系)分级，具体的分级方法是将具有相似孔渗关系的孔隙结构进行组合(图2－14)。

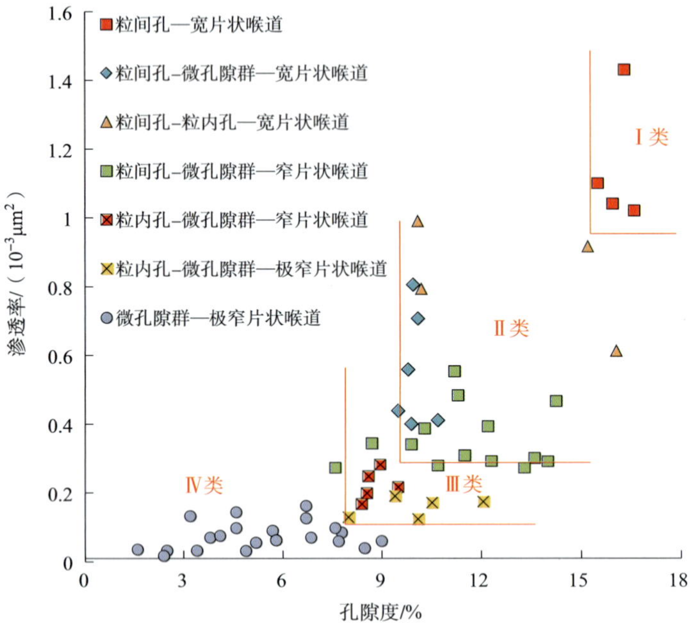

图2－14　红河地区不同孔喉拓扑结构孔隙度渗透率关系图

2.1.3.2　孔隙结构分类

前人主要针对孔隙、喉道的类型和大小等特征进行研究，并基于大小进行分级，该方法难以表征致密砂岩复杂的孔喉配置关系。储层孔隙结构是储层质量的直接反映，致密砂岩储层的微观孔隙结构存在很强的非均质性，不同类型的孔喉配置关系对应不同的储层质量特征。因此，基于孔喉产状配置关系对孔喉结构进行分类表征，进而对储层质量进行分级表征。以红河地区为例来详细阐述基于孔喉配置关系的孔隙结构的分类方法。

1)孔隙结构分类

通过优选的实验方法研究孔隙、喉道的类型以及大小等特征，在此基础上，按照不同的孔喉配置关系对孔隙结构进行分类，进一步分析各类孔隙结构的储集与渗流等特征。

(1)孔隙特征研究。

基于以上观察方法发现，红河地区长8_1^2小层储层孔隙类型多样，发育粒间孔(主要包括原生残余粒间孔、混合成因粒间孔)、粒内孔(主要包括长石、岩屑溶孔)、微孔隙群(主要为杂基微孔隙、自生黏土矿物微孔隙、胶结物微孔隙)(图2－15)。孔隙直径较小，大部分小于50μm。

（a）原生残余粒间孔，HH105，2259.15m

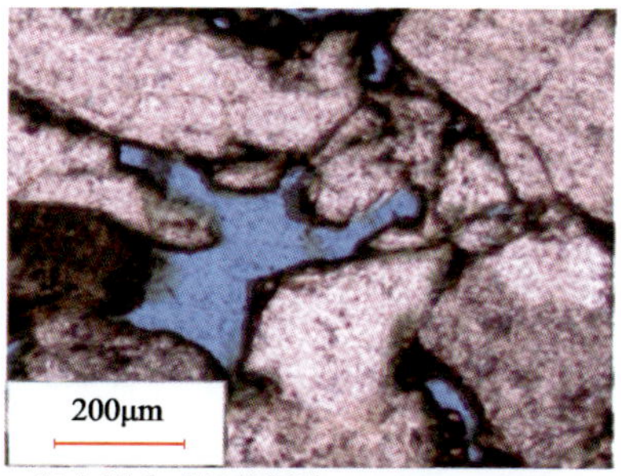

（b）混合成因粒间孔，HH12，2093.47m

（c）长石溶蚀粒内孔，HH105，2256.05m

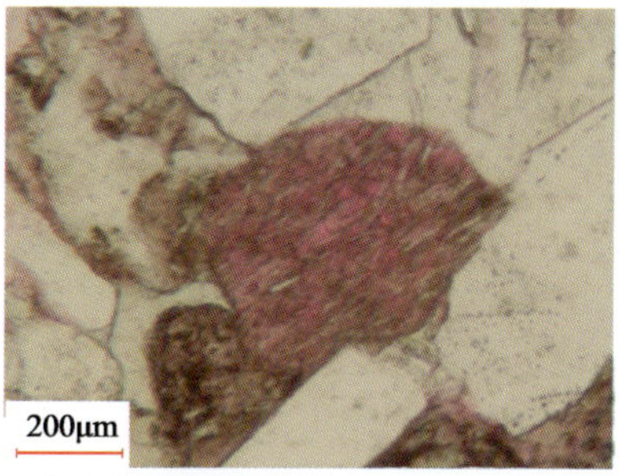

（d）岩屑溶蚀粒内孔，ZJ17，2263.81m

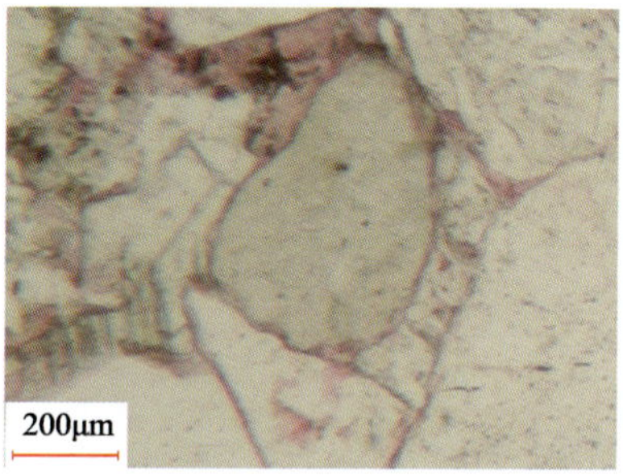

（e）胶结物溶孔，ZJ17，2261.56m

（f）高岭石晶间孔，HH113，2204.28m

图2－15 红河地区延长组储层孔隙产状类型图版

粒间孔在红河地区主要发育有两种类型。一种为残余原生粒间孔，是指沉积时期形成的颗粒之间的，经压实缩小和部分被胶结物充填后剩余的原生粒间孔隙；另一种为混合成因粒间孔，是指颗粒之间的溶蚀再生孔(在原生残余孔基础上溶蚀再生)。这类孔隙孔径变化较大，大孔隙直径一般为50～150μm，连通性好，分布很不均一，具有强烈的非均质性。

粒内孔是指颗粒内部的孔隙，红河区主要发育粒内溶孔。溶解组分主要为长石与部分岩屑，此外云母碎屑内也可见溶蚀。其中长石及岩屑溶蚀粒内孔相对发育，甚至可见到长石溶蚀，只保留绿泥石膜的铸模孔，孔隙直径一般小于5μm，对于储层的渗流能力贡献不大。

微孔隙为充填粒间孔隙的泥质杂基质点间、黏土矿物晶体之间孔径很小的微孔，在普通偏光显微镜下甚至难以辨别其孔径大小，扫描电镜下可见其直径一般小于5μm。主要由自生高岭石和自生伊利石、伊/蒙混层晶间微孔隙等组成，此外还有浊沸石胶结物内溶孔及黏土杂基溶孔。高岭石晶间孔非常发育，孔隙孔径较小且连通性较差，对储层的渗透能力贡献很小。微孔隙常常集合在一起形成微孔隙群。

红河地区各种孔隙中以混合成因粒间孔含量最高，其次为残原生余粒间孔、晶间孔，其他类型的孔隙含量低。

(2)喉道特征研究。

①喉道产状类型。红河地区主要发育片状喉道、管束状喉道和缩颈型喉道，其中以片状喉道为主，孔隙缩小型喉道和管状喉道极少见(图2-16)。

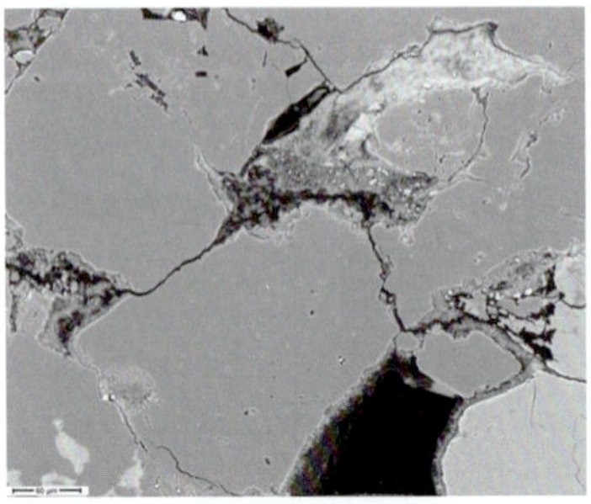

(a)片状喉道，HH12，2090.7m，MAPS

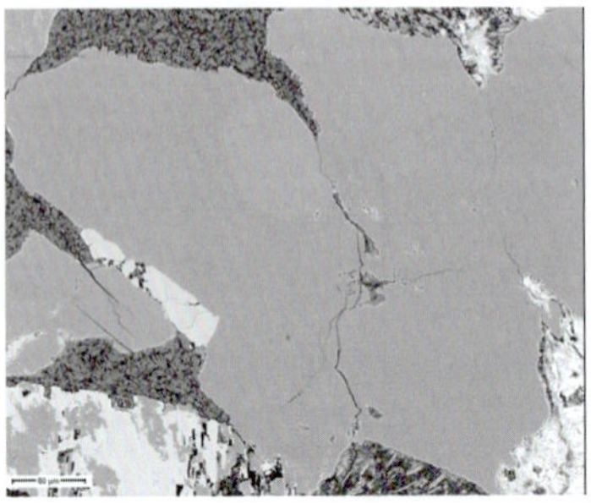

(b)片状喉道，ZJ27，2194.35m，MAPS

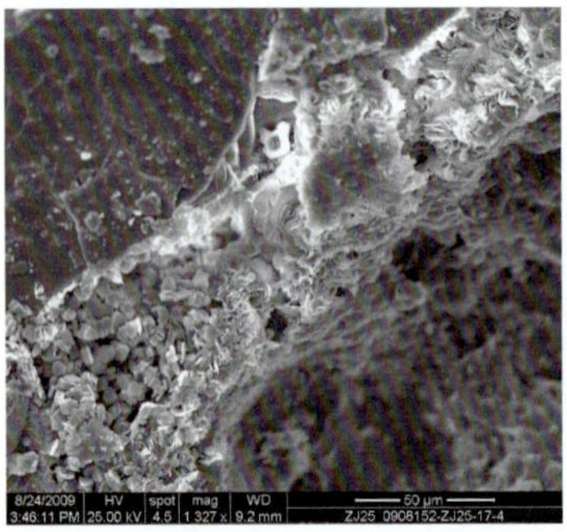

(c)管束状喉道，ZJ25，2263.70m，扫描电镜

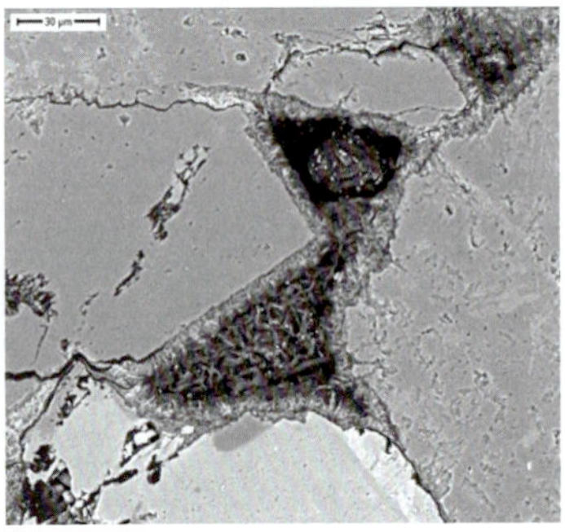

(d)缩颈型喉道，HH12，2090.7m，MAPS

图2-16 红河地区长8油层组喉道类型图版

②喉道定量特征研究。与常规储层相比，致密砂岩储层喉道小，导致其流体渗流特征与常规储层也有所不同。根据核磁共振、恒速压汞等实验方法，建立了致密砂岩储层孔隙结构概念模型(图2-17)。如图2-17所示，在半径为0~A的喉道中，由于毛管力和黏滞力的存在，流体无法流动；在半径介于A~B区间的喉道中，由于气体滑动效应的存在，液体无法流动；由于喉间干扰的存在，半径介于B~C区间的喉道难以对产能产生贡献，即真正对产能有贡献的喉道半径介于C~D区间。其中，B为压汞实验起始喉道半径。结合红河区实际资料，A约为0.05μm，B约为0.1μm，D约为2.5μm。

利用恒速压汞仪，对来自红河油田长8_1^2小层的18块岩心进行微观孔喉分布测试，分析了不同渗透率岩心的孔喉分布及渗透率率分布特征，探讨了渗透率、平均喉道半径、分选系数等孔隙结构参数特征。

对储层的渗流特征研究结果表明，大孔喉对储层渗透率起到主要贡献作用，孔喉半径分布峰值与对渗透率主要贡献的孔喉半径分布基本一致(图 2－17，图 2－18)。红河地区孔喉对渗透率的贡献曲线多为单峰曲线，说明真正对储层渗透性起到贡献的是某个区间的喉道半径，研究应用主流喉道半径来表征喉道大小。

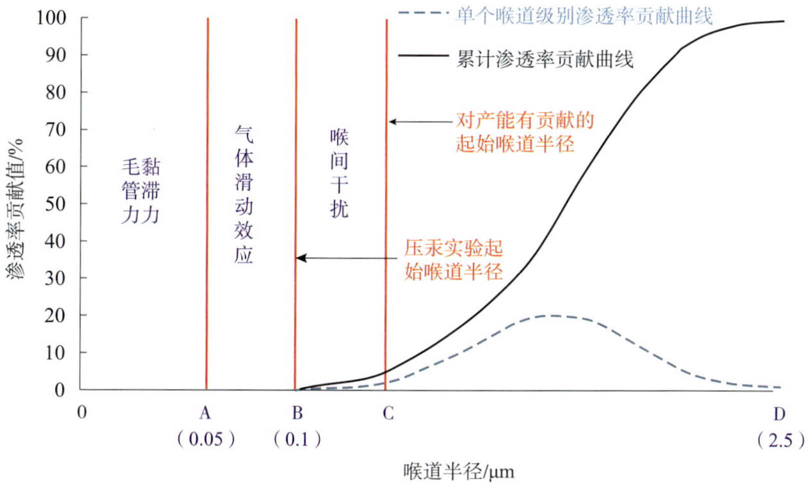

图 2－17　致密砂岩储层孔隙结构概念模型

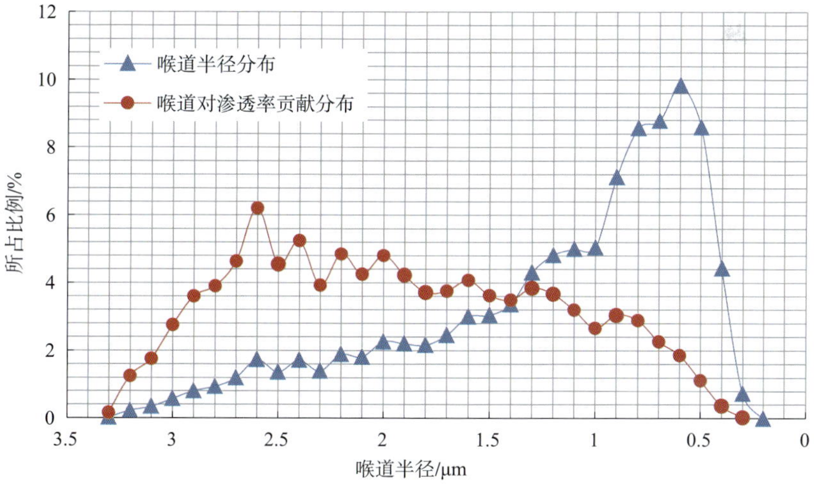

图 2－18　HH73 井 2296. 9m 处喉道对渗透率贡献及喉道半径分布图

为了进一步确定主流喉道半径的渗透率累积贡献值，根据恒速压汞实验数据作出了相应样品的喉道渗透率贡献分布－累积曲线图(图 2－19)。渗透率累积曲线在渗透率累积贡献值为 95% 时存在明显拐点，采用渗透率累积贡献值为 95% 的主流喉道半径。红河地区主流喉道半径较小，一般为 0. 3 ~ 1. 2μm，平均值 0. 6μm(图 2－20)。

③喉道大小分级。红河地区储层喉道以片状喉道为主，片状喉道的宽度决定了储层质量的好坏，因此，考虑利用喉道半径来对孔隙结构进行进一步分级。喉道半径的表征参数有很多，如平均喉道半径、最大连通喉道半径、中值半径、主流喉道半径等，考虑到致密砂岩储层的微观孔隙结构存在很强的非均质性，并不能简单地用平均喉道半径值或者某一

个特定值来代表，研究采取主流喉道半径来作为表征喉道大小的参数。

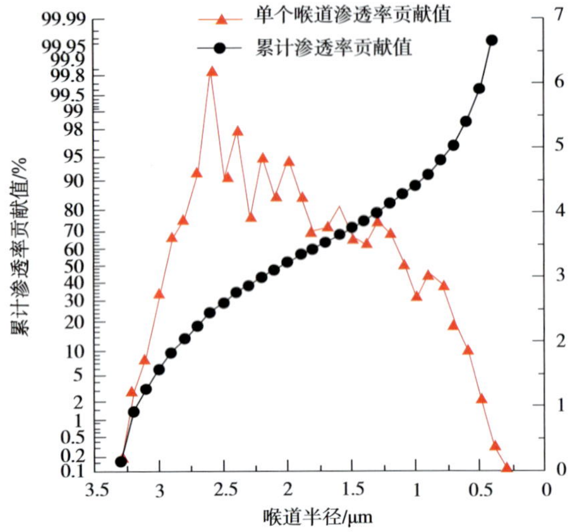

图 2－19　HH73 井 2296.9m 处喉道对渗透率贡献分布－累计曲线

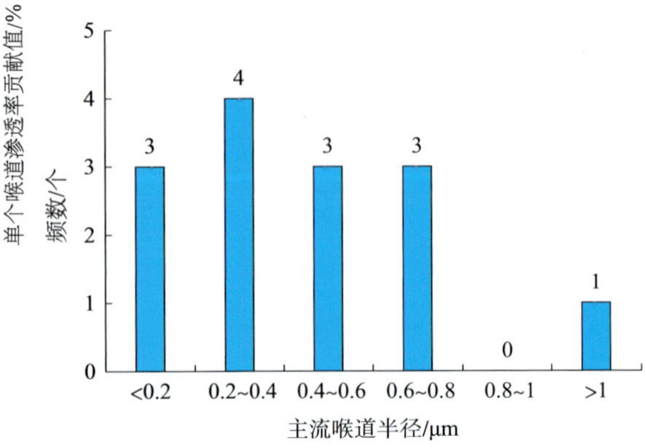

图 2－20　红河地区川口条带主流喉道半径分布图

可动流体百分数是指单位体积岩样的可动流体体积。考虑到致密砂岩储层的流体可动性，根据主流喉道半径对单位体积岩样的可动流体体积的贡献，将喉道分为宽喉、窄喉和极窄喉三类（图 2－21），其中宽喉喉道半径大于 1μm，窄喉的喉道半径为 0.5～1μm，极窄喉的喉道半径小于 0.5μm。红河地区少量存在的缩颈型喉道的大小属于宽喉道范围，管束状喉道的大小属于极窄喉道范围，片状喉道大小则分布范围较广，并且由于片状喉道为该区的主要喉道类型，基于此可将片状喉道分为宽片状喉道、窄片状喉道和极窄片喉道，每类特征如下。

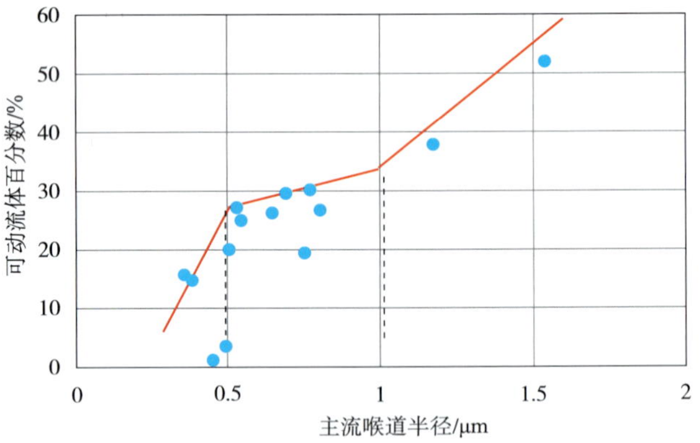

图 2－21　红河地区长 8 油层组喉道与可动流体百分数的交会图

A. 宽片状喉道。宽片状喉道呈片状，主要出现在原生残余粒间孔及溶蚀中等－强的孔隙连通处，喉道半径大于 1μm，为颗粒遭受相对弱的压实作用或接受溶蚀作用的改造形成。

B. 窄片状喉道。窄片状喉道多呈弯片状，主要出现在原生残余粒间孔孔隙连通处，喉道半径为0.5～1μm，为颗粒经历较强的压实作用形成。

C. 极窄片状喉道。极窄片状喉道呈弯片状，喉道半径小于0.5μm，为颗粒经历极强的压实作用形成，孔隙之间基本不连通。

2)基于孔喉配置关系的孔隙结构分类

基于孔喉配置关系的孔隙结构可分为三种基本类型，分别是粒间孔－片状喉道、粒内孔－片状喉道、微孔隙群－片状喉道(图2－22)。

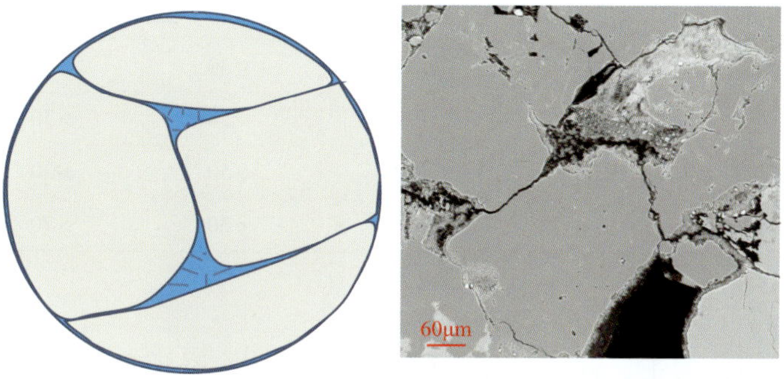

（a）粒间孔–片状喉道，HH12，2090.7m，MAPS

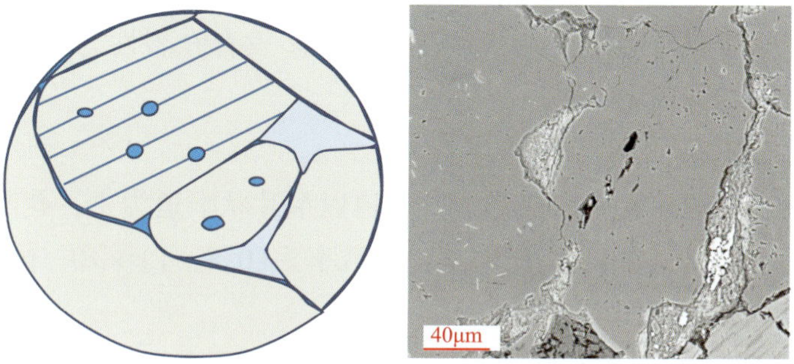

（b）粒内孔–片状喉道，ZJ17，2257.65m，MAPS

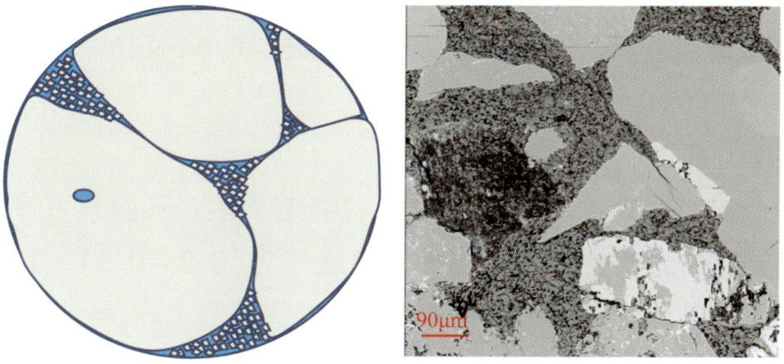

（c）微孔隙群–片状喉道，ZJ27，2194.35m，MAPS

图2－22 红河地区长8_1^2小层基本孔隙拓扑结构类型

由于致密砂岩微观孔隙结构的复杂性，并不存在单一的孔隙及喉道类型，往往是多种孔隙结构均存在的情况，根据不同孔隙类型所占的面孔率百分比及喉道大小可以对孔隙结构进行分类，命名原则为将面孔率占比达30%的孔隙参与定名，再加上主要类型及其大小的喉道。结合红河地区实际情况，将三种基本孔隙结构类型进一步细分为七类，每类孔隙结构特征如表2-5所示。

表2-5 不同类型孔喉拓扑结构划分标准

孔隙结构类型	不同孔隙类型所占比例/%			主流喉道半径/μm
	粒间孔	粒内孔	微孔隙群	
粒间孔—宽片状喉道	>70	<30	<30	>1
粒间孔-粒内孔—宽片状喉道	>50	>30	<30	>1
粒间孔-微孔隙群—宽片状喉道	>50	<30	>30	>1
粒间孔-微孔隙群—窄片状喉道	>50	<30	>30	0.5~1
粒内孔-微孔隙群—窄片状喉道	<30	>50	>30	0.5~1
粒内孔-微孔隙群—极窄片状喉道	<30	>50	>30	<0.5
微孔隙群—极窄片状喉道	<30	<30	>70	<0.5

(1)粒间孔—宽片状喉道。

孔隙以混合粒间孔为主，此外可见粒内孔和微孔隙，喉道以宽片状喉道为主；孔隙尺寸为50~150μm，喉道半径大于1μm；孔隙度大于14%，渗透率大于$1\times10^{-3}\mu m^2$；较弱的压实作用、较强的溶解作用使得片状喉道变宽；多发育在岩性为中-细砂岩的储层中，溶解作用中-强，胶结作用中-弱。

(2)粒间孔-粒内孔—宽片状喉道组合。

孔隙以原生残余粒间孔和粒内孔为主，喉道以窄片状喉道为主；孔隙尺寸小于50μm，喉道半径一般大于1μm；孔隙度大于14%，渗透率为$(0.8\sim1)\times10^{-3}\mu m^2$；压实作用相对中等，溶解作用较弱，胶结作用较弱。

(3)粒间孔-微孔隙群—宽片状喉道组合。

孔隙以粒内孔和微孔隙群为主，喉道以窄片状喉道为主；孔隙尺寸小于40μm，喉道半径大于1μm；孔隙度为9%~11%，渗透率为$(0.5\sim0.9)\times10^{-3}\mu m^2$；压实作用强，溶解作用强，胶结作用中等。

(4)粒间孔-微孔隙群—窄片状喉道组合。

孔隙以原生残余粒间孔为主，喉道以窄片状喉道为主；孔隙尺寸小于50μm，喉道半径一般为0.5~1μm；孔隙度为10%~14%，渗透率为$(0.2\sim0.5)\times10^{-3}\mu m^2$；压实作用较强，溶蚀作用弱，胶结作用中等。

(5)粒内孔-微孔隙群—窄片状喉道组合。

孔隙以原生残余粒间孔、粒内孔和微孔隙群为主，喉道以极窄片状喉道为主；孔隙尺寸小于50μm，喉道半径为0.5~1μm；孔隙度为8%~10%，渗透率为$(0.2\sim0.3)\times10^{-3}\mu m^2$；压实作用强，溶解作用较强，胶结作用中等。

(6)粒内孔-微孔隙群—极窄片状喉道组合。

孔隙以原生残余粒间孔、粒内孔和微孔隙群为主，喉道以极窄片状喉道为主；孔隙尺寸小于50μm，喉道半径小于0.5μm；孔隙度为8%～12%，渗透率为(0.1～0.2)×10^{-3} μm^2；压实作用强烈，溶解作用弱，胶结作用中等。

(7)微孔隙群—极窄片状喉道组合。

微孔隙群－片状喉道是储层经历了较强的压实作用，并且其内部发育的孔隙多被杂基或者黏土胶结物(高岭石为主)充填而形成。微孔隙群－片状喉道多发育在岩性为细砂岩的储层中，溶解作用弱，胶结作用中－强，压实作用强。

微孔隙群－片状喉道的微孔隙群内部孔隙以晶间孔为主，连接晶间孔的喉道则以管束状喉道为主，晶间孔－管束状喉道属于微孔隙群－片状喉道的次一级孔喉结构。微孔隙群－片状喉道型储层储集能力和渗流能力均较差，因此，表现为宏观物性也很差，渗透率一般小于0.1×10^{-3} μm^2。

孔隙以微孔隙为主，喉道以极窄片状喉道为主；孔隙尺寸小于5μm，喉道半径小于0.5μm；微孔隙面孔率约占95%，窄片状喉道数量占95%；孔隙度小于8%，渗透率小于0.1×10^{-3} μm^2；压实作用强烈，溶解作用弱，胶结作用中等到强。

统计红河地区不同孔喉结构类型的储集与渗流参数发现，不同的孔隙结构类型具有不同的储集与渗流特征(表2－6)。

表2－6 红河油田长8_1^2小层不同孔隙结构特征

孔隙结构类型	可动流体孔隙度/%	孔隙度/%	主流喉道半径/μm	渗透率/(10^{-3} μm^2)	分选系数	K/ϕ
粒间孔—宽片状喉道	>7	>15	>1	>1	2～2.5	>6
粒间孔－粒内孔—宽片状喉道	4～7	10～15	>1	0.6～1	2～2.5	5～9
粒间孔－微孔隙群—宽片状喉道	3.5～6.5	9～14	>1	0.4～0.8	2～3	4～6.5
粒间孔－微孔隙群—窄片状喉道	3.5～6.5	9～14	0.5～1	0.2～0.5	2.5～3.5	3～5
粒内孔－微孔隙群—窄片状喉道	3～5	8～11	0.5～1	0.2～0.3	2.5～3.5	2～4
粒内孔－微孔隙群—极窄片状喉道	3～5	8～11	<0.5	0.1～0.2	1.5～4	1.5～3
微孔隙群—极窄片状喉道	<3	<8	<0.5	<0.1	1.5～4	<1.5

2.1.3.3 基于孔隙结构的储层质量分级

结合多级离心核磁结果与鄂南特有的大孔微喉微观孔喉特征，分级建立宏观物性与微观可动流体及主流喉道半径的关系，并建立分级方法与标准，得出适用于鄂南致密油的分类结果。

基于以上研究，将红河地区致密砂岩基质储层分为四类，具体分级标准如表2－7所示。水平井产能资料表明，红河地区基质储层类型与水平井产量“拐点”后产能具有较好的对应关系。

Ⅰ类基质储层孔喉配置关系为粒间孔—宽片状喉道，可动流体孔隙度大于7%，孔隙度大于15%，主流喉道半径大于1μm，渗透率大于$1\times10^{-3}\mu m^2$，以中、细砂岩为主，平面上多发育在河道中部，垂向上多发育于厚砂体中部。

Ⅱ类基质储层孔喉配置关系为粒间孔－粒内孔—宽片状喉道、粒间孔－微孔隙群—宽片状喉道以及粒间孔—窄片状喉道，可动流体孔隙度为3.5%～7%，孔隙度为9%～15%，主流喉道半径为0.5～1μm，渗透率为$(0.3\sim1)\times10^{-3}\mu m^2$，以中、细砂岩为主，平面上多发育在河道中部，垂向上多发育于厚砂体中下部。

Ⅲ类基质储层孔喉配置关系为粒内孔－微孔隙群—窄－极窄片状喉道，可动流体孔隙度分布于3%～5%，孔隙度分布于8%～11%，主流喉道半径小于0.5μm，渗透率分布于$(0.1\sim0.3)\times10^{-3}\mu m^2$，以细砂岩为主。

Ⅳ类基质储层孔喉配置关系为微孔隙群—极窄片状喉道，可动流体孔隙度小于3.5%，孔隙度小于9%，主流喉道半径小于0.5μm，渗透率小于$0.1\times10^{-3}\mu m^2$，各种粒级砂岩均有，平面上多发育在河道边部，垂向上多发育于薄砂体中或者厚砂体顶底。

表2－7　红河地区致密砂岩基质储层质量分级标准

基质储层质量分类		Ⅰ类	Ⅱ类		Ⅲ类	Ⅳ类
			$Ⅱ_1$	$Ⅱ_2$		
孔隙结构类型		粒间孔—宽片状喉道	粒间孔－粒内孔—宽片状喉道；粒间孔－微孔隙群—宽片状喉道	粒间孔—窄片状喉道	粒内孔－微孔隙群—窄－极窄片状喉道	微孔隙群—极窄片状喉道
储集参数	可动流体孔隙度/%	>7	3.5～7	3.5～7	3～5	<3.5
	孔隙度/%	>15	9～15	9～15	8～11	<9
渗流参数	主流喉道半径/μm	>1	0.5～1	0.5～1	<0.5	<0.5
	渗透率/($10^{-3}\mu m^2$)	>1	0.5～1	0.3～0.5	0.1～0.3	<0.1
K/ϕ		>6	5～9	4～6.5	1.5～5	<1.5
分选系数		2～2.5	2～2.5	2～3	1.5～4	1.5～4

2.2　基质储层质量差异机理

中高渗储层成岩非均质性弱，储层质量主要受控于沉积因素，其重点研究沉积相及砂体构型，通过多井预测、井震结合研究砂体分布及构型。而致密砂岩砂体经历了致密化，成岩非均质性强，储层质量受控于沉积和成岩的综合作用，砂体内部储层质量差异大，并且地震预测效果差，因此，需要重点研究致密化机理及沉积与成岩规律来预测储层差异分布。以红河油田长8段致密储层为例，阐明致密砂岩基质储层质量差异机理，明确了不同类型岩石的沉积、成岩响应特征，进而导致了基质储层的非均质性。

2.2.1　成岩作用

2.2.1.1　成岩作用类型

鄂南红河油田位于伊陕斜坡的西南角、天环坳陷南端，该区东北部为鄂尔多斯盆地陇东地区。陇东地区自20世纪70年代以来在三叠系延长组相继发现了华池油田、南梁油田、西峰油田、华庆油田等，目前该地区探明石油储量达5×10^8t。前人对该地区延长组储层成岩作用特征做过许多有益的研究，普遍认为机械压实、钙质、泥质胶结是导致区域储层致密的重要原因。禚喜准等对盐池—姬源地区长8段地层进行过成岩作用研究，认为这些层段处于早成岩阶段B期的晚期，成岩组构特征受酸性成岩环境控制。机械压实作用是造成该区原生孔隙消亡的最主要原因，其次为胶结作用，而由溶蚀作用增加的孔隙占初始孔隙度比例较小(<10%)。刘小洪对长8段储层研究认为，该层段储集砂岩经历的主要作用为压实作用、胶结作用和溶解作用，目前处于晚成岩阶段A期，石油侵位作用、黏土膜形成作用和溶蚀作用的发育状况是决定该区储集砂岩的原生孔隙保存和次生孔隙发育的主要因素。

陇东地区与红河油田同处相似的构造沉积环境，其主力油层长8段致密储层经历了破坏性成岩作用和建设性成岩作用，该研究对红河长8致密储层具有重要参考价值。

2.2.1.2　破坏性成岩作用

致密砂岩储层在埋藏过程中经历了压实、胶结、交代及溶解等成岩作用，成岩非均质性较强，表征难度大，因此，需要找出致密砂岩储层质量差异的主控因素。红河地区基础岩心资料非常丰富，镜下资料、物性资料等都非常充足，因此通过大量的镜下直接观察定量估算粒间胶结物含量、物性分析储层现今孔隙度，并通过分析不同成岩作用的减孔强度来确定储层致密化的主控因素，从由压实作用、胶结作用对孔隙度的影响评价图可以看出，压实作用造成的孔隙度损失可达90%，是红河地区储集物性变差的主要因素，胶结作用也是导致储层致密重要因素(图2－23)。

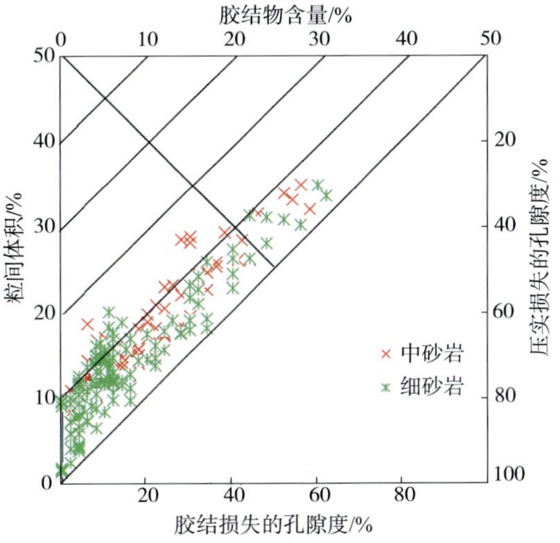

图2－23　红河油田长8_1^2小层胶结作用与压实作用对孔隙度影响评价图

1)压实作用

(1)定性特征。

在上覆沉积物和水体静压力的作用下，使沉积物(岩)减少其孔隙空间和总体积而变致密的作用称为压实作用。如果压实是由碎屑颗粒滑动、转动、位移、变形、破裂等物理作用引起的称机械压实作用(简称压实作用)。如果压实是由碎屑颗粒接触部位发生溶解、嵌合引起的则称压溶作用。压实作用和压溶作用导致沉积物中的孔隙水不断排出，并伴有结构、构造的变化和新矿物形成，是使沉积物固结成岩的重要作用之一。

压实作用的强弱可通过镜下观察碎屑颗粒的接触关系，得到最直观的认识。碎屑颗粒的接触关系随着压实强度的增加，可由最初的悬浮接触→点接触→线接触→凹凸接触→缝合线接触。根据沉积物杂基含量的不同，压实作用有以下三种结果。

①沉积物中杂基含量低，刚性颗粒含量高，粒度粗、分选好，压实后以颗粒支撑为主，原生粒间孔下降程度相对较低。

②沉积物中杂基含量高，塑性颗粒含量高，粒度细、分选较差，压实后以杂基支撑为主，原生粒间孔下降程度相对较高。

③沉积物杂基含量大于15%时，则快速压实，原生粒间孔迅速下降以至完全消失。

压溶作用可以看作是压实作用的继续，伴随压实作用的进行，最初悬浮状态的颗粒慢慢发生接触，进而有可能在接触处发生溶解作用，即压溶作用。随埋深增加，砂粒接触点所承受的压力比正常孔隙流体压力高2~2.5倍，其溶解度随之增高，导致砂质碎屑首先从相互接触部位发生晶格变形和溶解作用。随着压溶作用的不断进行，最终可使颗粒呈凹凸接触和缝合线接触，碎屑颗粒间孔隙空间减少，甚至全部丧失。由于压溶而进入孔隙水中的硅、铝、钾、钠、镁、钙等元素，则有可能在其他部位重新沉淀。砂岩中常见的石英、长石等的次生加大，碳酸盐和沸石等的析出，便与某些矿物组分的压溶有关。

压实作用和压溶作用是使红河区储集砂岩孔隙减少、渗透性下降的主要成岩作用。该区内储集砂岩主要以岩屑质长石砂岩、长石质岩屑砂岩和长石砂岩为主，石英含量普遍较低，长石和一些抗压能力较差的岩屑含量相对较高，砂岩成分成熟度较低。同时砂岩的结构成熟度也不是很高，颗粒以细粒为主，使得区内压实作用普遍较强。

根据镜下薄片观察，红河地区内压实作用的主要表现形式有以下三种特征。

颗粒定向排列。在上覆压力下，颗粒重新排列，形成定向排列的现象[图2-24(a)]。

塑性颗粒变形，重新排列。富含云母的砂岩中，较常见。随着埋深加大，一方面使云母、泥岩等塑性岩屑颗粒受压弯曲、变形[图2-24(b)]，另一方面使碎屑颗粒长轴沿水平方向排列，呈平行条带分布[图2-24(c)]。

随埋深增加，颗粒接触关系愈加紧密，由点线接触，演变至凹凸接触，出现压溶现象[图2-24(d)]。

(2)定量压实强度。

压实作用定量分析主要是通过计算视压实率来进行的。视压实率是反映沉积物被压实的程度，主要是通过下述公式进行定量表征：

$$\text{视压实率}=\frac{V_0-V}{V_0}\times 100\% \tag{2-2}$$

式中，V_0 为原始孔隙体积，通过粒度和分选应用 Sneider 图版进行估算；V 为压实后粒间体积，包括孔隙体积、胶结物体积和泥质杂基微孔体积，通过薄片进行估算。

（a）颗粒定向排列，HH59，2169.22m，铸体薄片（-）

（b）云母受压弯曲变形，HH105，2256.33m，铸体薄片（-）

（c）云母顺层分布，HH311，2182.95m，铸体薄片（-）

（d）颗粒间呈凹凸接触，HH127，2355.73m，铸体薄片（-）

图2-24　红河油田长8_1^2小层储层压实作用镜下特征

应用公式(2-2)，对红河地区19口井460块砂岩样品进行了视压实率定量计算，并在此基础上，依据压实强度分级标准(表2-8)进行了压实作用强度分级，为成岩相的划分奠定基础。

表2-8　主要成岩作用强度分级表

压实作用			胶结作用		溶解作用	
压实作用强度	颗粒接触关系	视压实率/%	胶结作用强度	视胶结率/%	溶解作用强度	视溶解率/%
极强压实	凹凸-线接触	>90	强胶结	>75	强溶解	>75
强压实	线接触	75~90				
中压实	点-线接触	50~75	中胶结	50~75	中溶解	50~75
弱压实	点接触	<50	弱胶结	<50	弱溶解	<50

(3)压实致密机理。

由于红河地区地层在早期经历过快速沉降，最大埋深达2500m左右，且储层岩性以长石岩屑细砂岩和岩屑长石细砂岩为主，结构成熟度和成分成熟度都属于中等，因此整体压实程度中到强，颗粒多呈线接触，导致损失大量的孔隙体积(图2-25)。

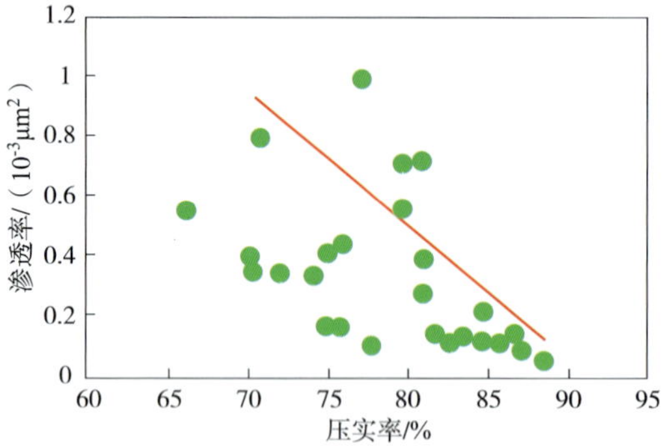

图 2－25　压实作用与渗透率的关系图

虽然红河地区压实作用整体中到强，但是压实程度也存在很大的差异性，而砂岩的成岩物质是控制其成岩作用的内在因素。储层成岩作用是以其中的各种成岩组分为物质基础而进行的，因此，储层岩石学的各种特性必然会对压实作用产生影响。以下将就从沉积物的组分、组构对压实作用的影响展开分析。

①塑性成分对压实作用的影响。

就压实作用而言，由于机械上不稳定的岩石组分(如塑性岩屑、云母等)在埋藏过程中易压实变形，从而降低沉积物原始孔隙度，因此，沉积物组分形变特征对压实作用的影响很大。在油气聚集的低温条件下，石英或硅质岩屑具有相同或相似的抗压性和抗热性，而岩石组分中易压缩和变形的塑性岩屑及云母等塑性组分对岩石的压实率有较大的影响，基本上决定了在相同外部地质应力作用下岩石的变形速率。

红河地区长 8_1^2 小层总体石英含量较低(平均 44.7%)，压实作用的强弱主要受塑性成分含量控制。这里定义塑性成分主要包括黏土化的长石颗粒、泥岩岩屑、喷发岩岩屑、片岩岩屑、千枚岩岩屑、板岩岩屑、云母碎屑，由于该区长石颗粒黏土化比较严重，据前人研究，被风化后的黑云花岗片麻岩富含黏土化的钠长石，弹性模量为 1.3～9.79GPa，远小于未被风化的原岩(42.5GPa)，其弹性模量小于黑云母(33.8GPa)，因此，本次研究将其归为塑性成分当中。这些塑性岩屑及颗粒抗压性弱，受压易变形，在这些塑性成分含量高的地方，压实作用较强烈。特别是在埋藏早期，在压实作用下这些塑性成分易被压实变形，挤入颗粒间孔隙中形成假杂基(图 2－26)，堵塞喉道，极大地降低了储层的孔隙度和渗透率，对储层储集性能造成很大的破坏作用，并且对后期成岩作用也有较大的影响。

（a）富含云母碎屑强压实，HH311，2182.95m，铸体薄片（－）

（b）富含塑性岩屑强压实HH1057-3，2232.8m，铸体薄片（－）

图 2－26　红河地区长 8_1^2 小层储层塑性成分砂岩压实作用镜下特征

排除最大埋藏深度、沉积环境等其他方面的影响，在同一层位、最大埋藏深度相当的储层中，塑性组分含量与压实率呈明显的正相关关系，随着岩石中塑性组分含量的增加，压实率也逐渐增大。当塑性组分含量大于60%时，储层更容易发生强压实(图2－27)。

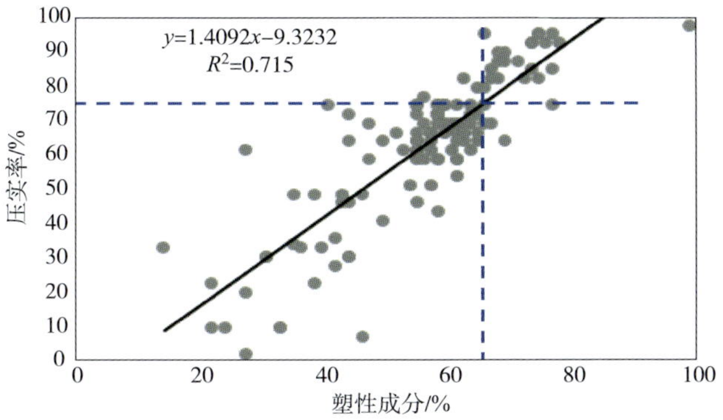

图2－27　红河地区长 8_1^2 小层塑性组分含量与压实率关系图

②粒度及分选对压实作用的影响。

碎屑颗粒的组构特征，如颗粒的形状、圆度、粗糙度、分选性等对压实作用都有影响，颗粒的圆度越高，分选性越好，杂基含量越低，沉积后的压实效应相应较小。粒径对压实作用的影响主要体现在两方面：一是粒径本身表现出来的抗压性能力大小，二是不同粒径砂岩的塑性岩屑含量有较大差异。粗粒级砂岩的表面积较小，颗粒间支撑力较大，特别是颗粒早期自生加大时，其抗压性将进一步提升。而细粒级砂岩颗粒间支撑力较小，在受压时颗粒易滑动和重新排列，压实在较细粒级砂岩中容易进行。总的来说，粒径越小，分选越差，其抗压能力越小(图2－28，图2－29)。通常来说，粗粒级碎屑砂岩中岩屑含量明显偏高，但抗磨性弱和易磨蚀的各种陆源塑性岩屑含量较低；而细粒级砂岩则相反，即粒径越细，塑性岩屑含量越高，进而压实越易进行。

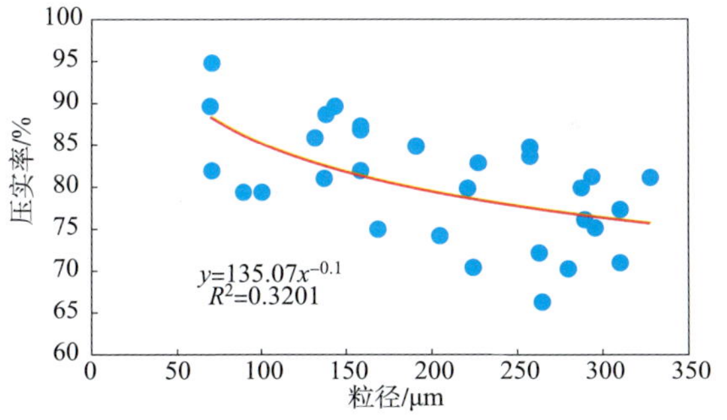

图2－28　红河地区长 8_1^2 小层粒径与压实率关系图

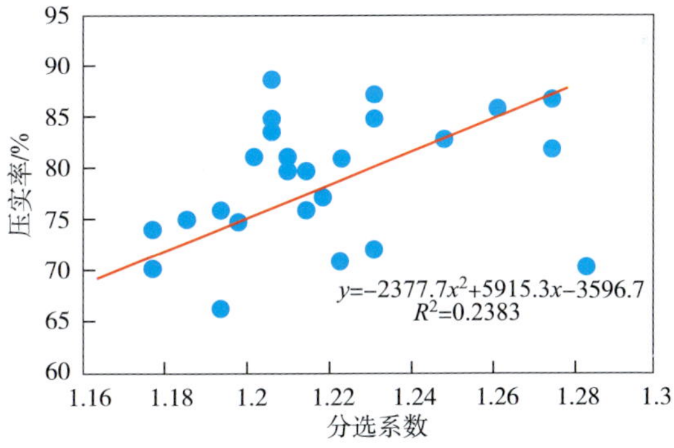

图2－29　红河地区长 8_1^2 小层粒径与压实率关系图

通过对比不同压实程度的储层的粒度、分选、塑性成分含量并进行分析，发现粒度越细、分选越差、塑性成分含量越高，储层的压实强度越强，且塑性成分含量与压实率相关性最好。同时红河地区长 8_1^2 小层颗粒磨圆以次棱角状为主，分选以好和中等为主，整体差异不大。压实作用的差异主要是由塑性成分含量的不同引起的。可见该区储层的压实强度主要受控于塑性成分的含量。

通过镜下观察单砂体内部样品点的微观结构发现，厚度小于7m的单砂体与大于7m的单砂体相比，厚度小于7m的单砂体的储层粒度较细，塑性成分含量更高，即厚度小于7m的单砂体更容易发育强压实(表2－9)，其孔隙结构以微孔隙群－窄片状喉道为主(图2－30)。

表2－9　不同厚度单套砂体内部储层特征

井名	深度/m	粒径均值/μm	分选系数	塑性成分含量/%	孔隙度/%	渗透率/($10^{-3}μm^2$)	压实率/%	所处砂体厚度/m
HH311	2160.18	170	3.16	62	8.485	0.039	81	5.45
HH311	2179.45	160	3.07	71	3.54	0.105	92	5.45
HH311	2182.95	176	2.78	70	5.66	0.129	94	5.45
ZJ17	2257.5	220	1.47	51	9.95	0.805	69	14.9
ZJ17	2259.76	310	1.49	2.46	10.2	0.793	50	14.9

(a)微孔隙群–片状喉道，HH311，2182.95m，铸体薄片(－)　(b)微孔隙群–片状喉道，HH311，2182.95m，铸体薄片(－)

图2－30　不同厚度单套砂体内部储层特征

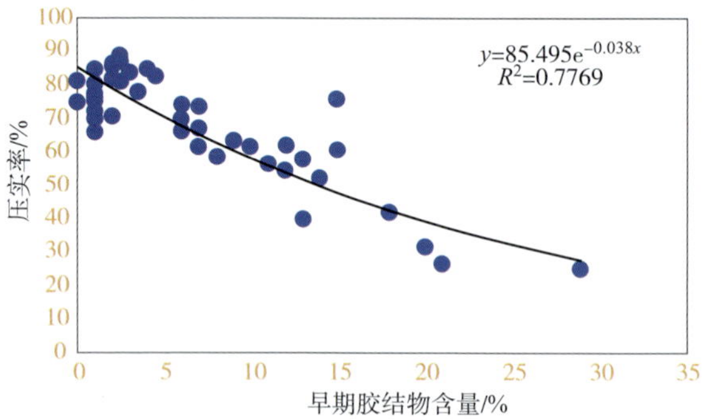

图2－31　红河地区长8_1^2小层储层早期胶结物与压实率关系图

2)胶结作用

胶结作用是指从孔隙溶液中沉淀出矿物质(胶结物)，将松散的沉积物固结起来的作用。胶结作用是沉积物转化为沉积岩的重要作用，在成岩各阶段均可发生，也是沉积层中孔隙度和渗透率下降的主要原因之一(图2－31)。红河地区长8_1^2小层中孔隙水和储层岩石组分的不同，必然导致各区块胶结物的类型和含量存在差异。

(1)钙质胶结作用。

碳酸盐是最常见的胶结物，也是红河地区延长组最主要的胶结物之一。碳酸盐胶结物在各成岩阶段均可发育。早期生成的碳酸盐胶结物结晶程度较差，晶粒一般较小，多呈连晶状或泥晶状产出，周围碎屑颗粒也较松散。晚期生成的碳酸盐胶结物晶粒一般较大，常零星状充填在粒间孔或交代形式出现。碳酸盐的各类胶结物物理性质相似，普通薄片下很难区分，常采用染色法和阴极发光法鉴定。在铁氰化钾和茜素红混合液染色下，方解石呈鲜红色，铁方解石呈紫红色，白云石不染色，铁白云石呈蓝色。阴极射线照射下方解石发橙黄－褐色光，铁方解石发橙－褐色光，白云石发橙红、黄色光，含铁白云石发褐－暗褐色光，铁白云石不发光。

①碳酸盐胶结物类型与赋存状态。

方解石胶结在全区均有发育，通过岩石和矿物学观察，发现红河地区主要存在两种碳酸盐胶结物类型，存在两种产状，一种产状的方解石充填孔隙在该区各井区、各层位均非常普遍，充填孔隙的自生碳酸盐常呈连晶状产出，晶粒粗大、洁净[图2－32(a)]，也偶见泥晶方解石[图2－32(b)]，以铁方解石最为典型，其在阴极发光下表现为橙黄色[图2－32(d)]，在红河地区均有分布。另一种产状的方解石交代矿物或充填溶蚀孔隙，常见碳酸盐胶结物交代长石等易溶骨架颗粒，同时该区也可见自生碳酸盐矿物交代颗粒边缘[图2－32(c)]，其在阴极发光下表现为亮黄色[图2－32(d)]。

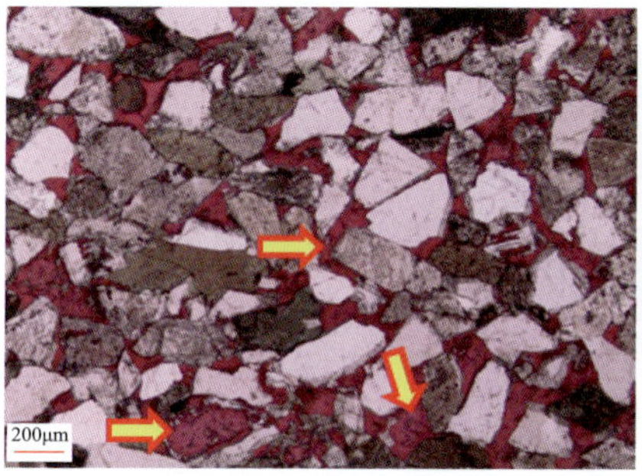

(a)亮晶方解石，HH8，2059.75m，铸体薄片(-)

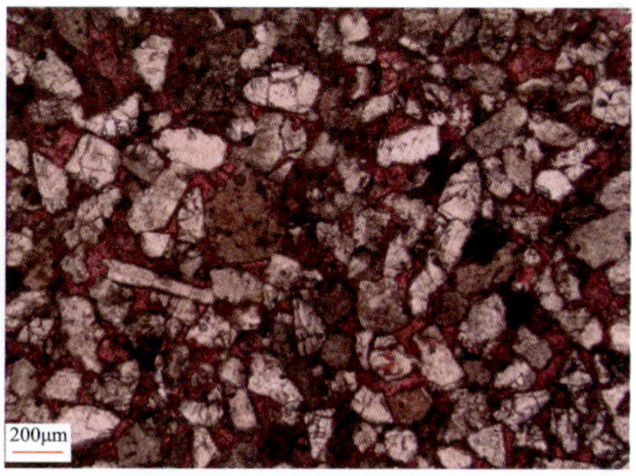

(b)绿泥石衬边后形成方解石胶结，HH12，2101.03m，铸体薄片(-)

(c)交代方解石，HH31，2268.92m，铸体薄片(-)

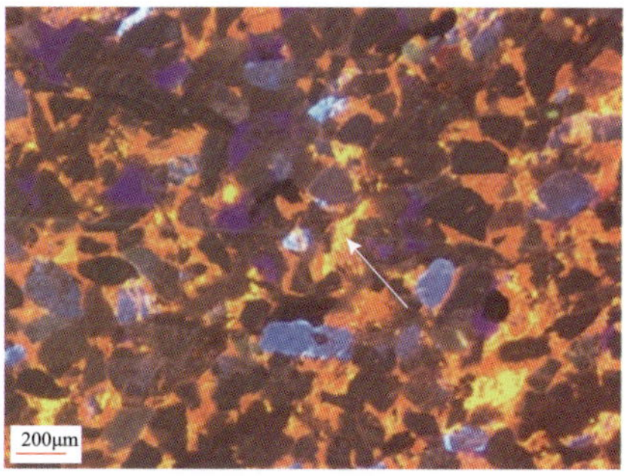

(d)早期含铁方解石，HH91，1888.75m，阴极发光

图2－32 红河地区长8_1^2小层储层方解石镜下特征

碳酸盐胶结物除充填原生粒间孔隙外，在长石和岩屑发生溶蚀产生的次生孔隙内也存

在。可见，溶蚀作用之后碳酸盐胶结作用仍在持续。碳酸盐胶结物对红河地区储集层孔隙的充填及局部的基底式胶结，使原生孔隙度大为降低(图2－32)。由于碳酸盐溶蚀程度较弱，因此常形成低孔低渗的致密储集层。

②方解石沉淀温度和时间。

在MAPS及染色薄片镜下对砂岩铁方解石胶结物岩石学分析的基础上，选取HH12井、HH1057－3井13个岩心样品进行包裹体均一温度的测试，来解释碳酸盐胶结物的形成时间。由于方解石形成时间太早，保存下来的包裹体不多，因此，在铁方解石胶结物中可供均一化温度测试的包裹体很少，只有4个样品点找到了可用包裹体，对包裹体进行了均一温度的测试，分析结果如表2－10所示。

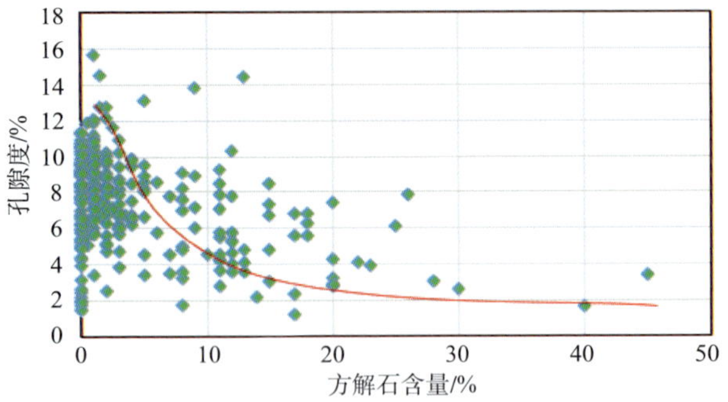

图2－33　红河地区长8_1^2小层方解石含量与物性关系图

包裹体均一温度分析结果显示，粒间胶结方解石中的包裹体均一温度主要分布区间为70～100℃(表2－10)，同时由于在强钙质胶结处颗粒之间几乎不接触(图2－33)，粒间体积约为30%，可见方解石形成时红河地区储层还未经历较强的压实减孔作用。综上认为粒间胶结铁方解石形成于早成岩阶段。

表2－10　红河地区长8_1^2小层方解石流体包裹体测温数据表

井号	井深/m	岩性	产状	均一温度/℃
HH1057－3	2237.92	细砂岩	铁方解石	99
HH1057－3	2238.37	细砂岩	铁方解石	78
HH12	2192.73	细砂岩	铁方解石	76
HH12	2104.25	细砂岩	铁方解石	85

③方解石胶结物沉淀的物质来源。

在显微镜下对碳酸盐胶结物的赋存状态和矿物的共生关系研究的基础上，选取了其中的13块样品进行了碳酸盐胶结物碳氧同位素测试。测试在核工业北京地质研究院分析测试研究中心实验室进行，分析结果如表2－11所示。

由表2－11可见，自生方解石碳同位素组成为－4‰～2.3‰，平均值－2.58‰；其氧同位素组成为－23.4‰～－16.6‰，平均值－19.95‰。根据自然界碳同位素分馏机理，正常的海相碳酸盐岩和碳酸盐胶结物的$\delta^{13}C$分布区间为－4.0‰～4.0‰，属于无机碳源，与此对照，仅有一个样品超出此范围(－6.7‰)，该样品为后期交代式方解石，其余均在此范围之内，这说明粒间胶结铁方解石的形成与有机质成熟过程中脱羧基作用关系并不大，而与湖泊的碳酸钙过饱和及沉积后的碱性环境有关，因而形成时间较早。由于砂质沉积物在成岩初期常具有较高的孔隙度，而且接近常温常压，碳酸盐胶结物具有较大的生长空间，因而很少交代碎屑颗粒，并保持较高的负胶结物孔隙度或粒间体积，这与薄片中观察到的方解石产状一致。

表 2 - 11　红河地区长 $8_1{}^2$ 小层方解石碳氧同位素数据表

井号	井深/m	岩性	类型	$\delta^{13}C$/‰	$\delta^{18}O$/‰
HH1057 - 3	2224. 1	细砂岩	泥	- 2. 5	- 16. 6
HH1057 - 3	2237. 92	细砂岩	铁方解石	- 3. 3	- 20
HH1057 - 3	2238. 37	细砂岩	铁方解石	- 2. 5	- 19. 3
HH1057 - 3	2239. 07	细砂岩	铁方解石	1. 2	- 19. 4
HH1057 - 3	2243. 67	细砂岩	交代方解石	- 6. 7	- 19. 2
HH1057 - 3	2247. 32	细砂岩	方解石	- 3. 9	- 19. 6
HH1057 - 3	2249. 56	细砂岩	泥	- 1. 1	- 19. 5
HH12	2092. 73	细砂岩	方解石	- 2. 9	- 20. 3
HH12	2099. 88	细砂岩	方解石	- 4	- 20. 9
HH12	2101. 03	细砂岩	方解石	- 3. 8	- 23. 4
HH12	2104. 25	细砂岩	方解石	2. 3	- 20. 8
HH12	2104. 35	细砂岩	泥	- 3. 7	- 20. 4

研究选取的 13 块样品中包括 3 块泥岩样品，从表 2 - 11 中可以看出，泥岩样品的碳氧同位素特征与邻近砂岩储层相似，可见粒间胶结铁方解石的碳来源于邻近泥岩。

同时，通过统计总结发现在垂向上强钙质胶结多发育在邻近泥岩处。统计红河地区长 $8_1{}^2$小层稳定分布的泥岩厚度和距离泥岩最近的钙质砂岩厚度，并分析泥岩厚度与钙质砂岩厚度的关系，发现泥岩厚度也越厚，钙质砂岩厚度也越厚(图 2 - 34)，因此，认为粒间胶结铁方解石的形成来源于临近泥岩中的无机碳源。长 $8_1{}^2$ 小层方解石含量与颗粒粒度呈正相关关系(图 2 - 35)。

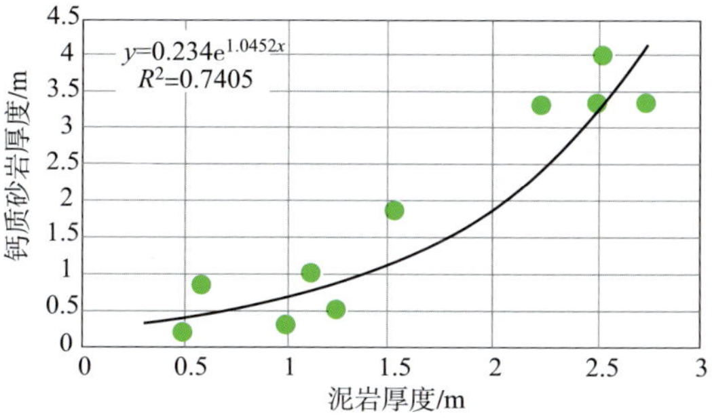

图 2 - 34　红河地区长 $8_1{}^2$ 小层钙质砂岩厚度与泥岩厚度关系图

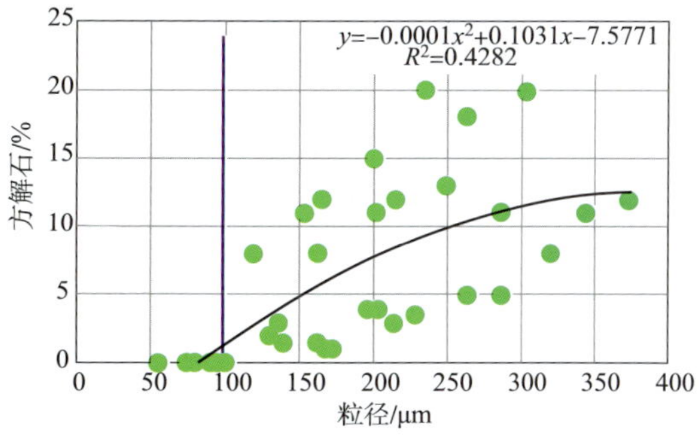

图 2 - 35　红河地区长 $8_1{}^2$ 小层方解石含量与颗粒粒度关系图

研究表明钙质强胶结相的垂向分布受到沉积微相组合和构型界面的控制，根据不同沉积微相组合和构型界面的分布，可将红河地区长 8 油组储层钙质强胶结相划分为顶底胶结、顶 - 中 - 底胶结以及全段式胶结 3 种垂向分布样式。

顶底式胶结条带在该区最为常见，多发育于泥岩－砂岩－泥岩组合砂体中[图2－36(a)]。此类砂体顶底粒度粗，塑性成分含量低，自身良好的抗压性是形成胶结条带的决定性因素。中部砂体距离泥岩较远，物源供给不足，基本不发育钙质强胶结。

顶－中－底胶结在该区较为常见，多发育于砂岩－泥岩－砂岩组合的复合厚砂体中[图2－36(b)]。在泥岩较为发育的条件下，该类型砂体粗粒及塑性成分含量低的地方则被铁方解石充填，形成顶－中－底式胶结。

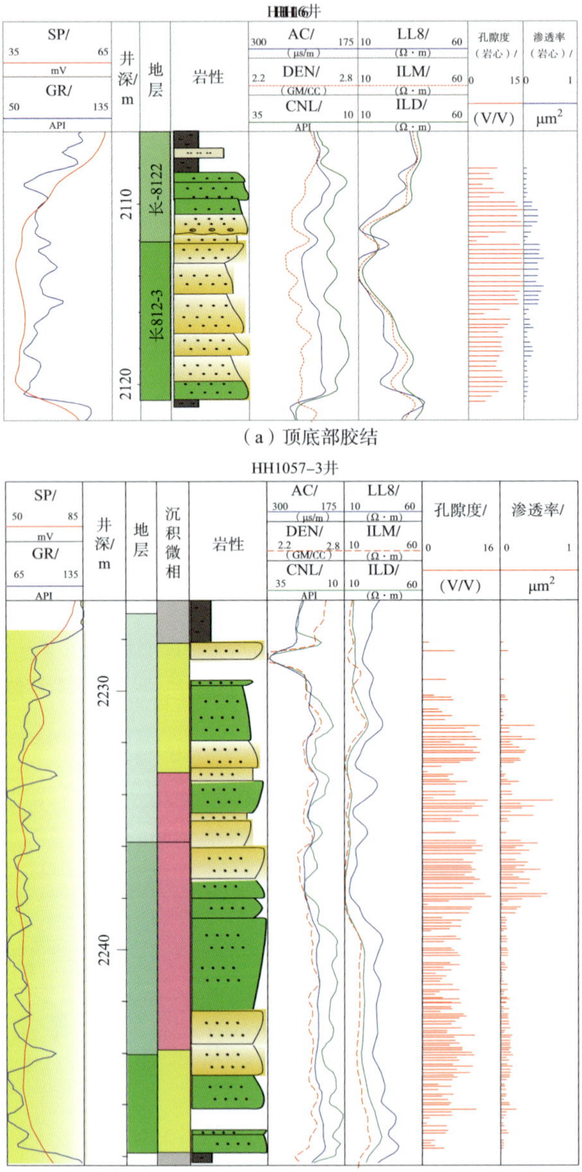

(a) 顶底部胶结

(b) 顶-中-底部胶结

图2－36 红河地区长8_1^2小层方解石垂向分布样式

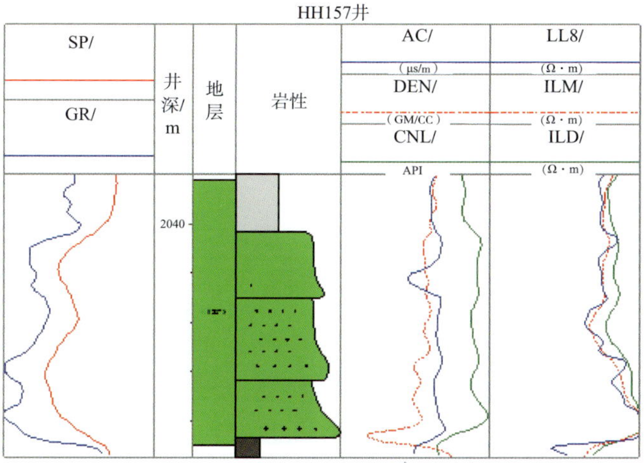

(c)全段式胶结

图 2-36 红河地区长 $8_1{}^2$ 小层方解石垂向分布样式(续)

全胶结式胶结条带多为粗粒薄层砂体，砂体附近常分布极厚的泥页岩或砂泥岩薄互层[图 2-36(c)]。随着压实作用的进行，该泥页岩或砂泥岩薄互层排出的高浓度碳酸盐流体可达砂体孔隙体积的 10 倍以上，其进入临近砂岩后流体压力迅速下降而沉淀，造成碳酸盐的迅速富集。该类胶结条带厚度主要受控于砂体粒度及塑性成分含量，粒度越粗，塑性成分含量越低，抗压实能力越强，可供胶结的孔隙空间越大，之后成岩流体注入时，迅速胶结致密，胶结条带厚度一般小于 3m，当砂体顶底泥岩厚度极大时，胶结条带厚度局部可达 8m。

(2)高岭石胶结作用。

薄片观察、扫描电镜观察和能谱分析发现，红河地区的高岭石存在两期，第一期高岭石为长石形成，在岩心和薄片观察中很难辨别，镜下薄片中表现为长石颗粒表面污浊[图 2-37(a)]。蚀变高岭石的形成从而使长石颗粒抗压性降低，从而使储层质量变差，并且影响了后续的成岩作用。而自生高岭石通过铸体薄片、扫描电镜和 MAPS 能够很好地识别[图 2-37(b)、(c)、(d)]。高岭石的晶形并不完美，常常出现假六边形晶体扭曲变形、残缺的现象。高岭石一般发育在细砂岩中，砂岩的黏土矿物总含量低于 10%。高岭石的发育一般伴随着长石的溶蚀[图 2-37(b)]，因此，自生高岭石胶结物的形成在很大程度上与长石的溶解有关，长石在酸性水介质中发生溶解，并生成自生高岭石。由于该区砂岩的成分成熟度较低，长石含量相对较高，相对较发育高岭石胶结。这些高岭石多呈书页状、蠕虫状集合体赋存在原生粒间孔和次生溶孔中，造成孔隙堵塞[图 2-37(d)]。

通过大量的镜下观察，细粒、塑性组分含量高(大于 50%)的砂岩易发育高岭石胶结(图 2-38)，较强的压实作用导致微小的孔隙空间，成岩流体不易流出，蚀变提供的 Al、Si 离子就近沉淀，形成高岭石。

红河地区长 $8_1{}^2$高岭石胶结易发育在细粒、塑性组分含量高(大于 50%)的砂岩中。同时，孔隙中沉淀的自生高岭石主要沉淀在砂体的中下部。在该区砂体上部烃源岩形成时产生异常高压，而此时该区储层致密化已经很剧烈，只能迫使酸性流体向砂体下部流动，使得流体携带离子继续向下流动，此时砂体底部已经发生方解石强胶结而致密，最终在砂体中下部大量沉淀形成自生高岭石，严重破坏了储层质量。

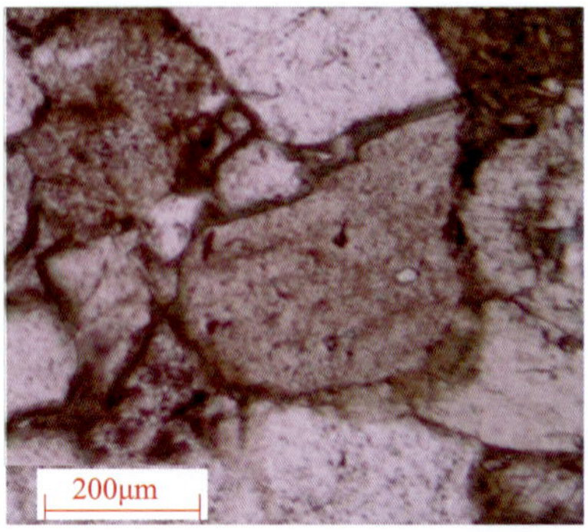

(a)长石高岭土化，HH1057–3，2232m，铸体薄片(–)

(b)自生高岭石堵塞孔隙，伴随长石溶解，HH59，2167.05m，铸体薄片(–)

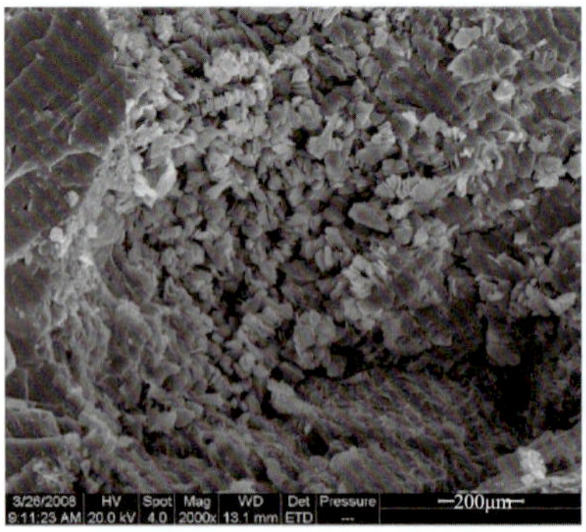

(c)书页状高岭石，ZJ19，2291.365m，扫描电镜

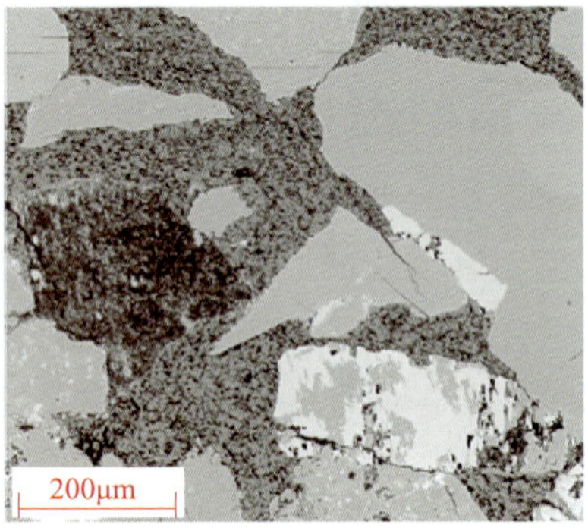

(d)高岭石堵塞孔隙，ZJ27，2194.35m，MAPS

图 2－37　红河地区长 8_1^2 小层高岭石胶结作用镜下特征

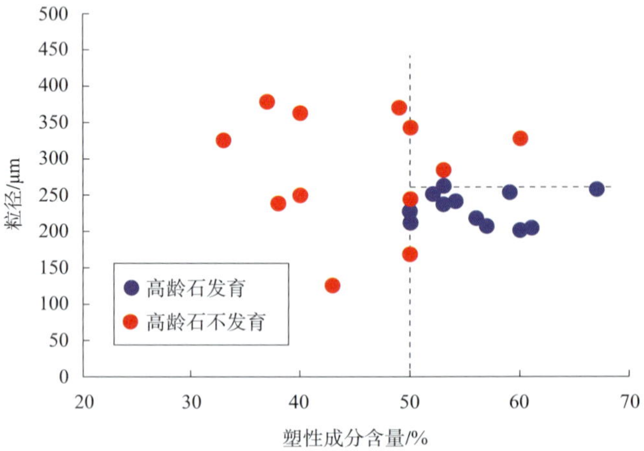

图 2－38　红河地区长 8_1^2 小层高岭石胶发育情况与粒径及塑性成分含量的关系

2.2.1.3　建设性成岩作用

1)绿泥石胶结作用

红河油田长8致密储层发育三种绿泥石赋存状态：

(1)绿泥石呈薄膜状，平行颗粒表面生长，晶型不完整，厚度一般小于1μm。

(2)绿泥石呈片状，晶型较为完整，垂直颗粒表面不连续生长，近于等厚，厚度为5～15μm[图2－39(a)]。

(3)绿泥石充填在孔隙中，多呈玫瑰花状。

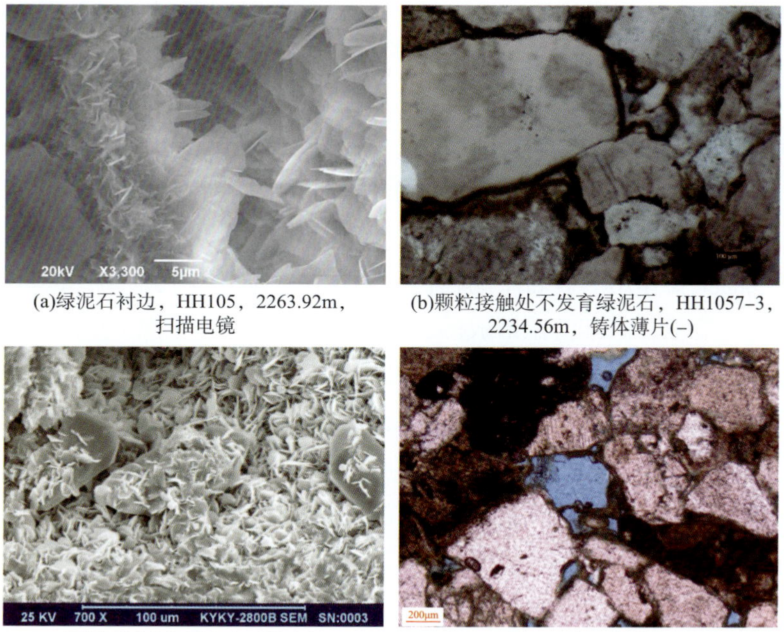

(a)绿泥石衬边，HH105，2263.92m，扫描电镜

(b)颗粒接触处不发育绿泥石，HH1057-3，2234.56m，铸体薄片(-)

(c)绿泥石衬边包围自生石英生长，ZJ17，2061.09m，扫描电镜

(d)绿泥石衬边残余的铸模孔，HH12，2093.47m，铸体薄片(-)

图2－39　红河地区长8_1^2储层绿泥石镜下特征

通过镜下观察发现红河地区绿泥石特征如下：在颗粒接触处，绿泥石胶结物较少，或者直接以颗粒间接触，绿泥石黏土膜发育的砂体的颗粒接触关系主要为点接触和线接触，存在绿泥石衬边的砂岩，通常具有比较低的压实强度，与经历类似压实作用而不发育绿泥石砂岩颗粒间的线接触—凹凸接触形成鲜明对比[图2－39(b)]；在绿泥石衬边发育的地方，自生石英一般以锥晶形式存在[图2－39(c)]；绿泥石衬边经常在溶解的骨架颗粒的边界上形成一种绿泥石衬边包围孔隙的结构，该特征类似于铸模孔[图2－39(d)]；绿泥石可围绕自生石英生长，并逐渐包裹石英，说明绿泥石衬边形成后继续生长的时间至少持续到了自生石英沉淀作用开始以后的成岩阶段[图2－39(c)]。

发育衬边绿泥石的岩石有一定的抗压能力，有助于储层孔隙的保存。通过挑选出粒度、分选、泥质含量相似、胶结相似的四个样品点进行覆压孔渗实验，发现：①发育衬边绿泥石的岩石其物性远好于不发育衬边绿泥石的岩石；②随着样品的围压压力增大，发育

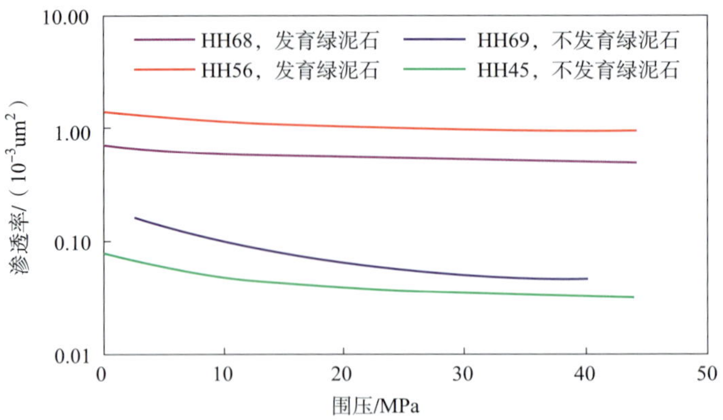

图 2-40　围压与储层物性变化关系图

衬边绿泥石的岩石的物性下降速度远小于不发育衬边绿泥石的岩石(图 2-40)。通过该覆压孔渗实验充分证明了衬边绿泥石具有抗压性，此外通过镜下观察发现发育绿泥石衬边的颗粒呈点接触，否则呈线接触，充分证明了衬边绿泥石对于储层孔隙的保存起到了很大的贡献，是储层质量好坏的关键性因素。

2)溶蚀作用

溶蚀作用是指地下水溶液对岩石组分的溶解，一般从颗粒表面或颗粒、填隙物的裂缝部位开始，并逐步向颗粒或填隙物内部扩散。溶蚀作用是砂岩中非常常见的成岩作用，也是次生孔隙形成的主要作用。砂岩中的任何碎屑颗粒、杂基及胶结物，都可在一定的条件下发生不同程度的溶蚀，而其溶蚀形成的孔隙则成为砂岩次生孔隙的重要组成部分。

溶解作用和次生孔隙主要是由 CO_2、有机酸和大气淡水对胶结物、交代物及骨架颗粒的溶解作用而形成。储层中各种矿物组分溶解形成次生孔隙必须具备 3 个条件：一是有足够数量的原生孔隙；二是酸溶性岩石组分的存在；三是酸性地层水的存在。酸性地层水的溶解作用是产生大量次生孔隙的重要因素。在酸性地层水作用下，长石、岩屑及碳酸盐等矿物发生溶解而形成次生孔隙。

镜下薄片统计分析表明，红河地区长 8_1^2 小层砂岩成分成熟度较低，岩石类型主要为岩屑质长石砂岩和长石质岩屑砂岩，长石和岩屑含量较高，为溶解作用提供了丰富的可溶解组分。溶解作用主要表现为各种易溶的砂岩组分发生部分、甚至全部的溶解，形成多种类型的次生孔隙，被溶蚀的组分主要为长石、岩屑。

红河油田长 8 致密储层溶蚀现象常见，主要发育两期溶蚀，第一期在镜下表现为颗粒相互之间穿插的不规则接触，其发生在同沉积阶段，沉积体接受大气淡水淋滤，大量颗粒被溶解形成次生孔隙，但由于之后的快速压实作用使得这些孔隙并没有被保存下来[图 2-41(a)]。第二期在镜下表现为颗粒间呈正常的点线接触，且边缘被溶蚀成不规则形状，如港湾状等[图 2-41(b)]。这期溶解与成岩后期烃源岩排出的酸性流体有关，溶解强度不大且分布较为局部。第二期溶解主要受控于颗粒粒度的大小和衬边绿泥石。观察发现中细砂岩更常见第二期溶解[图 2-41(c)]，而粉砂岩则基本不发育溶解作用[图 2-41(d)]。此外第二期溶解还受控于绿泥石，发育衬边绿泥石的砂岩更容易发生溶解作用，这是由于衬边绿泥石有助于原生孔隙的保存，为后期酸性流体的进入提供通道，储层更容易发生溶解形成混合成因粒间孔或粒内孔[图 2-41(e)、(f)]。

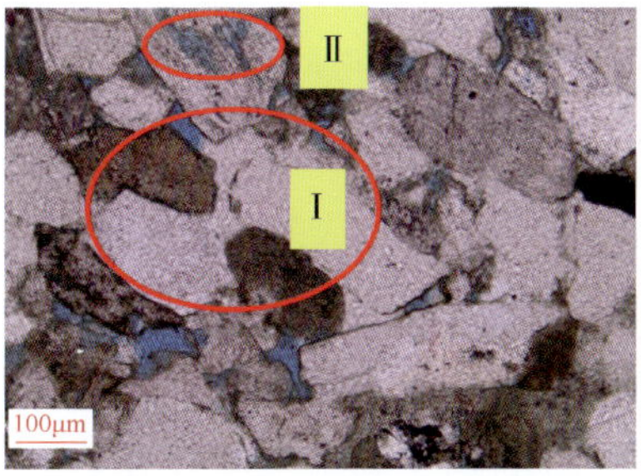

(a)两期溶蚀作用，HH105，2256.05m，单偏光

(b)第二期溶解作用，HH16，2102.79m，单偏光

(c)细砂岩容易发生溶解作用，HH127，2354.61m，铸体薄片(-)

(d)粉岩基本不发育溶解作用，HH59，2169.22m，铸体薄片(-)

(e)衬边绿泥石发育，发育溶解作用，HH12，2091.17m，细砂岩，铸体薄片(-)

(f)衬边绿泥石不发育，不发育溶解作用，HH311，2160.18m，铸体薄片(-)

图 2－41　红河地区长 $8_1{}^2$ 储层溶解作用镜下特征

2.2.2　成岩序列与孔隙演化

2.2.2.1　区域成岩特征

根据对岩石成岩作用及物性特征研究发现，岩石学特征参数中岩石的颗粒成分及粒度对储层孔隙发育程度与物性影响最大，而分选和磨圆影响较小。根据对成岩作用及孔隙演化的影响不同，将这些造岩颗粒分为刚性和塑性两大类，前者具有很强的抗压性，后者的抗压性较差。前者根据其可溶性又细分为易溶及难溶两类。后者根据其在压实过程中是发生形态上的物理变化还是发生成分上的化学变化，又可细分为易变形及易蚀变两类，这些岩屑对成岩作用有不同的影响。

前已述及，陇东地区与鄂南红河油田在构造沉积背景上具有一定相似性，其延长组研究成果可为该区成岩演化提供良好借鉴。研究发现，陇东地区延长组主要的成岩序列因岩石学特征的不同而不同。粗粒砂岩与细粒砂岩、富含塑性与富含刚性颗粒砂岩的成岩序列不同，而优质储层多发育于粗粒(中—细砂岩)富含刚性颗粒(石英、白云岩岩屑、石英岩岩屑和燧石岩屑等)的砂岩中，因此，重点介绍这类砂岩的成岩序列与孔隙演化过程。该类岩石首先经历了一定程度的压实作用，然后发生石英次生加大，因为石英次生加大边仅出现在石英颗粒压实紧密接触之外的地方。在石英次生加大之后出现了绿泥石膜胶结，因为绿泥石膜分布于加大边之上，在绿泥石膜形成后的剩余粒间孔隙中出现了方解石胶结作用。在方解石胶结之后是方解石的溶蚀作用，同时还有大量长石及岩屑的溶蚀，之后是烃类充注成藏。而在未发生烃类充注的溶蚀孔隙和部分原生孔隙中发生了晚期的含 Fe 方解石和含 Fe 白云石胶结，因为在镜下可以看到这些含 Fe 方解石和含 Fe 白云石充填的溶蚀孔隙。

2.2.2.2 岩石相类型划分

研究表明，不同岩性在不同砂体部位，经历不同的成岩演化，形成不同成岩相。同一岩性大面积广泛发育构成了同一岩石相。同一岩石相具有相似的成岩相特征。根据鄂南红河地区长 8 致密储层的岩石组分、组构特征，可将该区划分为三种岩石相类型，结合沉积特征和成岩作用过程，进一步划分为 5 类成岩相类型，为通过成岩相预测储层质量奠定基础。

前期研究中发现成岩作用与砂岩内塑性矿物含量和颗粒粒度关系密切。塑性矿物由于抗压实能力弱而影响压实作用的发生，红河地区长 8 段砂岩塑性矿物主要包括黏土化长石，以及泥岩、喷发岩、片岩、千枚岩、板岩、云母等岩屑。颗粒粒度影响成岩作用的机理在于：一方面颗粒粒度较小时，在上覆载荷作用下颗粒易于滑动和重新排列，从而使颗粒之间的支撑力减小，有利于压实作用发生；另一方面颗粒粒度较小，流体运移受阻而不利于后期成岩流体交换，抑制胶结作用和溶解作用的发生。以塑性矿物含量和颗粒粒度作为分类标准，将长 8 段砂岩分为富含塑性矿物细 – 粉砂岩、富含刚性矿物中 – 细砂岩、过渡型细砂岩三类岩石相。

富含塑性矿物细 – 粉砂岩岩石相塑性成分含量大于 60%，颗粒粒径小于 220μm，多分布于独立型薄层砂体内，平面上位于河道上游及河道边部。

富含刚性矿物中 – 细砂岩岩石相塑性成分含量小于 50%，颗粒粒径大于 220μm，多分布于独立叠置型厚层砂体内，平面上呈透镜状位于河道内部。

过渡型细砂岩岩石相塑性成分含量为 50% ~60%，颗粒粒径为 100 ~ 220μm，多分布于独立叠置型厚层砂体内，平面上广泛分布在河道中下游。

2.2.2.3 基于成岩过程的孔隙演化特征

1)原始孔隙度恢复

沉积作用从宏观和微观两方面对储层的原始物性进行控制。宏观上沉积作用控制着砂体的形态、规模和空间分布，微观上沉积作用决定了岩石组分及组构等特征，从而控制了岩石的原始孔渗性。

通过储层岩心分析粒度中值及分选系数应用 Sneider 图版(1987)，估算出红河油田长 $8_1{}^2$储层原始孔隙度、原始渗透率(表 2－12)。

表 2－12　红河油田长 $8_1{}^2$ 小层不同沉积微相原始孔渗统计表

参数		沉积相			
		水道(95)	心滩(15)	溢岸(8)	支流间湾(22)
原始孔隙度/%	范围值	34～41	38～40	33～39	24～39
	平均值	38.81	39.63	37.9	36.6
原始渗透率/μm^2	范围值	0.5～97.3	0.5～90	0.5～15.75	0.1～36
	平均值	35.89	52.82	17.76	11.8

注：表头括号中为样品数

红河油田长 $8_1{}^2$发育分流河道微相、溢岸微相和支流间湾微相，分流河道又包括辫流水道和心滩砂体。从表 2－12 中可以看出，辫流水道砂体和心滩坝砂体原始孔渗相差不大，辫流水道原始孔隙度为 34%～41%，平均值为 38.81%，原始渗透率为 0.5～97.3μm^2，平均值为 35.89μm^2；心滩较水道的原始物性好一些，心滩原始孔隙度为 38%～40%，平均值为 39.63%，原始渗透率为 0.5～90μm^2，平均值为 52.82μm^2。溢岸和支流间湾砂体的原始物性则较低，溢岸原始孔隙度为 33%～39%，平均值为 37.9%，原始渗透率分布范围为 0.5～15.75μm^2，平均值为 17.76μm^2；支流间湾原始孔隙度为 24%～39%，平均值为 36.6%，原始渗透率分布范围为 0.1～36μm^2，平均值为 11.8μm^2。

由于原始孔渗受岩石颗粒粒度和分选性的控制，粒度粗、分选好的沉积物其原始孔渗就越高。因此，由于红河地区不同的沉积相类型的沉积组构的差异，其原始孔渗也存在着差异。心滩和水道微相沉积水动力强，岩石颗粒分选好且粒度粗，因此其原始孔渗较溢岸和支流间湾要好。

2)不同成岩作用孔隙增减评价方法

沉积物进入成岩阶段，其储集空间的再分配主要受各种成岩作用的控制。沉积物本身的内在特征也不同程度地制约着成岩作用的发生和发展，进而影响孔隙的演化。为了对储层孔隙演化作出合理解释，研究人员对储层不同成岩阶段孔隙的生成和损失作了定量评价，测算方法如下。

(1)压实后粒间剩余孔隙度。

恢复压实后砂岩剩余粒间孔隙度，用于评价压实作用对原生粒间孔的破坏程度。压实后剩余粒间孔隙度(ϕ_2)可根据胶结物含量、残余粒间孔、溶蚀孔与现存孔隙度的关系求得。红河地区溶蚀孔隙主要为碳酸盐胶结物、长石和岩屑溶蚀产生的孔隙。现存孔隙中的胶结物溶孔，其形成过程是先形成碳酸盐胶结物，然后部分碳酸盐胶结物在后期被溶蚀。现存孔隙中的胶结物溶孔(即被溶蚀的碳酸盐胶结物所占有的空间)是压实后剩余粒间孔隙空间的一部分。

ϕ_2 = (粒间孔面孔率 + 胶结物溶孔面孔率)/总面孔率 × 物性分析孔隙度 + 胶结物含量 (2-3)

式中，胶结物含量为样品岩矿分析的胶结物百分含量,%；物性分析孔隙度为样品进行物性分析所得到的孔隙度值,%。

(2)压实损失孔隙度。

已知砂岩原始孔隙度和压实后粒间剩余孔隙度后，可以算得压实损失孔隙度和压实孔隙度损失率：

压实损失孔隙度 = $\phi_1 - \phi_2$ (2-4)

压实孔隙度损失率 = $(\phi_1 - \phi_2)/\phi_1$ (2-5)

(3)胶结孔隙损失。

砂岩压实、胶结、交代后的剩余粒间孔隙度(ϕ_3)即为现存孔隙中粒间孔隙空间所具有的孔隙度：

ϕ_3 = 粒间孔面孔率/总面孔率 × 物性分析孔隙度 (2-6)

胶结、交代损失孔隙度 = $\phi_2 - \phi_3$ (2-7)

胶结、交代孔隙度损失率 = $(\phi_2 - \phi_3)/\phi_1$ (2-8)

(4)溶蚀孔隙。

利用薄片分析资料获得，包括各种溶蚀孔和微裂隙。溶蚀孔隙(ϕ_4)是指总储集空间中溶蚀孔所占据的那部分储集空间：

ϕ_4 = 溶蚀孔面孔率/总面孔率 × 物性分析孔隙度 (2-9)

结合大量的镜下资料观察胶结物先后顺序及成分测试资料总结出红河地区成岩序列为绿泥石包膜-蚀变高岭石-石英自生加大-孔隙式方解石-第二期绿泥石-高岭石-孔隙式绿泥石/自生石英-伊利石-方解石交代的成岩演化过程(表2-13)。

表2-13 红河油田长8_1^2小层成岩序列

成岩阶段	早成岩阶段		中成岩阶段
	A	B	A
压实	— — — — —	— — — — — —	— — — —
蒙脱石胶结	— — — —		
I/S	— — — —	— — — — — — —	— — —
绿泥石胶结	— — —	— — —	
高岭石胶结	— — —		— — —
伊利石胶结			— — —
石英加大		— — —	
方解石胶结	— — —		— — —
溶蚀作用	— —	— —	

续表

成岩阶段	早成岩阶段		中成岩阶段
	A	B	A
有机质成熟阶段	未成熟	半成熟	低成熟
接触类型	点接触	点—线接触	线接触
I/S 混层比中 S%	70% 以上	70% ~50%	50% ~35%

3）不同成岩序列孔隙演化特征

在具有同一埋藏史及相似埋深的前提下，砂体的成岩演化史及强度差异受控于沉积因素。研究发现主要的成岩序列因岩相类型的不同而不同。依据沉积因素，红河地区总结了三类岩石相类型，即富含刚性成分的中－细砂岩（塑性成分含量 <60%，粒径 >220μm）、过渡细砂岩（塑性成分含量 <60%，100μm< 粒径 <220μm）、富含塑性成分的细砂岩和粉砂岩（塑性成分含量 >60%，粒径 <220μm），按照上述孔隙演化恢复方法分别对三类岩石相的成岩作用过程及孔隙演化进行研究。

（1）富含刚性成分的中－细砂岩成岩序列及其孔隙演化。

根据该类岩石类型所处的砂体位置，该成岩序列和孔隙演化又可分为两类，即其共同特征是在早成岩阶段经历第一期绿泥石胶结和高岭石蚀变后，经过快速压实后遭受到不同程度的方解石胶结，从而形成相似的孔隙演化特征，后期由于方解石胶结的不同形成不同的成岩演化。首先，位于砂体中部的富含刚性成分的中－细砂岩遭受方解石胶结弱，储集空间略微减少，孔隙度降低不明显，后期发生第二期绿泥石沉淀后储集空间得以保存，随着埋藏继续，成岩环境趋于稳定，部分高岭石析出降低孔隙，此时地温梯度升高，有机质逐步成熟，含有机酸地层流体进入依然保留孔隙的储层并形成溶蚀，进一步改善储层，随着烃类流体的进入而最终终止成岩过程[图 2－42（a）]，其成岩演化序列及孔隙演化模式如图 2－43 所示。其次，位于砂体顶底部位的富含刚性成分的中－细砂岩遭受方解石胶结极强，几乎无孔隙，其形成机理在前章节已交代[图 2－42（b）]，其成岩演化序列及孔隙演化模式如图 2－44 所示。

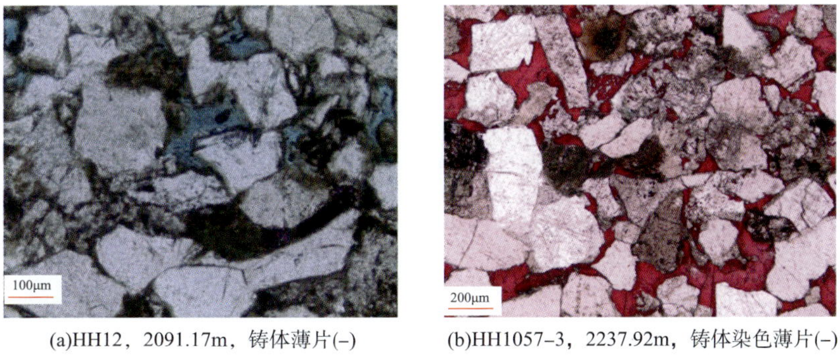

(a)HH12，2091.17m，铸体薄片(–)　　(b)HH1057–3，2237.92m，铸体染色薄片(–)

图 2－42　富含刚性成分的中－细砂岩的成岩序列镜下特征

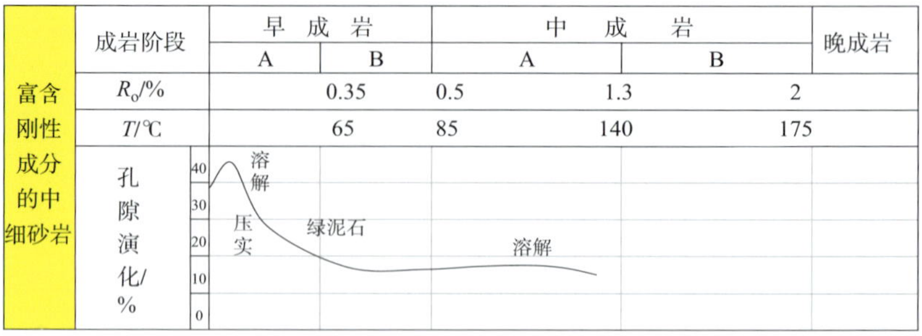

图 2－43　富含刚性成分的中－细砂岩的成岩序列 A 及孔隙演化模式图

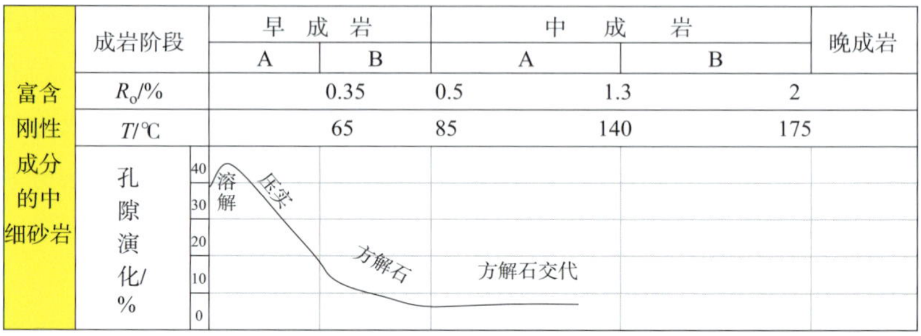

图 2－44　富含刚性成分的中－细砂岩的成岩序列 B 及孔隙演化模式图

（2）过渡细砂岩成岩序列及其孔隙演化。

该类岩石相塑性成分含量为 50%～60%，在区内广泛发育，多分布于叠置型厚层砂体内，平面上广泛分布在河道上中下游。该类岩相粒度较细，原生孔喉较小，根据其所处的砂体位置也存在两类成岩序列。当其位于砂体中上部时，距离顶部泥岩有一定距离，此时与富含刚性成分的中－细砂岩早期经历了相似的成岩演化过程，即在早成岩阶段经历第一期绿泥石胶结和高岭石蚀变后，经过快速压实后遭受方解石胶结。此时，由于早期方解石中等胶结，后期发生第二期绿泥石沉淀后储集空间得以保存，随着埋藏继续，成岩环境趋于稳定，部分高岭石析出降低孔隙，并随着烃类流体的进入而最终终止成岩[图 2－45（a）]，其成岩演化序列及孔隙演化模式如图 2－46 所示。

(a)HH127，2354.61m，铸体薄片(－)　　(a)HH1057-3，2233.29m，铸体薄片(－)

图 2－45　细砂岩的成岩序列镜下特征

在砂体中下部时，其经历的成岩演化基本类似，因此，其孔隙演化模式基本相同。但由于其位于砂体中下部时，此时早期方解石胶结程度较弱，相对封闭的成岩环境有利于后期长石溶解所提供的 Al 和 Si 离子原地沉淀形成自生高岭石，末期的高岭石胶结发育强度大，对储集空间有较大影响，储层孔隙度低[图 2－45(b)]，其成岩演化序列及孔隙演化模式如图 2－47 所示。

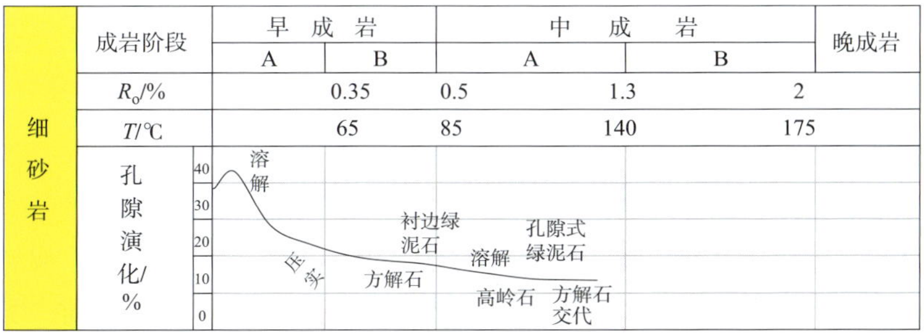

图 2－46 细砂岩的成岩序列 A 及孔隙演化模式图

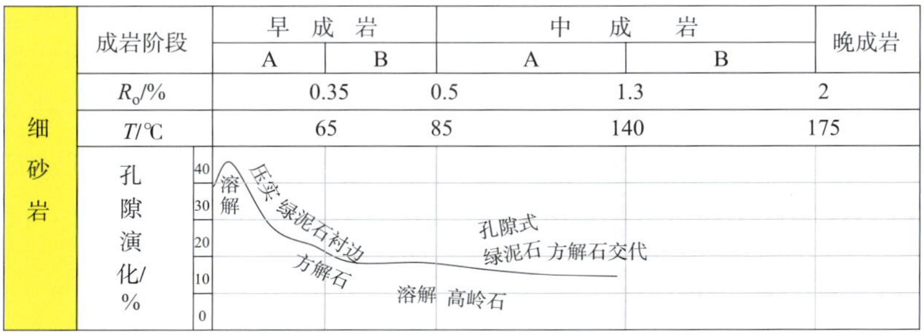

图 2－47 细砂岩的成岩序列 B 及孔隙演化模式图

(3)富含塑性成分的细－粉砂岩成岩序列及其孔隙演化。

富含塑性成分的细－粉砂岩塑性成分含量大于 60%，多分布于独立型薄层砂体内。在早成岩期经历了相似的成岩过程后，随着压实作用的发生，形成了相对较强压实结果，后期由于强烈的压实作用减缓了地层流体的流动，其胶结作用、溶蚀作用均较弱，而塑性矿物中的云母蚀变作用较强，形成各种假杂基现象(图 2－48)。其成岩演化序列及孔隙演化模式如图 2－49 所示。

HH311，2179.45m，铸体薄片(+)　　HH105，2256.33m，铸体薄片(-)

图 2－48 富含塑性成分的细－粉砂岩的成岩序列镜下特征

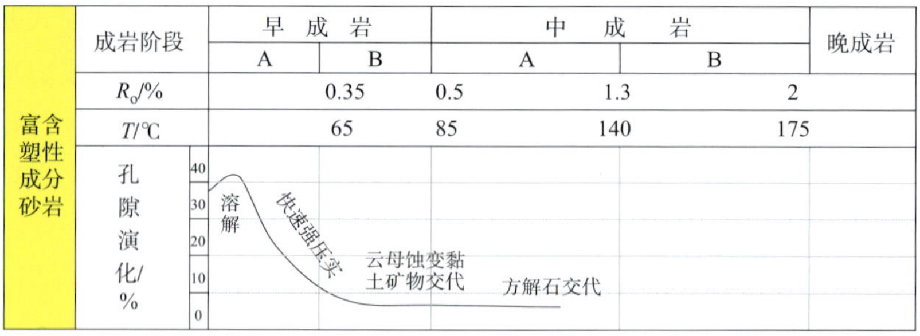

图 2-49　富含塑性成分的细-粉砂岩的成岩序列及孔隙演化模式图

2.2.3　成岩相类型与储层质量关系

不同岩性在不同砂体部位，经历不同的成岩演化，形成不同成岩相。成岩相的划分是为了对储层质量预测奠定基础，不同类别储层内部发育的成岩相不同。同一类储层可能发育多种成岩相和多种孔隙结构，在测井曲线上很难对储层质量进行识别，并且红河地区井距普遍偏大，平面预测难度较大，需要基于成岩模式来预测储层质量，因此，对致密砂岩储层质量分布研究的根本途径是利用基于沉积的成岩相预测。综合上述对该区长 8 储层成岩作用类型识别、成岩序列构建及不同地质因素与成岩作用关系的探讨，建立了红河油田长 8 致密砂岩储层 5 种成岩演化序列与 5 类成岩相对应图(图 2-50)，5 类成岩相与红河地区长 $8_1{}^2$小层储层成岩特征、孔隙结构类型及孔渗关系统计特征如表 2-14 所示，为红河油田长 8 有利储层预测奠定基础。

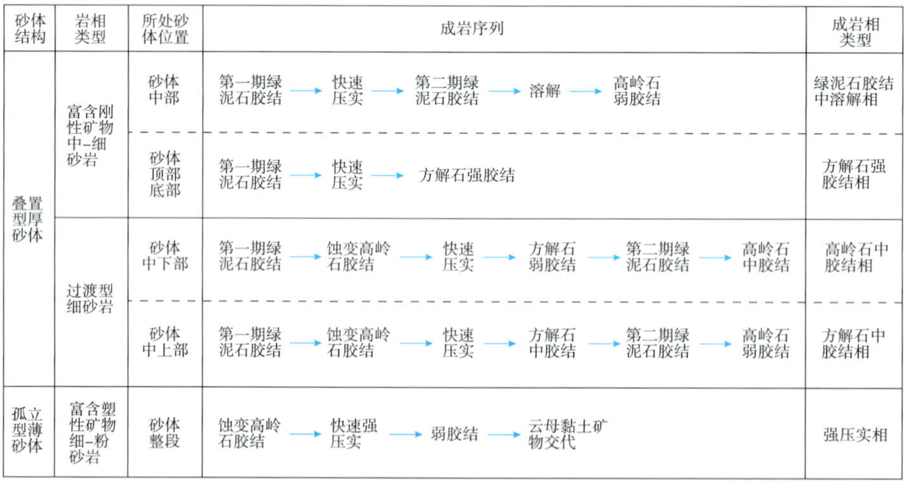

图 2-50　红河油田长 8 致密储层成岩演化模式图

表 2-14　红河地区储层成岩相类型特征表

成岩相类型	绿泥石衬边弱胶结中溶解成岩相	方解石中胶结成岩相	高岭石胶结成岩储	强压实成岩相	强胶成岩相
岩石类型	中—细砂岩	中—细砂岩	细砂岩	细—粉砂岩	中—细砂岩

续表

成岩相类型		绿泥石衬边弱胶结中溶解成岩相	方解石中胶结成岩相	高岭石胶结成岩储	强压实成岩相	强胶成岩相
成岩特征	压实强度	中	中—强	中—强	强	中
	绿泥石/%	3~5	<3	<3	<3	—
	方解石/%	<3	3~8	<3	<3	>8
	高岭石/%	<2	<2	>2	<2	<2
	胶结强度	弱	中	中	弱	强
	溶解强度	中	弱	弱	弱	弱
孔隙结构类型		粒间孔—宽片状喉道组合 粒间孔-粒内孔—宽片状喉道组合	粒间孔-微孔隙群—宽片状喉道组合 粒间孔—微孔隙群—窄片状喉道组合	粒内孔-微孔隙群—窄片状喉道组合 粒内孔-微孔隙群—极窄片状喉道组合	微孔隙群—极窄片状	微孔隙群—极窄片状
孔隙度/%		>8	8~14	8~10	<9	<9
渗透率/($10^{-3}\mu m^2$)		>0.5	0.3~0.5	0.1~0.3	<0.1	<0.1

1)绿泥石衬边弱胶结中-弱溶解成岩相

该相压实作用中等，衬边绿泥石含量一般为3%~5%，方解石含量小于3%，高岭石含量小于3%。A相溶解作用相对强，孔隙度大于8%，渗透率大于$0.5\times10^{-3}\mu m^2$。孔喉结构主要为粒间孔—宽片状喉道组合和粒间孔-粒内孔—宽片状喉道组合[图2-51(a)、(b)]。该类成岩储集相主要发育在Ⅰ、Ⅱ类储层中，其经历了绿泥石-蚀变高岭石-快速压实-第二期绿泥石-高岭石弱胶结的成岩序列。

2)方解石中胶结成岩相

发育该相的储层压实作用中等，溶解作用较弱，胶结程度中等，胶结物类型主要为方解石。孔隙度一般为8%~14%，渗透率为$(0.3\sim0.5)\times10^{-3}\mu m^2$；孔隙结构以粒间孔-微孔隙群—宽片状喉道组合和粒间孔-微孔隙群—窄片状喉道组合为主[图2-51(c)]。该类成岩储集相主要发育在Ⅱ、Ⅲ类储层，其经历了绿泥石-蚀变高岭石-快速压实-方解石-第二期绿泥石-高岭石弱胶结的成岩序列。

3)高岭石胶结成岩相

发育该相的储层压实作用中等，溶解作用中到弱。胶结作用中等，胶结物主要为高岭石，孔隙度一般为8%~10%，渗透率一般为$(0.1\sim0.3)\times10^{-3}\mu m^2$。孔隙结构为粒内孔-微孔隙群—窄片状喉道组合和粒内孔-微孔隙群—极窄片状喉道组合[图2-51(d)]。该类成岩储集相主要发育在Ⅲ类储层，其经历了绿泥石-蚀变高岭石-快速压实-方解石弱胶结-第二期绿泥石-高岭石胶结的成岩序列。

4)强压实成岩相

发育该相的储层经历的压实作用强，胶结作用中等到弱，孔隙度小于9%，渗透率小于$0.1\times10^{-3}\mu m^2$。孔隙结构为微孔隙群—极窄片状喉道组合[图2-51(e)]。该类成岩储集相主要发育在Ⅳ类储层，其经历了快速强压实-蚀变高岭石-弱胶结-云母黏土矿物交代的成岩序列。

5)强胶成岩相

发育该相的储层胶结作用强，主要胶结物为方解石，压实作用中等。孔隙度一般为1%~8%，渗透率小于$0.1\times10^{-3}\mu m^2$。孔隙基本不发育，孔隙结构以微孔隙群—极窄片状为主[图2-51(f)]。该类成岩储集相主要发育在Ⅳ类储层，其经历了绿泥石-蚀变高岭石-快速压实-方解石的成岩序列。

(a)A_1相，HH12，2090.92m，铸体薄片(-)

(b)A_2相，HH105，2259.15m，铸体薄片(-)

(c)B相，HH127，2354.61m，铸体薄片(-)

(d)C相，HH127，2346.77m，铸体薄片(-)

(e)D相，HH311，2182.95m，铸体薄片(-)

(f)E相，HH59，2164.31m，铸体薄片(-)

图2-51　红河油田长8_1^2小层成岩储集相镜下特征

2.3　沉积－成岩联合约束的基质储层质量差异表征

致密砂岩储层经历了致密化，砂泥波阻抗差异小，地震上难以识别砂岩及内部非均质性，地震预测效果差。常规砂岩成岩非均质性弱，储层质量主要受控于沉积因素，通过研究沉积规律表征储层质量分布。致密砂岩内部成岩非均质性强，储层质量受控于沉积和成岩的综合作用，需要通过沉积与成岩规律来预测储层质量的差异分布。

2.3.1　储层质量差异表征研究思路

本书针对致密储层的特点，提出了沉积－成岩联合约束的基质储层质量差异表征方法，基于2.1节中致密储层微观孔隙结构定量表征和2.2节中基质储层质量差异机理，对不同类型的储层展布规律进行研究。在高精度层序地层格架基础上，首先研究控制成岩演化的沉积因素，包括沉积构型及单河道分布特征、岩石相类型及分布特征、塑性成分分布特征。然后，在单井测井成岩相解释的基础上，根据沉积因素对成岩相的控制模式预测井间分布，从而预测成岩相的分布。最后，在单井储层质量解释的基础上，采用“井点控制、井间成岩相约束”的方法，通过成岩相控预测基质储层质量的分布(图2－52)。

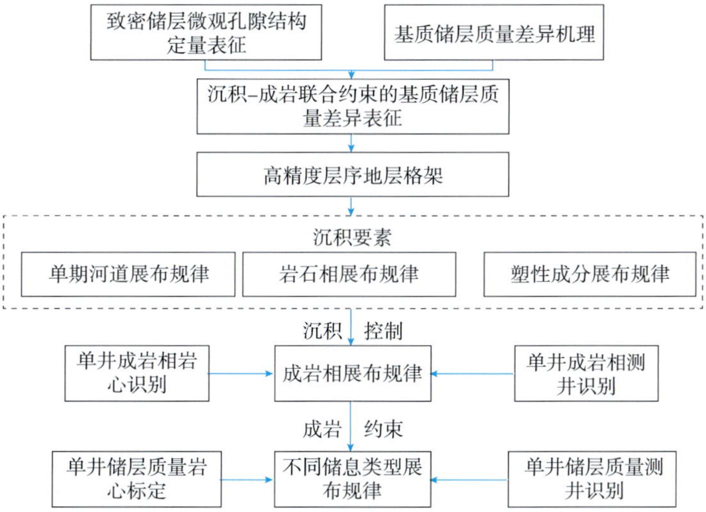

图2－52　研究思路图

2.3.2　沉积构型分布特征

2.3.2.1　高精度层序地层格架

由于红河油田长8_1^2小层内部不同期次砂体致密成岩非均质性强，因此，基于小层的油藏描述已不能满足进一步研究的需要。为了更精细地表征砂体分布，从而为储层构型分析及储层质量差异研究奠定基础，进一步将长8_1^2小层细分为长8_1^{2-1}、长8_1^{2-2}、长8_1^{2-3}

三个单层(表 2－15，图 2－53)。

表 2－15　红河油田长 $8_1{}^2$ 小层细分方案

原有地层划分方案		细分方案	
油层组	砂层组	小层	单层
长 8	长 8_1	长 $8_1{}^1$	—
		长 $8_1{}^2$	长 $8_1{}^{2-1}$
			长 $8_1{}^{2-2}$
			长 $8_1{}^{2-3}$
		长 $8_1{}^3$	—

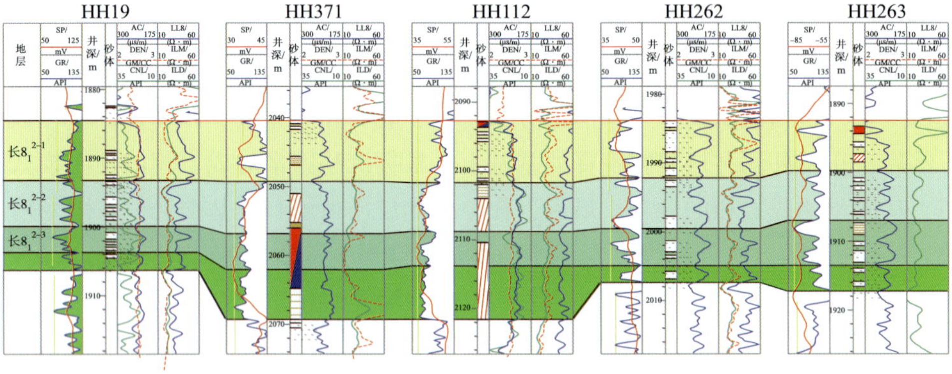

图 2－53　切物源方向地层对比剖面图

以标志层控制、旋回对比、分级控制为对比原则，通过桥式对比及三角网对比两种方法，完成全区 400 多口井的地层对比，建立了红河地区精细等时地层格架。从切物源方向骨架剖面对比结果(图 2－53)可以看出，长 $8_1{}^{2-3}$ 单层地层厚度差异大；长 $8_1{}^{2-2}$ 单层和长 $8_1{}^{2-1}$ 单层地层厚度差异较小。

长 $8_1{}^2$ 小层底界为长期旋回底界面，是进积－退积的沉积作用转换面，该界面之上有基准面上升初期低可容空间时河流充填作用形成的河道底部滞留沉积和厚层大型槽状交错层理砂岩。长 $8_1{}^2$ 小层形成于湖平面缓慢上升阶段，可容空间较小，物源供给充足，导致分流河道具有较强下切能力。

2.3.2.2　基于构型的复合河道解剖

1)垂向分期

由于不同期次砂体之间叠置关系及连通方式的复杂性，使得复合砂体内部具有很强的非均质性，因此，有必要开展复合砂体内部解剖工作。首先进行垂向分期，即针对单井或剖面，对复合河道进行期次划分。结合层序地层格架及沉积相剖面分析，长 $8_1{}^2$ 小层内部发育了 3 期主力河道砂体(图 2－54)。

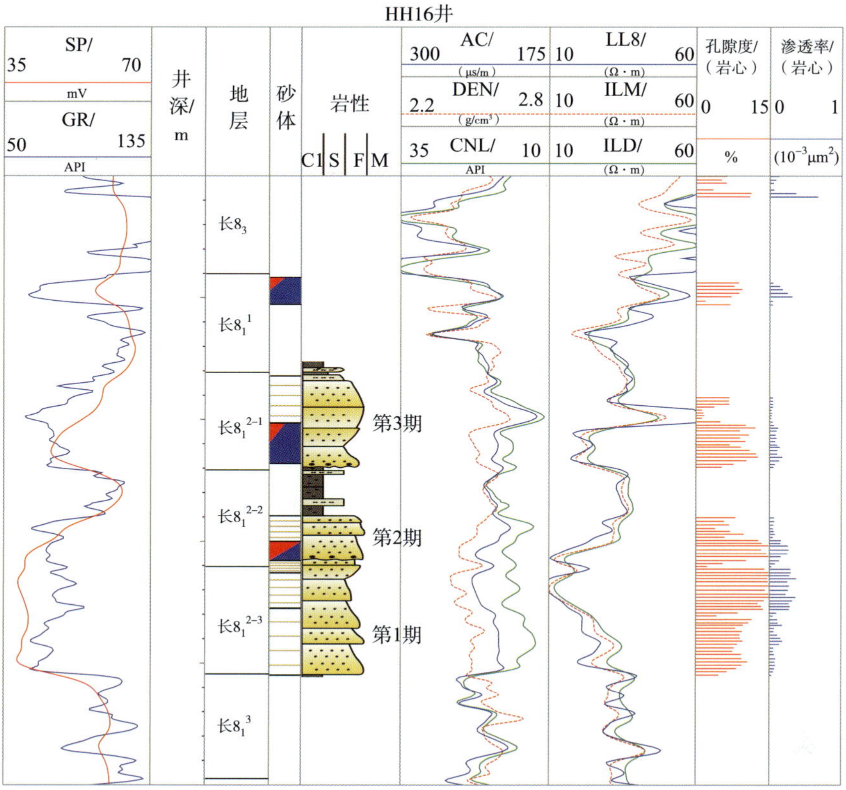

图 2－54　HH16 取心井综合柱状图

2）侧向定界

复合河道侧向定界可以利用地震资料，通过“井震结合”研究方法，开展复合河道平面刻画。地震波波形是地震波振幅、频率、相位的形态体现。地层中的岩性差异、物性差异、含油气性差异、埋藏深度等均会影响到地震波形的变化。由于红河地区致密泥岩与致密砂岩的波阻抗差异小，且受断裂影响，地震反射情况比较复杂，地震属性切片分析效果不明显，因此，应用地震剖面上反射同相轴特征及连续性来分析分流河道带的外部形态。在地震剖面上，横向上分流河道带的尖灭引起波形结构有明显差异（图 2－55），其主要识

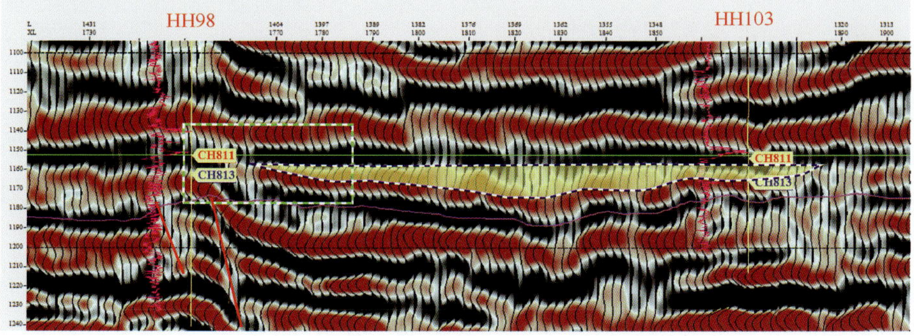

图 2－55　复合分河道边界的地震反射特征

别标志为：分流河道中部至分流河道边部方向，地震波振幅逐渐减弱，波谷逐渐向边部“收敛”，视周期变短；在单井砂体解释的基础上，根据复合河道的地震反射波形差异特征，识别复合河道边界；基于该边界，提取单井砂体厚度完成砂体厚度等值线图绘制。

3）构型样式

复合河道内部发育多条稳定性差的单期河道，其叠置关系复杂，进而从单砂体尺度控制着储集层的内部连通性。长 8_1 内部发育垂向叠置、侧向拼接和孤立型三种砂体叠置样式，长 8_1^2 小层以垂向叠置式和侧向拼接式为主，长 8_1^3 以孤立式为主。单砂体叠置关系受控于可容纳空间（A）与沉积物供给（S）的相对变化关系，A/S 值决定了可容纳空间内单砂体的空间展布特征。随着 A/S 值的不断增大，单砂体叠置样式从垂向叠置式逐渐演变为孤立式叠置（图 2－56）。

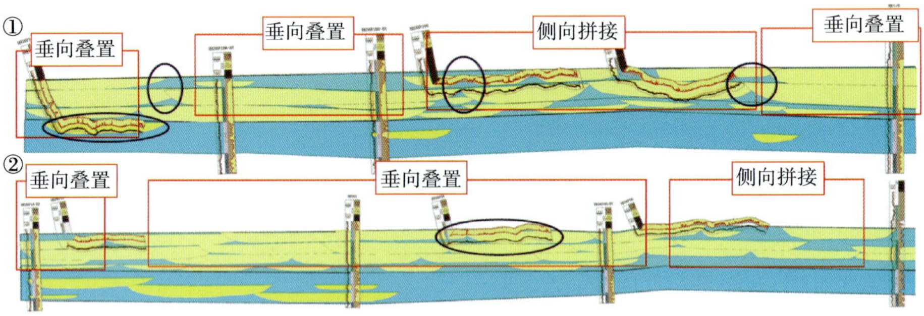

图 2－56　鄂南长 8 致密油典型构型样式

① 垂向叠置式，沉积物供给充沛，河道能量强，下切侵蚀作用较强，边界较为稳定，河道顶部细粒沉积不易保存，缺乏不同级别的泥质隔层，河道砂体横向及纵向连通性较好。

② 侧向拼接式，河道发育，但能量较弱，下切作用弱，顶部细粒沉积得以部分保存，呈现为不稳定夹层，多条河道砂体之间以侧向叠置为主，砂体连通性差，平面河道间虽连通但存在低渗区。

③ 孤立式，河道不太发育，砂体呈孤立状态出现，主要发育在次河道，一般河道窄，但边界稳定，砂体规模较小。

2.3.2.3　单期河道刻画与分布特征

1）单期河道精细刻画方法

基于精细等时地层格架，在复合河道边界约束下，综合运用“地震反演识边界、点线互动定边界”“构型样式定结构”“砂体厚度束宽度”等方法，开展单期河道识别与刻画。

（1）基于地震反演的单河道边界识别方法。

受地表黄土原地貌影响，地震资料主频低，砂体厚度薄导致地震资料分辨率有限，可考虑采用反射系数反演等方法提高地震资料分辨率，在此基础上，根据不同的地震工区探索不同的反演方法，通过对比实验，优选出合适的地震反演方法。图 2－57 是采用地质统计学反演方法进行的储层预测，分析数据空间统计特征，对网格点数据作地质统计模拟，将地震道波形与对砂泥敏感的 GR 曲线耦合建立关系，同时使用井数据和稀疏脉冲反演的波阻抗数据，以产生井间的储层参数估计，从而提高对井数少的区域的储层预测精度。地震反演预测结果与直井、水平井钻遇情况进行对比分析，统计预测砂体符合率至少达到 70% 以上，剖面与连井剖面符合较好，基本能反映出井间单期河道之间的叠置关系，单期河道边界也可初步确定。

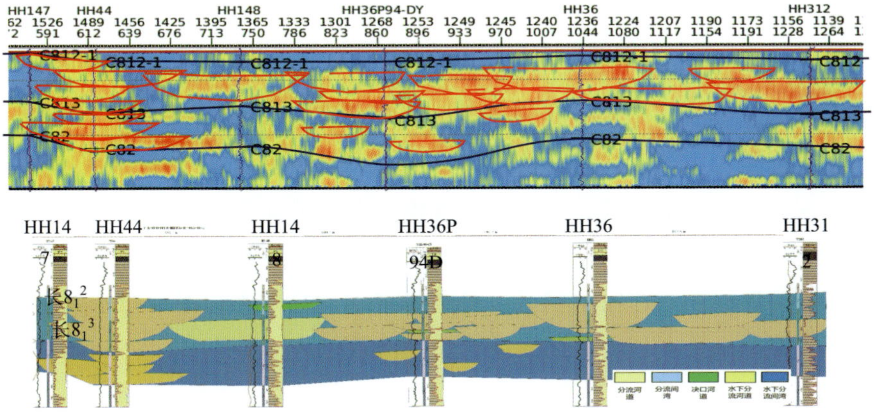

图 2-57 地震反演剖面与砂体连通图对比

(2)基于水平井的单河道边界识别方法。

密井网区有丰富的水平井资料，水平井具有很高的横向分辨率，可以精确地反映砂体侧向变化信息，可以通过直井与水平井互动分析，从而更好地预测分流河道侧向展布范围。在单井解释的基础上，根据直井的单井解释成果对分流河道进行定位，利用水平井多维互动分析较精确地预测分流河道侧向边界(图 2-58)。

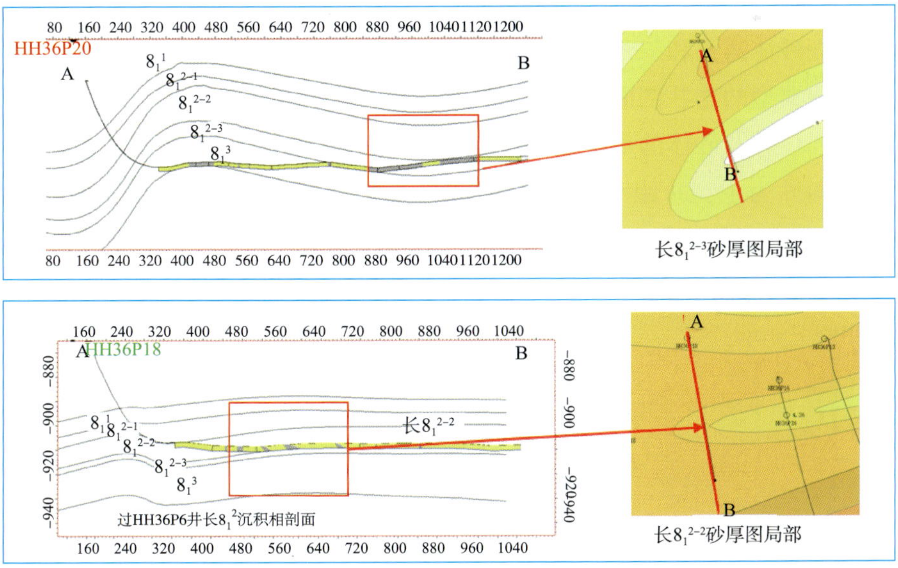

图 2-58 水平井直井互动分析预测单期河道边界

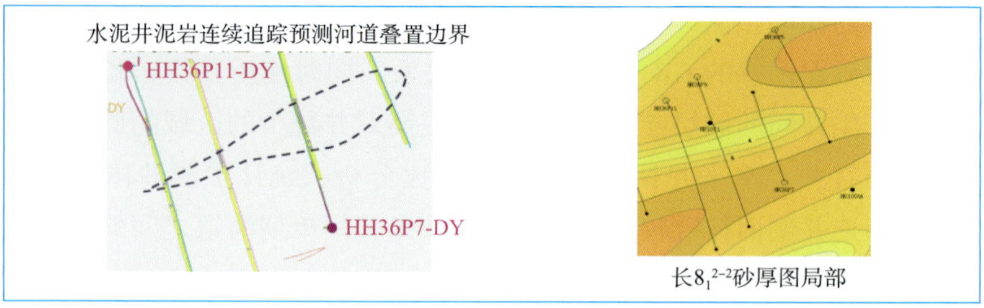

图 2－58　水平井直井互动分析预测单期河道边界(续)

(3)基于构型样式的单河道刻画方法。

在砂体构型指导下，利用水平井开展不同叠置方式下单期河道砂体精细刻画。长 8_1^2 小层以分流河道沉积为主，垂向叠置和侧向拼接为主，利用水平井识别河道侧翼叠加区：水平井钻遇砂泥互层为河道侧翼，具有一定规模的泥岩可能为河道间湾(图 2－59)。而长 8_1^3 小层砂体相对不发育，水平井钻遇砂岩为水下分流河道沉积，孤立型砂体为主，利用水平井识别孤立河道沉积。在密井网区，只需要将水平井钻遇的泥岩归位到不同的单期河道中，即可在密井网区平面图与剖面图结合识别河道侧翼。

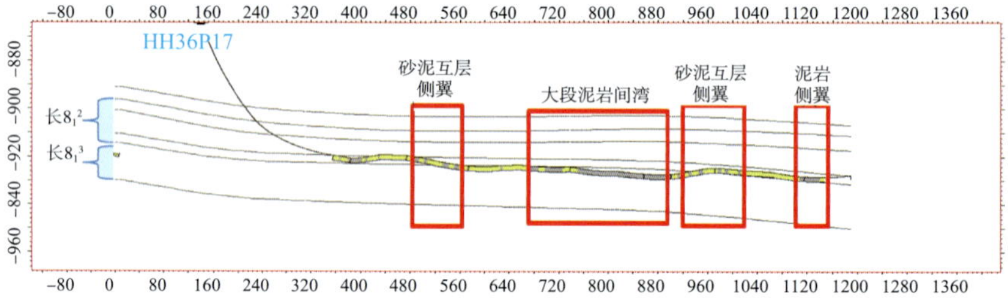

图 2－59　利用水平井识别河道侧翼及分流间湾模式图

(4)基于地质知识库的单河道刻画方法。

结合三角洲砂体露头和三角洲研究结果，河道的宽度和深度存在一定的定量关系。选取横切物源方向典型的连井剖面，筛选边界明显的单河道砂体计算河道的宽厚比，对稀井网区单河道边界位置及砂体的规模预测具有指导意义。鄂南红河地区红河 105 井区井网密度较大，以定向井为主，井距一般小于 200m，长 8_1^2 小层单期砂体解剖表明，主力层长 8_1^{2-2} 单层精细解剖单河道宽度为 350～750m，砂体厚度为 1.8～3.5m，宽厚比为 180：1～200：1(图 2－60，表 2－16)。

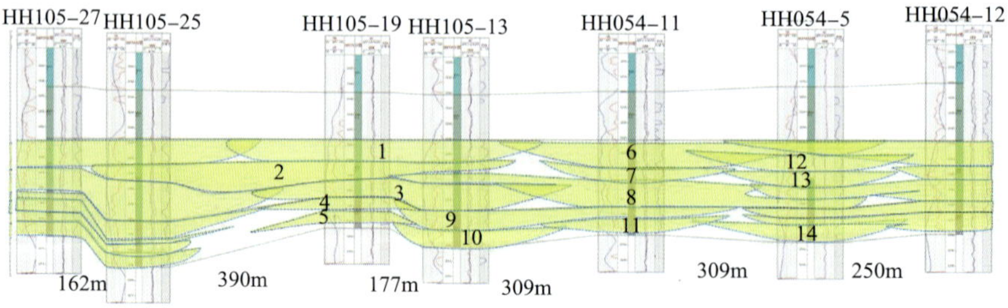

图 2－60　红河 105 井区连井单期砂体宽厚比解剖图

表 2-16　红河 105 井区连井单期砂体宽厚比

	单河道	宽度	厚度	宽厚比	单河道	宽度	厚度	宽厚比
	1	527	2.8	188 : 1	8	550	3	183 : 1
	2	747	3.8	200 : 1	9	559	2.8	200 : 1
	3	657	3.5	188 : 1	10	350	2	175 : 1
HH105 井区	4	350	1.8	194 : 1	11	310	1.8	172 : 1
	5	350	1.8	194 : 1	12	689	3.5	196 : 1
	6	610	3.4	180 : 1	13	350	1.9	184 : 1
	7	400	2	200 : 1	14	380	2	190 : 1

2）单期河道砂体分布特征

综合以上单期河道刻画方法，可对复合河道内部单期河道进行精细刻画。以红河地区红河 36 井区为例，垂向上，长 8_1^2 小层内部发育 3 期分流河道砂体（图 2-61），单期分流河道呈顶平底凸形态，长 8_1^{2-1}期分流河道砂体保存较完整，长 8_1^{2-3}和长 8_1^{2-2}期分流河道砂体常因后期分流河道冲刷而保存不完整。3 期分流河道具有明显的继承性，垂向叠置形成厚砂，且自下而上分流河道下切能力逐渐减弱。

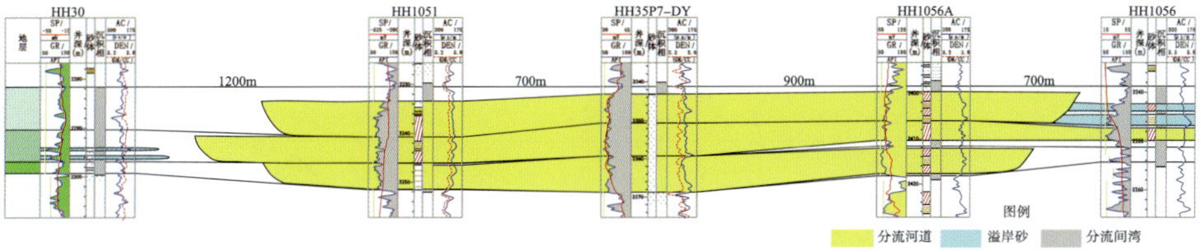

图 2-61　长 8_1^2小层内部沉积微相剖面图

平面上，以红河油田川口条带为例，分流河道呈交织条带状，由分流河道合并分叉形成。各单层均可识别出 2～3 条分流河道，各单层分流河道规模具有差异。长 8_1^{2-3}单层分流河道宽度最小，主干分流河道平均宽度约为 1600m（图 2-62）；长 8_1^{2-2}单层西南区 3 条分流河道交汇并分叉成 2 条分流河道，主干分流河道平均宽度约为 1950m（图 2-63）。长 8_1^{2-1}单层分流河道宽度较长 8_1^{2-2}单层小，东北区分流河道分布范围广，主干分流河道平均宽度约为 1900m（图 2-64）。

3）单套砂体分布规律

根据单套砂体内部单期砂体的期数，将单套砂体分为 3 种类型（图 2-65），分别是Ⅰ期独立型、Ⅱ期叠置型和Ⅲ期叠置型。Ⅰ期独立型单套砂体仅由Ⅰ期单砂体组成，Ⅱ期叠置型单套砂体由 2 期单砂体叠置组成，Ⅲ期叠置型单套砂体由 3 期单砂体叠置组成。

基于长 8_1^2小层沉积微相展布，在 3 期单砂体叠置模式（图 2-66）的指导下，进行井间插值预测单套砂体展布。由图 2-67 中可看出，河道带内主要分布Ⅲ叠置期型和Ⅱ期叠置型单套砂体，且分布在河道带中部，Ⅰ期独立型单套砂体分布范围小，主要分布在河道带边部。其中，Ⅲ期叠置型单套砂体的相对高渗段物性总体好于其他类型单套砂体。

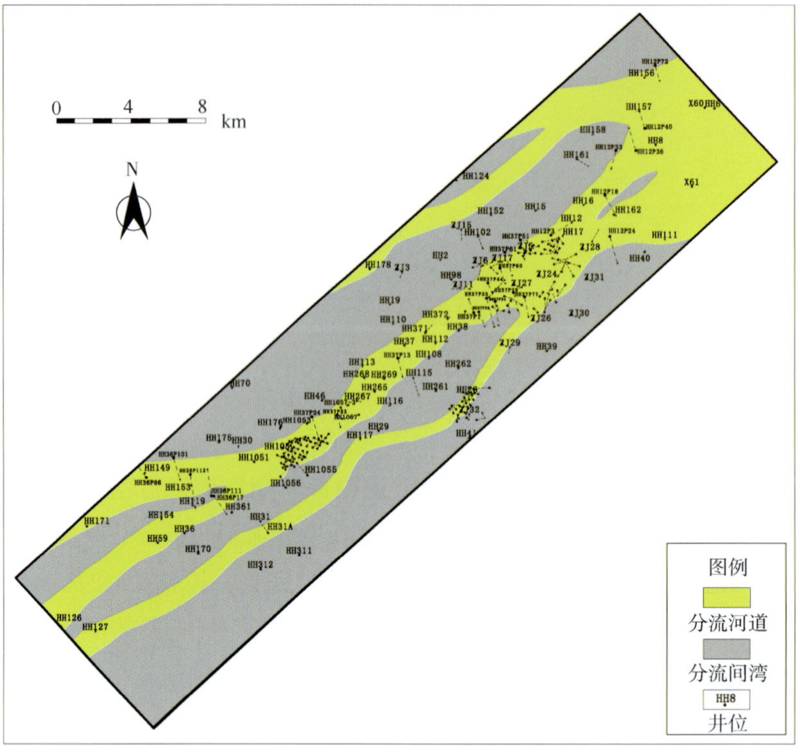

图2－62　川口条带长 8_1^{2-3} 单层分流河道平面分布图

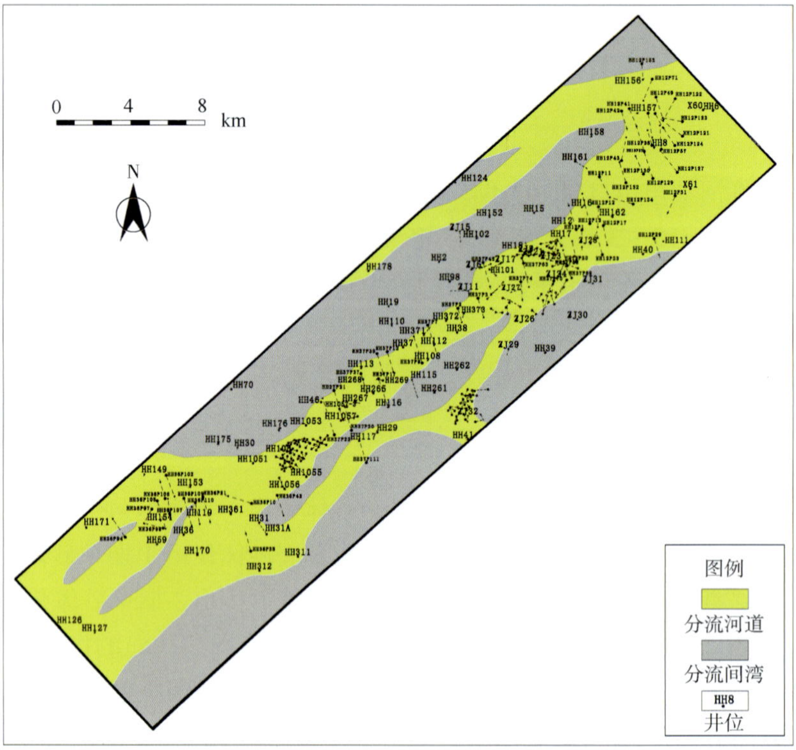

图2－63　川口条带长 8_1^{2-2} 单层分流河道平面分布图

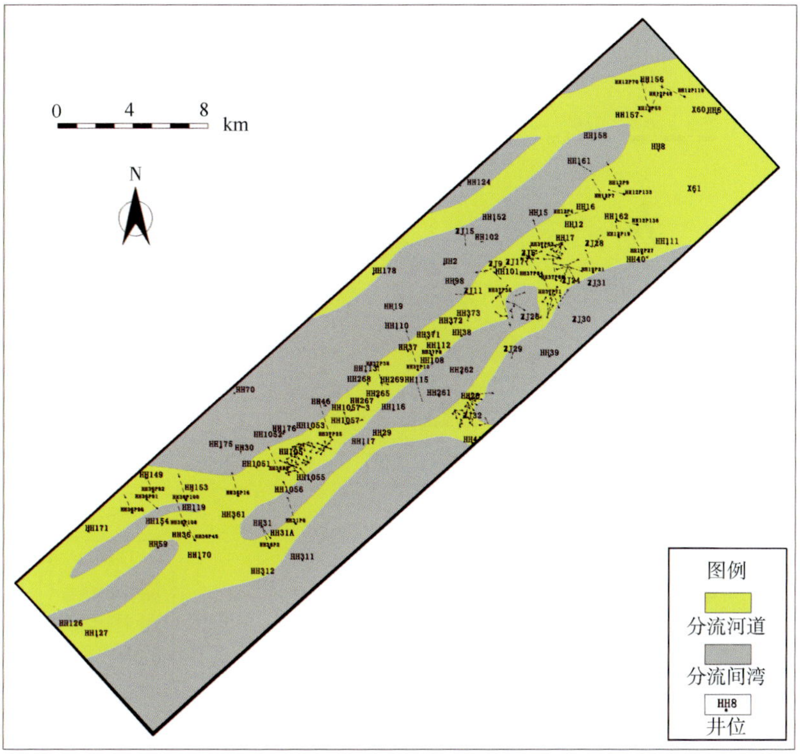

图 2-64 川口条带长 8_1^{2-1}单层分流河道平面分布图

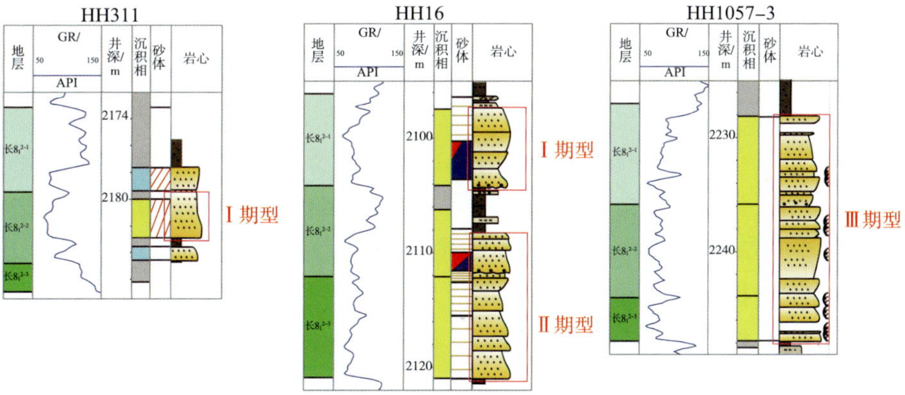

图 2-65 不同类型单套砂体样式图

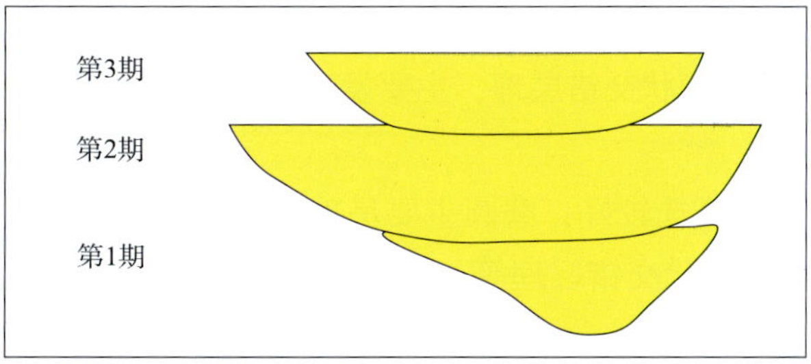

图 2-66 长 8_1^2小层内部 3 期砂体叠置模式

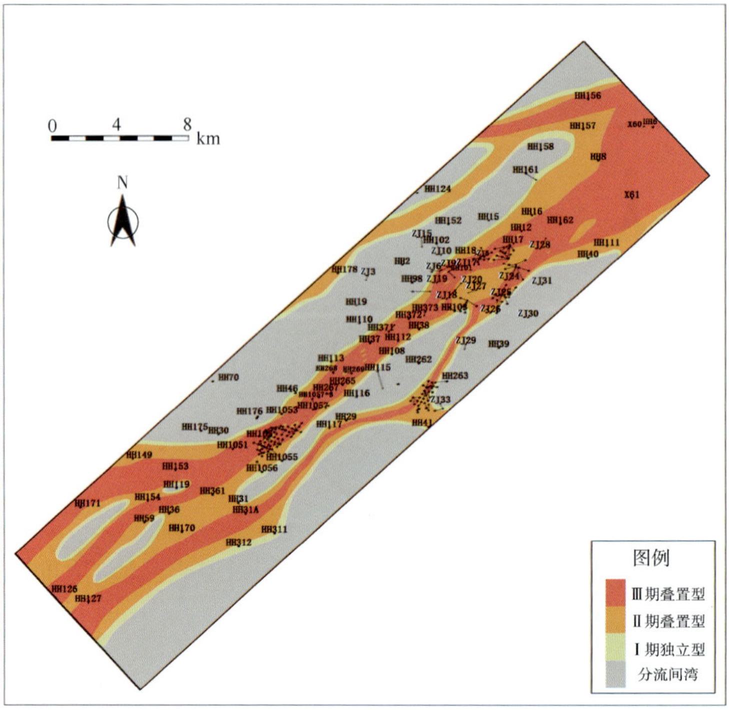

图 2-67　川口条带长 8_1^2 小层单套砂体类型平面展布图

2.3.3　岩石相类型及分布特征

2.3.3.1　岩石相类型划分

沉积组构包括岩石碎屑的粒度、分选性、泥质含量等，粒度、分选性及泥质含量均影响原始物性和后期成岩作用。由于主力层碎屑颗粒分选性总体较好，分选系数差异小，泥质含量少(一般小于 2%)，只有碎屑颗粒粒度具有较大差异，因此，在各沉积组构参数中，碎屑颗粒粒度是控制红河地区主力储层质量差异的关键因素。

综合应用粒度分析结果及铸体薄片资料，根据粒径中值大小，鄂南长 8 致密储层主要发育 4 种岩石相类型，分别是中砂岩相、细砂岩相、粉砂岩相及泥岩相。

1)中砂岩相

中砂含量大于 50%，分选好，磨圆呈次棱角 - 次圆状[图 2-68(a)]。中砂岩相中常见块状层理、板状交错层理及槽状交错层理，主要发育于心滩坝主体部位及分流河道底部。

2)细砂岩相

细砂含量大于 50%，分选较好，磨圆主要呈次棱角 - 次圆状[图 2-68(b)]。细砂岩相中常见板状交错层理、波状交错层理等，主要发育于分流河道顶部及心滩坝边部。

3)粉砂岩相

粉砂含量大于 50%，分选中等 - 差，磨圆主要为棱角 - 次棱角状[图 2-68(c)]。粉砂岩相中常见波状层理、压扁层理等、波状交错层理等，主要发育于溢岸沉积。一般都经历了快速强压实，粒间填隙物以泥质杂基为主，胶结物主要有碳酸盐胶结物及弱硅质黏土胶结物，溶蚀作用弱。

4)泥岩相

泥质含量大于50%，部分含粉砂[图2-68(d)]。泥岩相常呈块状，可见水平层理，主要发育于分流间湾和泥质充填型辫状水道。

(a) 中砂岩相HH12井，2093.47m，铸体薄片(单偏光)

(b) 细砂岩相HH1057-3井，2232.58m，铸体薄片(单偏光)

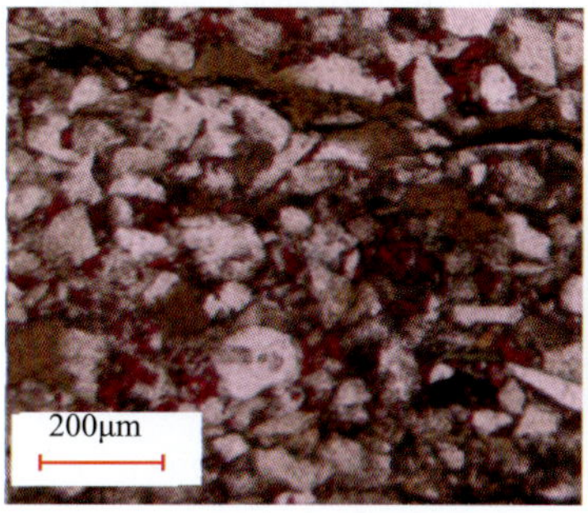

(c) 粉砂岩相ZJ27井，2186.85m，铸体薄片(单偏光)

(d) 泥岩相HH105井，2248.92m，铸体薄片(单偏光)

图2-68　长8_1^2储层各类岩石相铸体薄片或岩心照片

不同岩石相的物性具有差异，红河油田储集性岩石相包括中砂岩相、细砂岩相和粉砂岩相。其中中砂岩相物性最好，平均孔隙度为9.6%，平均渗透率为$0.33\times10^{-3}\mu m^2$；细砂岩相物性次之，平均孔隙度为8.4%，平均渗透率为$0.21\times10^{-3}\mu m^2$；粉砂岩相物性最差，平均孔隙度为2.7%，平均渗透率为$0.04\times10^{-3}\mu m^2$(图2-69)。可以看出，碎屑颗粒越粗，压实作用越弱，原始物性减损程度较小，其物性就越好。

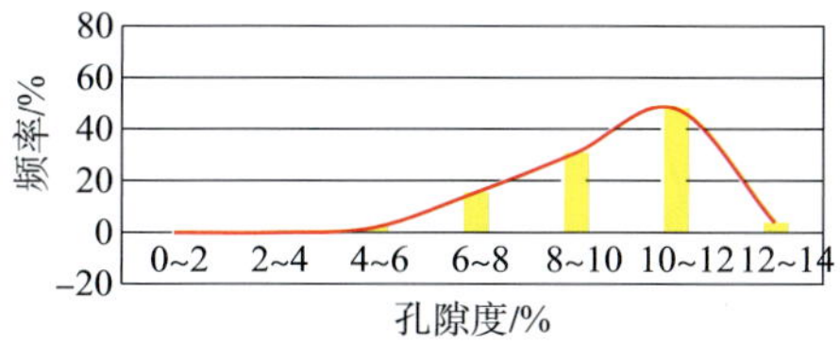

(a) 中砂岩相孔隙度分布直方图

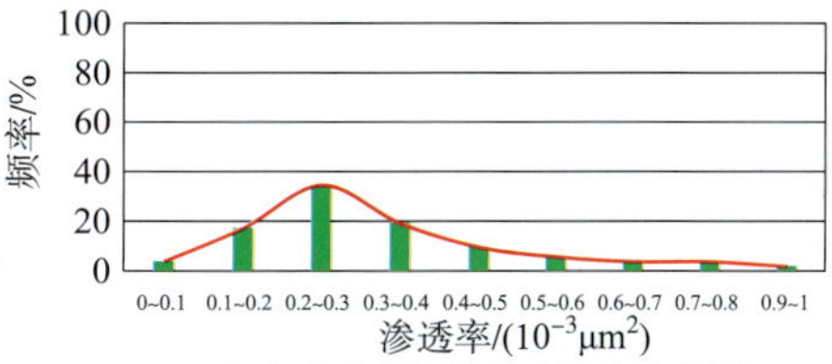

(b) 中砂岩相渗透率分布直方图

图2-69　不同岩石相类型孔隙度和渗透率分布直方图

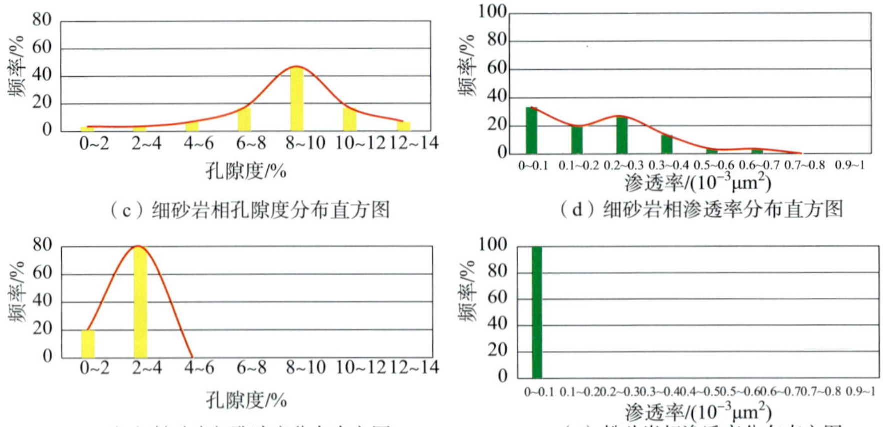

(c) 细砂岩相孔隙度分布直方图　(d) 细砂岩相渗透率分布直方图

(e) 粉砂岩相孔隙度分布直方图　(f) 粉砂岩相渗透率分布直方图

图 2-69　不同岩石相类型孔隙度和渗透率分布直方图(续)

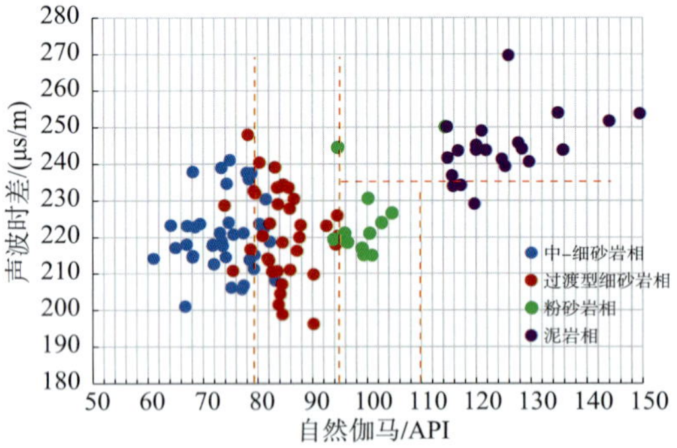

图 2-70　红河川口条带岩石相测井解释模版

2.3.3.2　岩石相类型识别

根据取心井的粒度分析资料，通过分析各类测井曲线对各类岩石相类型的敏感性，优选出自然伽马曲线和声波曲线，建立岩石相的测井响应模版，并进行单井岩石相解释。以红河地区红河 36 井区为例，各类岩石相测井响应特征：中-细砂岩相自然伽马小于 80 API，过渡型细砂岩相自然伽马为 80~95API，粉砂岩相自然伽马为 95~110 API，声波时差小于 235μs/m；泥岩相自然伽马大于 110 API，声波时差大于 235μs/m(图 2-70，图 2-71)。

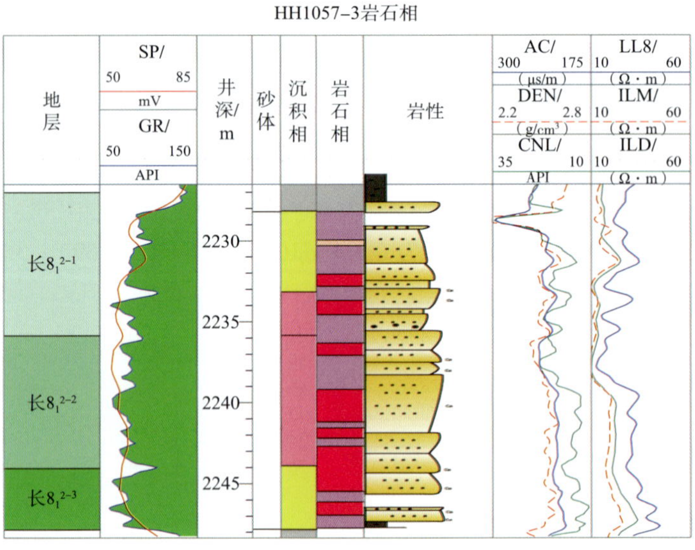

图 2-71　岩石相单井柱状图

2.3.3.3　岩石相分布规律

沉积环境和沉积微相对岩石相的分布具有控制作用，受水动力影响，平面上河道主体砂体粒度略粗于河道边部，河道大规模发育的区域粒度相对较粗，如发育心滩坝，粒度比河道略粗，溢岸中主要发育粉砂岩相；分流间湾中主要发育泥岩相，可见粉砂岩相；垂向上，河道砂体中下部粒度略粗，随着水动力逐渐减弱，在水进的过程中粒度逐渐变细，并向泥岩过渡，心滩坝则自下至上粒度逐渐变粗，从叠置关系来讲，垂向叠置砂体水动力较大，比侧向拼接式砂体及孤立式砂体粒度略粗。因此，在单井岩石相解释基础上，依据各类岩石相比例大小提取单井单层的优势岩石相，并在沉积构型约束下，通过水平井和直井互动进行井间插值，预测河道带内部岩石相分布规律。

沉积微相对岩石相分布具有控制作用。红河油田川口条带为浅水辫状河三角洲下平原亚相，发育了分流河道、溢岸砂及分流间湾微相。分流河道中部主要发育中砂岩相及细砂岩；分流河道底部主要发育中砂岩相，顶部发育细砂岩相和粉砂岩相；溢岸砂中主要发育粉砂岩相；分流间湾中主要发育泥岩相，可见粉砂岩相(图 2 – 72)。

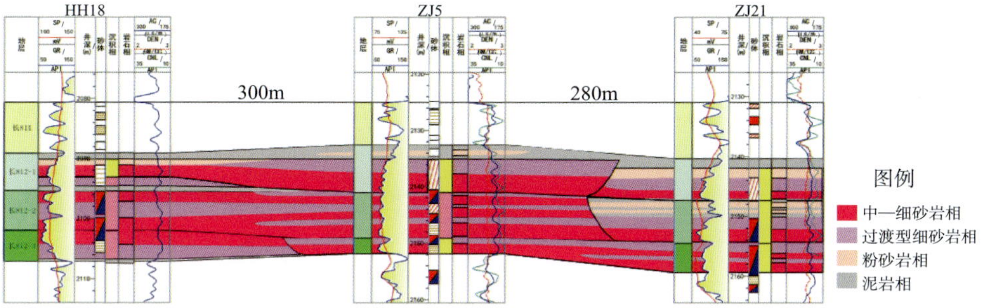

图 2 – 72　过 HH18 – ZJ5 – ZJ21 岩石相剖面图

通过岩石相平面分布图(图 2 – 73、图 2 – 74、图 2 – 75)可以看出，3 期分流河道带均主要发育细砂岩相，中砂岩相呈透镜状分布，透镜状中砂岩相分布范围较小，长度约为 600 ~ 1200m，宽度约为 300 ~ 700m。长 8_1^{2-2} 单层中砂岩相较其他单层发育。中砂岩相主要分布于心滩坝微相中，而心滩坝顺物源方向呈近椭圆形分布(长轴平行于物源方向)，与辫状河道呈“宽坝窄河道”的分布样式，因此，河道带内部中砂岩相主要呈透镜状分布。

2.3.3.4　塑性成分布规律

红河油田长 8_1^2 小层储层具有较低的成分成熟度，石英含量较低，长石和岩屑含量相对较高，岩石类型主要为岩屑质长石砂岩和长石质岩屑砂岩。岩屑成分复杂，岩浆岩岩屑、变质岩岩屑和沉积岩岩屑均有，火成岩岩屑以喷出岩为主，平均含量为 16%；变质岩岩屑以石英岩为主，平均含量为 7%；沉积岩岩屑以泥岩、粉砂岩为主，平均含量为 1%；云母以黑云母为主，平均含量为 4%。塑性成分类型包括黏土化长石、喷出岩岩屑、云母、千枚岩岩屑、板岩岩屑、泥岩岩屑、片岩岩屑等，其中以黏土化长石、喷出岩岩屑和云母为主。

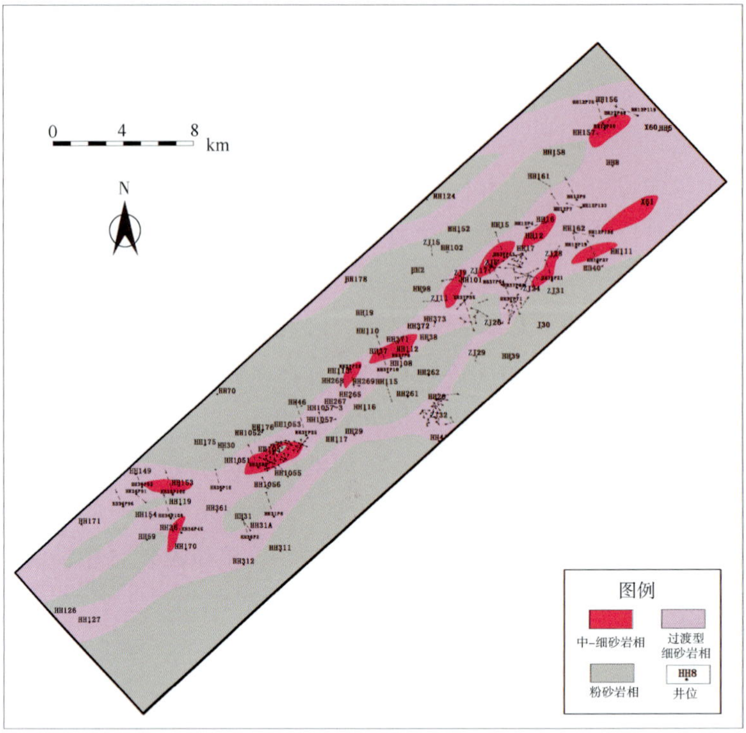

图 2－73　川口条带长 8_1^{2-1} 单层岩石相平面分布图

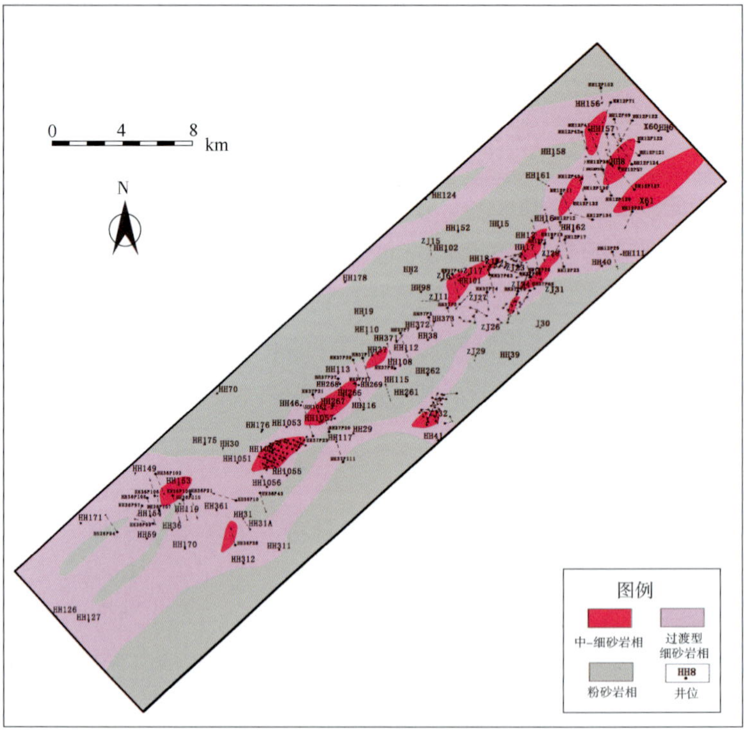

图 2－74　川口条带长 8_1^{2-2} 单层岩石相平面分布图

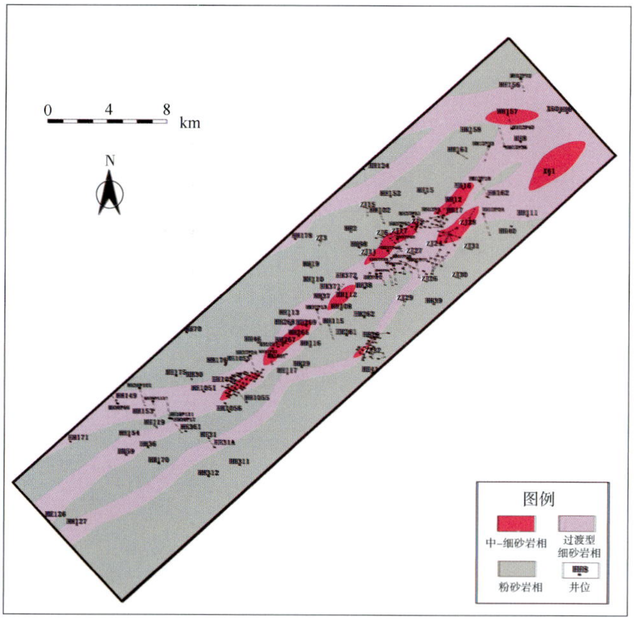

图 2-75 川口条带长 8_1^{2-3} 单层岩石相平面分布图

塑性成分在物源方向具有一定的规律。以红河油田川口条带为例，长 8_1^{2-3} 单层分流河道内部塑性成分含量平面上可划分为 3 个区块，分别是 A 区、B 区、C 区（图 2-76），各区块塑性成分平均含量分别为 70%、59%、50% 和 44%（图 2-77）。顺物源方向各区块宽度由小变大，表明塑性成分含量减少的速率逐渐变小。总体上，长 8_1^{2-3} 单层分流河道内部顺物源方向塑性成分含量平均减少速率为 15%/10km。

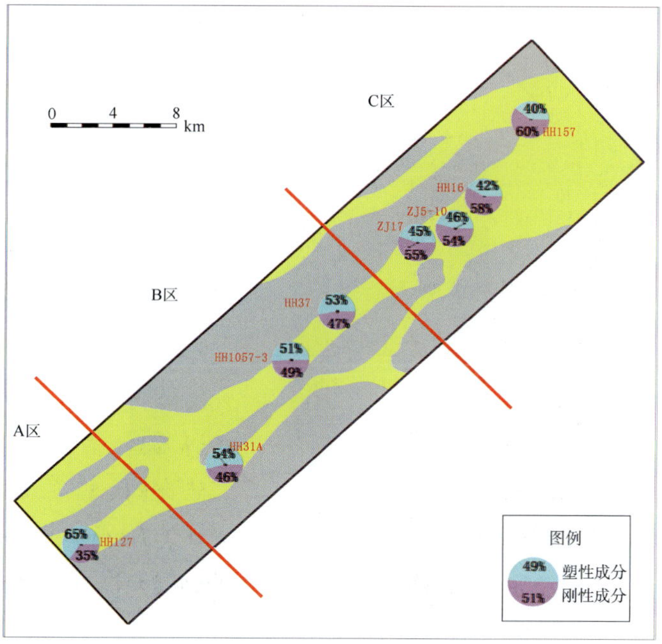

图 2-76 长 8_1^{2-3} 单层不同区块塑性成分平面分布图

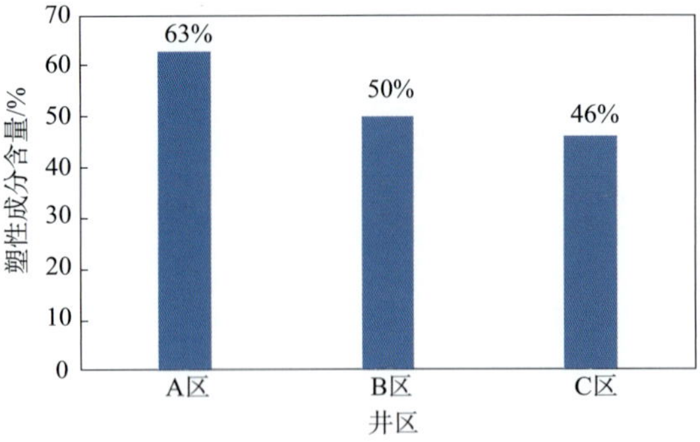

图 2-77　长 8_1^{2-3} 单层不同区块塑性成分含量直方图

长 8_1^{2-2} 单层分流河道内部塑性成分含量平面上可划分为 3 个区块，分别是 A 区、B 区和 C 区（图 2-78），各区块塑性成分平均含量分别为 56%、48% 和 43%（图 2-79）。顺物源方向各区块宽度较相近，表明塑性成分含量减少速率相近，顺物源方向稳定减少。总体上，长 8_1^{2-2} 单层分流河道内部顺物源方向塑性成分含量减少速率约为 12%/15km。

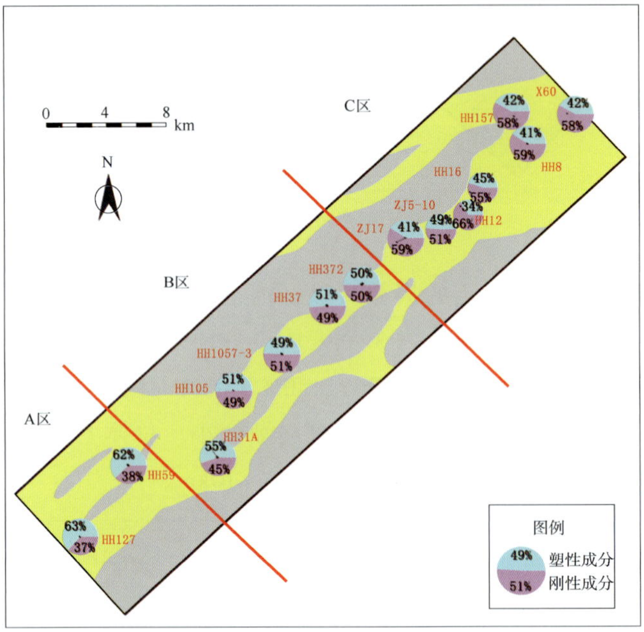

图 2-78　长 8_1^{2-2} 单层不同区块塑性成分平面分布图

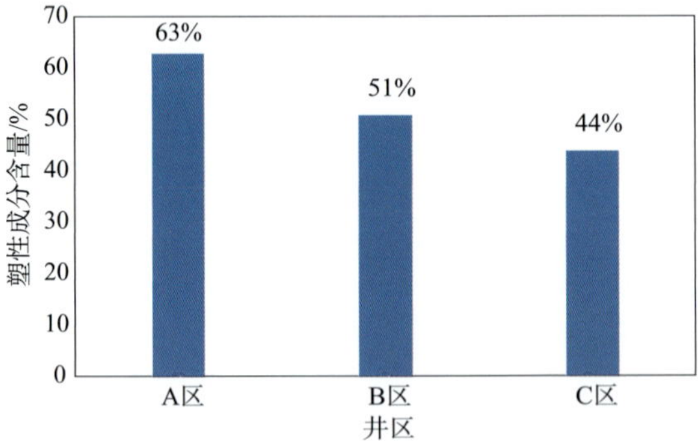

图 2-79　长 8_1^{2-2} 单层不同区块塑性成分含量直方图

长 8_1^{2-1} 单层分流河道内部塑性成分含量平面上可划分为 3 个区块，分别是 A 区、B 区和 C 区（图 2-80），各区块塑性成分平均含量分别为 56%、51% 和 45%（图 2-81）。顺物源方向各区块宽度较相近，表明塑性成分含量减少速率相近，顺物源方向稳定减少。总体上，长 8_1^{2-1} 单层分流河道内部顺物源方向塑性成分含量减少速率约为 9%/15km。

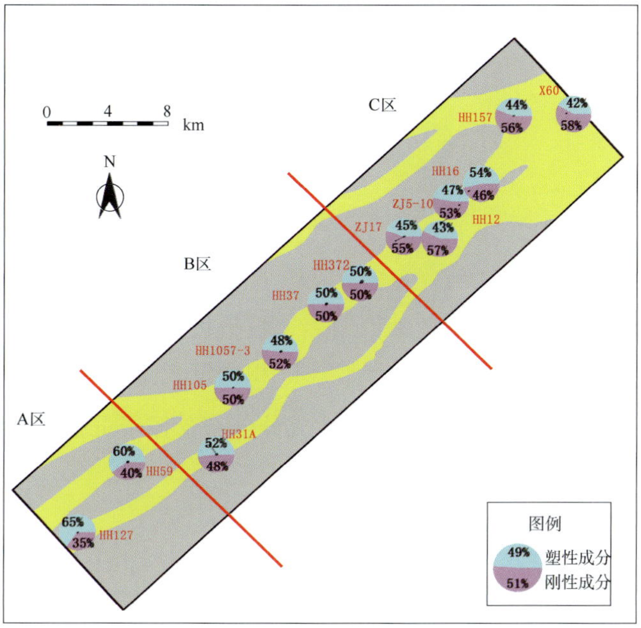

图 2-80　长 8_1^{2-1} 单层不同区块塑性成分平面分布图

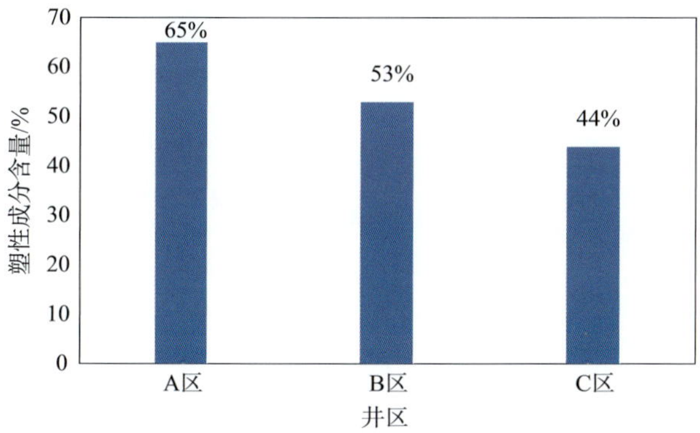

图 2-81　长 8_1^{2-1} 单层不同区块塑性成分含量直方图

总体上，主力油层内部各单层分流河道顺物源方向塑性成分含量均具有减少趋势，表明塑性成分分布受控于物源距离，这是由于黏土化长石、喷出岩岩屑和云母等塑性成分稳定性较低，随着搬运距离越大，塑性成分含量就会逐渐减少。同时，各单层自下而上顺物源方向塑性成分含量平均减少速率逐渐变小，而前文已阐述分流河道下切能力也是自下而上逐渐减弱，表明分流河道下切能力与塑性成分的变化率呈正相关，分流河道下切能力越强，平面上顺物源方向塑性成分含量的减少速率就越大。

不同沉积微相由于水动力条件不同，沉积组分往往会发生分异作用。本文选取距物源距离相近的区块进行沉积微相与塑性成分含量关系的研究，分析不同沉积微相的塑性成分含量差异性。

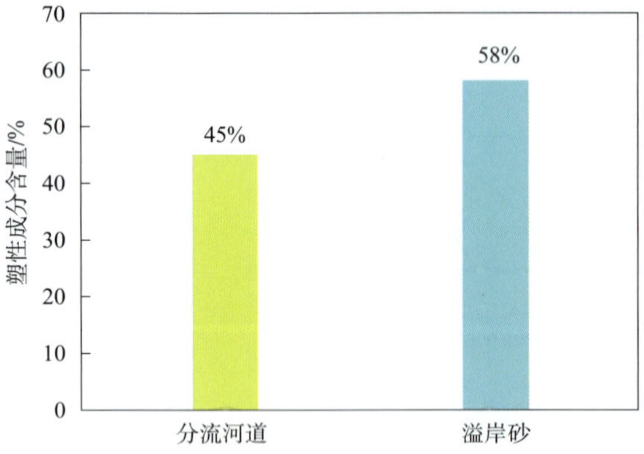

图 2－82　长 8_1^{2-1} 单层不同区块塑性成分含量直方图

结果表明，红河地区长 8_1^{2-1} 单层分流河道塑性成分含量与溢岸砂具有较大差异，分流河道塑性成分平均含量约为 45%，溢岸砂塑性成分平均含量约为 58%（图 2－82）。分流河道和溢岸砂塑性成分含量差异在于：分流河道云母含量少，平均含量约为 3%；溢岸砂云母含量高，平均含量可达 18%。由于云母颗粒呈板状，沉降速率较低，易随细粒沉积物沉积于分流河道间，因此，溢岸砂中云母含量较高。在距物源距离相近时，塑性成分分布受控于沉积微相。

2.3.4　成岩相分布特征

2.3.4.1　成岩相识别

基于大量铸体薄片、扫描电镜、阴极发光等岩心分析化验资料，从压实作用、胶结作用、溶解作用 3 个方面，定性与定量相结合，建立不同成岩相岩心识别模板（表 2－17）。

表 2－17　成岩相岩心识别模板

成岩相分类	压实作用		胶结作用					溶解作用
	压实作用强度	颗粒接触关系	方解石/%	高岭石/%	绿泥石衬边/%	胶结作用强度	胶结率/%	溶解率/%
绿泥石衬边中溶解相	中压实	点—线接触为主	<10	<10	<10	弱胶结	<50	<75
方解石中胶结相	中—强压实	线接触为主	10～20	<10	<10	中胶结	50～75	<50
高岭石胶结相			10～20	>10				
方解石强胶结相			>20	<10	—	强胶结	>75	<50
强压实相	强压实	凹凸—线接触为主	<20	<10	<10	弱胶结	<50	<50

分析不同成岩相的测井响应特征，建立成岩相测井解释模板，通过声波时差与密度测井识别绿泥石胶结中溶解相和方解石强胶结相；通过自然伽马测井与电阻率测井区分出方解石中胶结相和黏土类胶结成岩相（高岭石胶结相、绿泥石强胶结相和强压实相）；强压实相、高岭石胶结相、绿泥石强胶结相测井难以区分，通过沉积规律划分（图 2－83）。在该

解释模板基础上，进行单井成岩相解释。

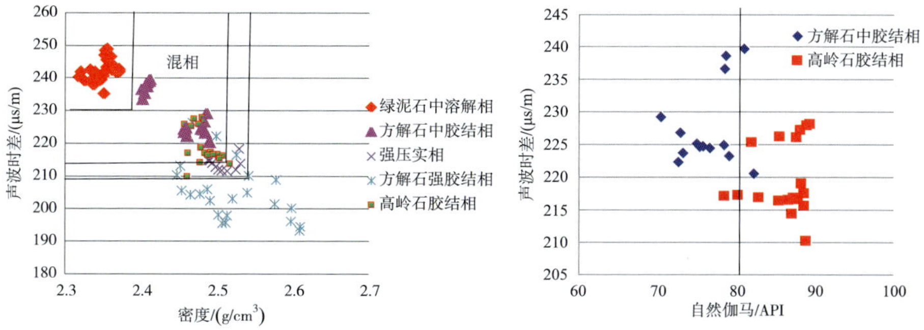

图 2-83 成岩相测井识别模板

2.3.4.2 成岩相展布特征

1) 成岩相垂向分布规律

基于本书 2.2 节中基质储层质量差异机理的论述，结合岩心与测井识别结果，认为绿泥石多分布在砂体中上部，方解石多分布在砂体顶底部，高岭石多分布在砂体中下部。基于此，可将成岩相的垂向分布分为 4 段式：砂体顶部粗粒位置易发育方解石强胶结相，细粒位置易发育强压实相；砂体中部发育绿泥石衬边中溶解相；砂体中下部较细部位易发育高岭石胶结相；砂体底部发育强胶结相(图 2-84)。

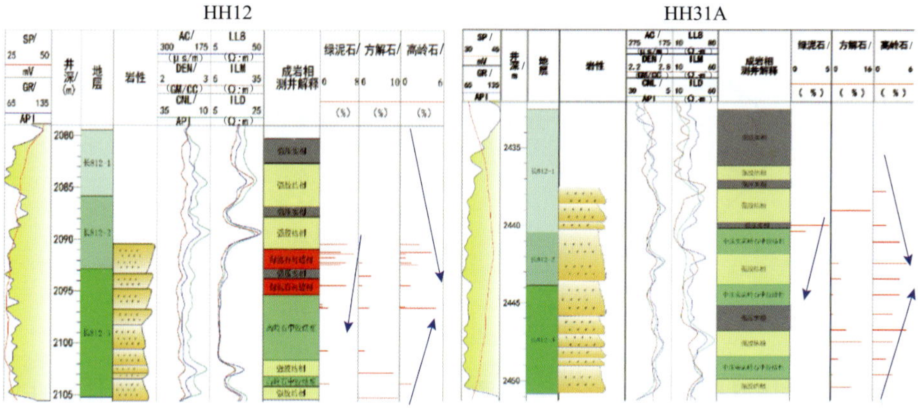

图 2-84 红河油田长 $8_1^{\ 2}$ 小层成岩相垂向分布模式

2) 切物源方向分布规律

横切河道带方向，由于河道带主体砂体厚度大(一般为 12～18m)，顶底泥岩厚度小，砂泥组合以Ⅱ和Ⅲ类型单套砂体为主，且砂体粒度粗、塑性成分含量低，因此，河道带主体多发育方解石中胶结相(B 相)、高岭石胶结相(C 相)和绿泥石衬边中溶解相(A 相)，局部发育方解石强胶结相(E 相)(图 2-85)。

在河道带主体内部，长 $8_1^{\ 2-1}$ 单层以强胶结相为主，局部发育方解石中胶结相(图 2-86)；长 $8_1^{\ 2-2}$ 单层以方解石中胶结相及高岭石胶结相为主，局部发育绿泥石衬边中溶解相及强胶结相(图2－87)；长8_1^{2-3}单层以强胶结相为主，局部发育方解石中胶结相、高岭石胶结相及绿泥石衬边中溶解相(图2－88)。

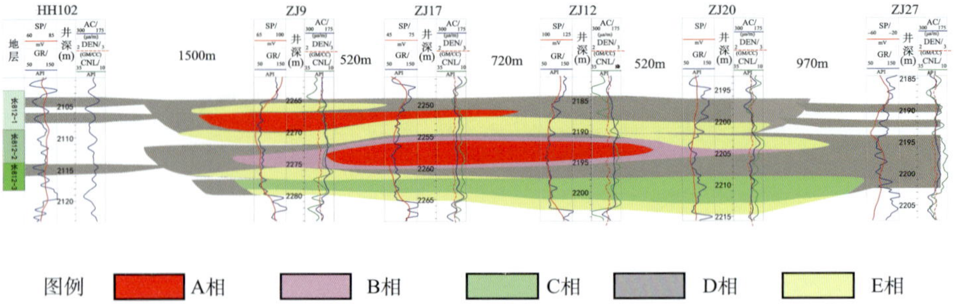

图2－85　横切河道带方向成岩相分布模式

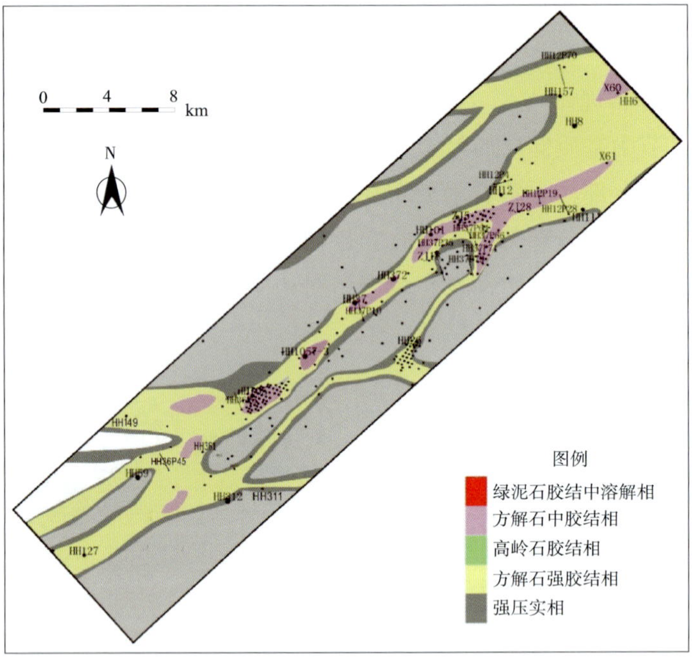

图2－86　红河油田长8_1^{2-1}单层平面成岩相分布图替换

河道带边部砂体厚度小(一般<7m)，砂泥组合以Ⅰ和Ⅱ期型单套砂体为主，砂体内部粒度细、塑性成分含量高(>60%)，因此，河道带边部多发育强压实相(D相)。溢岸砂体厚度小，约为1～2m，砂体内部颗粒粒度细，塑性成分含量高(>70%)。

3)顺物源方向成岩相分布规律

基于以上原则对红河地区三个单层进行平面预测，整体发育强压实相，局部发育强胶结相；顺物源方向储层逐渐变好。物性最好的成岩相主要发育在河道带中部。

长8_1^{2-1}单层河道带边部发育强压实相；河道带主体整体发育方解石强胶结相；方解石中胶结相呈条带状分布，发育在局部砂体厚的部位(图2－86)。

长8_1^{2-2}单层河道带边部发育强压实相；南部(HH105井区及HH36井区北)以高岭石

胶结相为主，呈连片状分布；方解石中胶结相、绿泥石衬边相呈透镜状分布；北部(红河区块及以北)以方解石中胶结相及绿泥石衬边相为主，其中方解石中胶结相连片分布，绿泥石衬边中溶解相呈透镜状分布，规模向北增大，具有更大的勘探开发潜力(图2-87)。

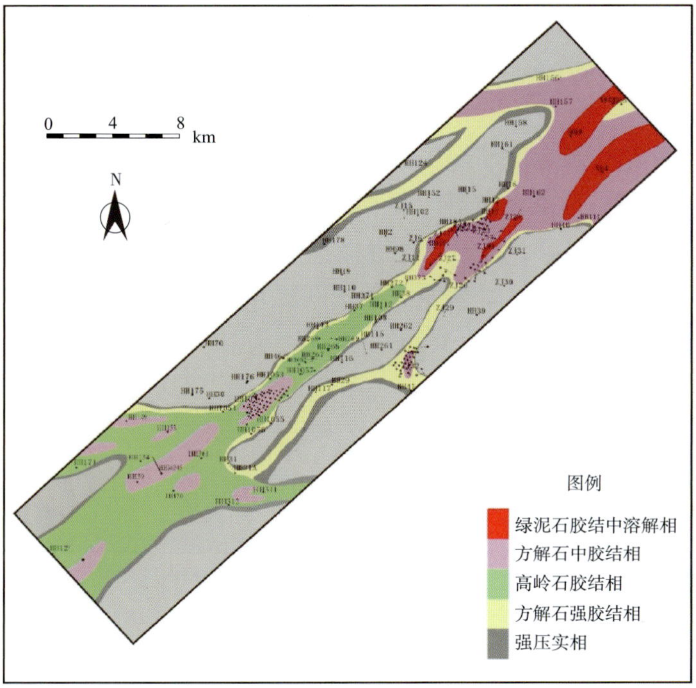

图2-87 红河油田长8_1^{2-2}单层平面成岩相分布图替换

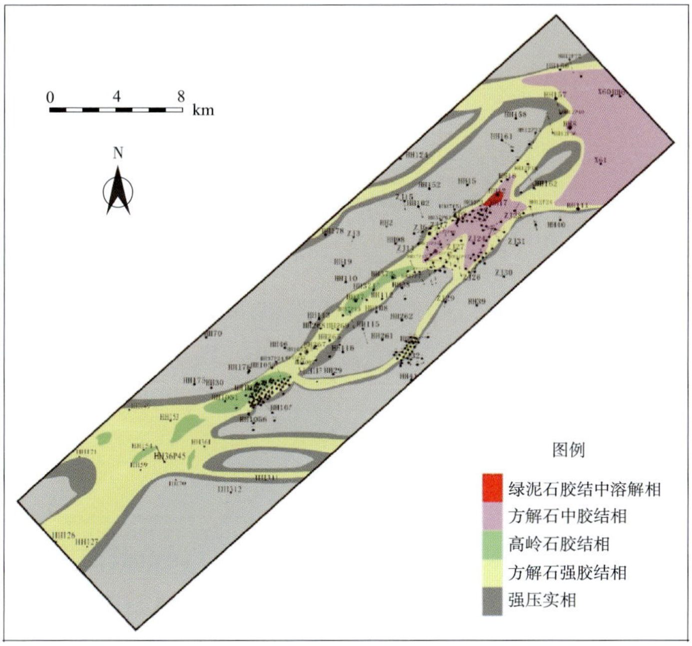

图2-88 红河油田长8_1^{2-3}单层平面成岩相分布图替换

长 8_1^{2-3} 单层河道带边部发育强压实相；南部(HH105 井区及 HH36 井区)以方解石强胶结相为主，呈连片分布；高岭石胶结相发育，呈透镜状分布；北部(红河区块及以北)以方解石中胶结相为主，绿泥石衬边相呈透镜状分布(图 2-88)。

2.3.5 基质储层质量差异分布预测

2.3.5.1 单井基质储层类型识别

在基于微观孔隙结构确定的储层类型基础上，通过岩心标定测井，建立测井解释模板，进行单井基质储层质量类型解释。根据红河地区不同类型基质储层的测井响应特征(图 2-89)，建立了基质储层类型的测井解释模板(表 2-18)，应用该模板对非取心井进行单井解释，符合率为 86.3%。如水平井缺密度测井，可根据孔隙度和声波时差区分出优质储层(Ⅰ、Ⅱ类)和差储层(Ⅲ、Ⅳ类)。

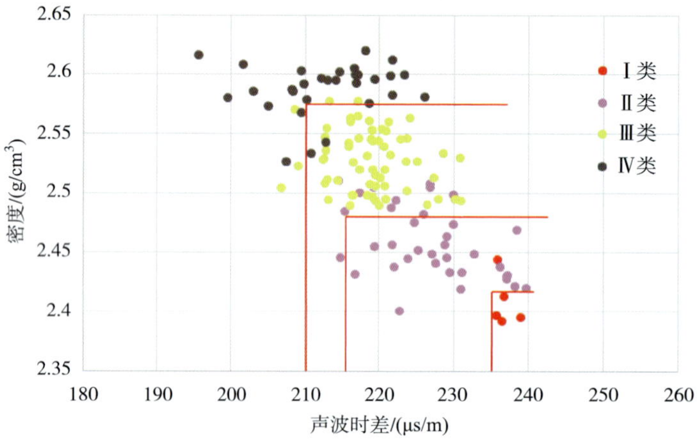

图 2-89 红河地区不同类型基质储层的测井响应特征

表 2-18 质储层测井解释模板

储层类别	密度/(g/cm³)	声波时差/(μs/m)
Ⅰ类	<2.42	>235
Ⅱ类	2.42~2.48	215~240
Ⅲ类	2.48~2.58	210~230
Ⅳ类	>2.58	<225

2.3.5.2 基质储层质量差异分布特征

不同的成岩相具有不同的基质储层质量特征，其中绿泥石胶结中溶解相最好，对应Ⅰ类基质储层；方解石中胶结相次之，对应Ⅱ类、Ⅲ类基质储层；高岭石胶结相较差，对应Ⅱ类、Ⅲ类基质储层；强压实相和方解石强胶结相最差，对应Ⅳ类基质储层(表 2-19)。因此，基质储层质量采用成岩相控、井眼约束的原则进行平面分布预测，具体思路为：当成岩相对应于单一储层类别时，直接将成岩相分布变换为储层质量类别分布；当成岩相对应于两种储层类别时，则以低级别储层类别为背景，在井眼约束下和分布模式指导下，参考物性平面分布规律，圈定高级别储层类别分布范围。

表2－19 不同的成岩相基质储层质量特征

基质储层质量分类		Ⅰ类	Ⅱ类	Ⅲ类	Ⅳ类
孔喉结构		粒间孔—宽片状喉道；粒间孔－粒内孔—宽片状喉道	粒间孔—微孔隙群—宽片状喉道；粒间孔—窄片状喉道	粒内孔－微孔隙群—窄、极窄片状喉道	微孔隙群—极窄片状喉道
成岩相类型		绿泥石胶结中溶解相	方解石中胶结相、高岭石胶结相	方解石中胶结相、高岭石胶结相	强压实相、方解石强胶结相
储集参数	可动流体孔隙/%	>7	3.5～7	3～5	<3.5
	孔隙度/%	>15	9～15	7～10	<7
渗流参数	主流喉道半径/μm	>1	0.5～1	<0.5	<0.5
	渗透率/($10^{-3}μm^2$)	>1	0.3～1	0.1～0.3	<0.1
k/ϕ		>6	4～9	1.5～5	<1.5
分选系数		2～2.5	2～3	1.5～4	1.5～4

1）垂向分布特征

红河地区储层类型以Ⅲ类、Ⅳ类储层为主，Ⅰ、Ⅱ类储层较少（图2－90）。单套砂体内部储层非均质性极强，其中Ⅰ、Ⅱ类储层多发育于小层砂体中部，即长8_1^{2-2}单层中下部和8_1^{2-3}单层中上部；受上部压实及底部钙质胶结的影响，Ⅲ、Ⅳ类储层多发育于小层砂体顶底部，即长8_1^{2-1}单层顶部和8_1^{2-3}单层底部（图2－91）。据统计分析发现，当小层砂体厚度小于7m时，内部几乎不发育Ⅰ、Ⅱ类储层；当小层砂体厚度大于7m时，内部有Ⅰ、Ⅱ类储层；当小层砂体厚度大于13m时，Ⅰ、Ⅲ类储层厚度明显增大（图2－92）。

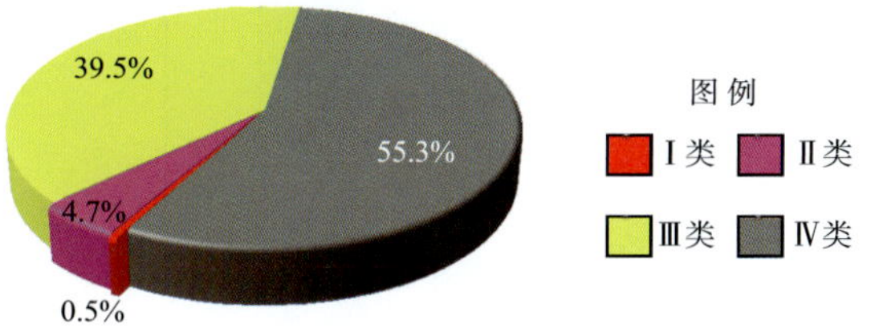

图2－90 各类基质储层类别所占比例

2）平面分布特征

以红河油田川口条带为例，长8_1^{2-1}单层整体以Ⅳ类储层为主，Ⅲ类储层呈窄条带状分布在河道中部；Ⅱ类储层呈小透镜状或窄条带状零星分布于河道中部，无Ⅰ类储层分布（图2－93）。

长8_1^{2-2}单层整体以Ⅲ类储层为主，其呈连片状分布在河道中部；南部（HH105井区及HH36井区）Ⅱ类储层呈小透镜状分布，无Ⅰ类储层发育；北部（红河区块及以北）Ⅱ类储层呈透镜状或长条带状分布，与南部相比数量有所增加，规模有所增大，HH12井区附近发育Ⅰ类储层（图2－94）。

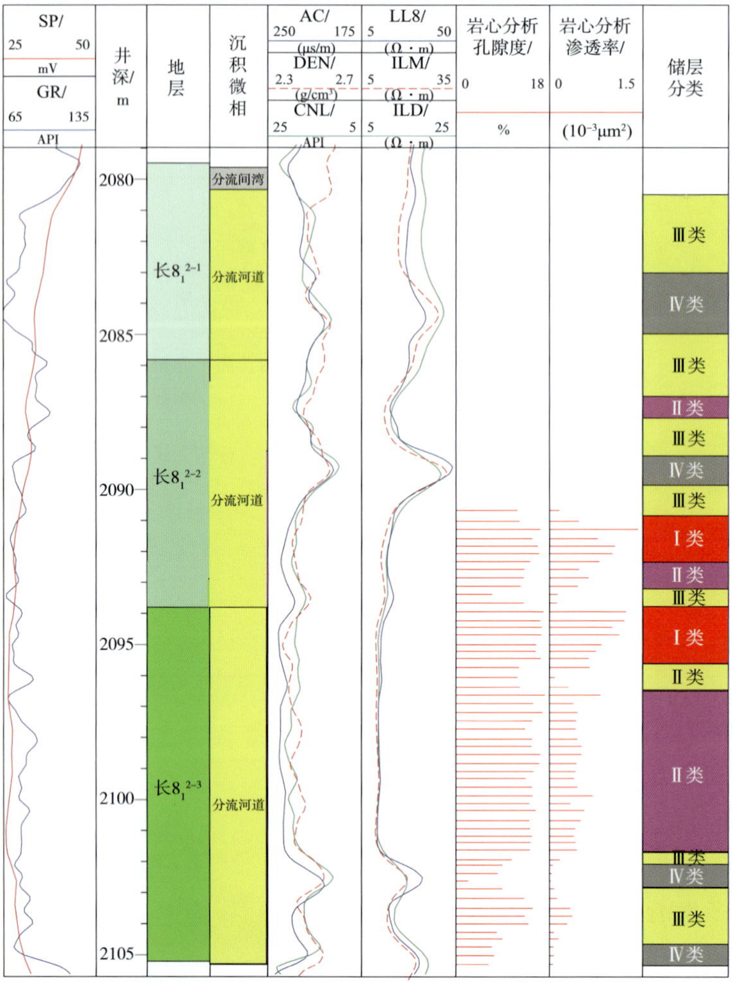

图 2-91　HH12 井基质储层质量解释结果

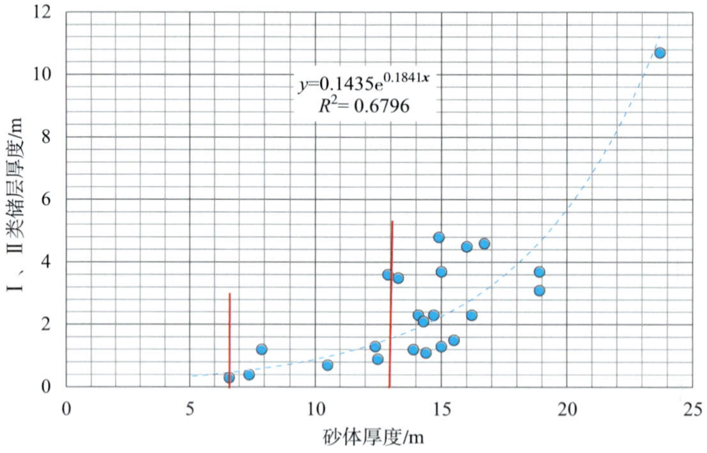

图 2-92　红河地区小层砂体厚度与优质储层(Ⅰ、Ⅱ类)厚度关系

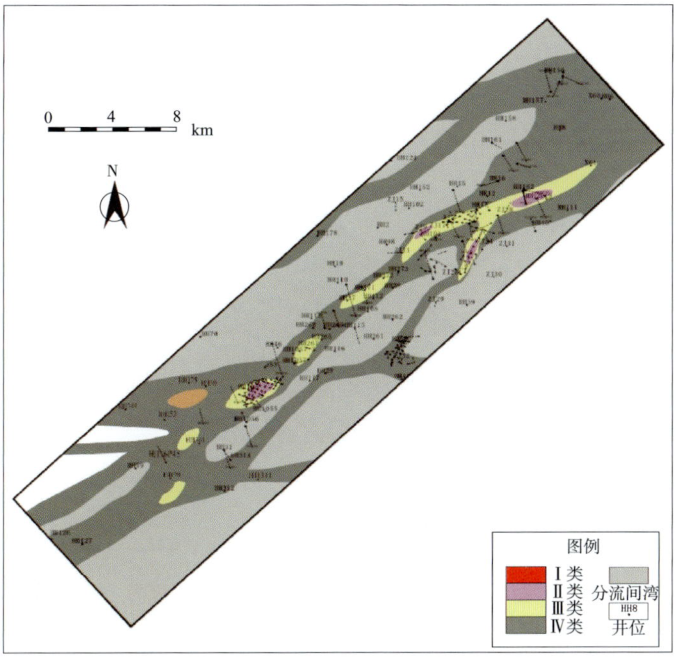

图 2-93　红河地区川口条带长 8_1^{2-1} 单层基质储层平面分布图替换

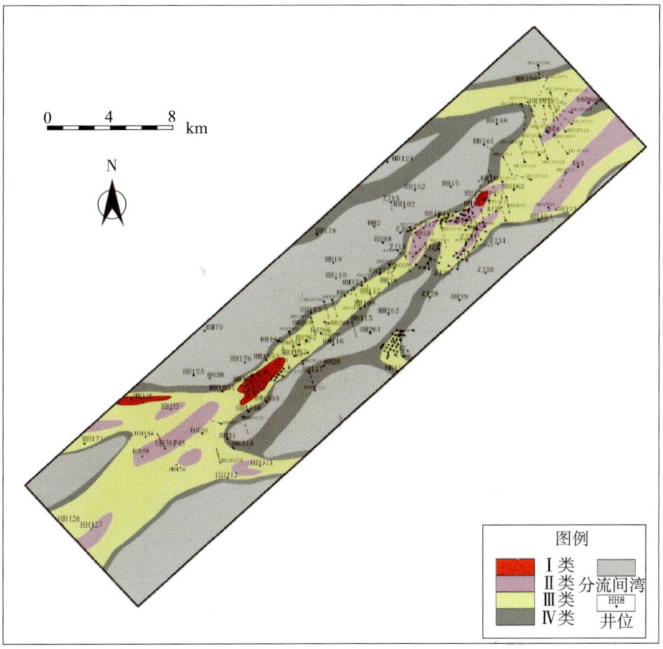

图 2-94　红河地区川口条带长 8_1^{2-2} 单层基质储层平面分布图替换

长 8_1^{2-3} 单层整体以Ⅳ类储层为主，Ⅲ类储层呈条带状或连片状分布在河道中部；南部（HH105 井区及 HH36 井区）Ⅱ类储层呈透镜状零星分布，无Ⅰ类储层发育；北部（红河区块及以北）Ⅱ类储层呈透镜状或长条带状零星分布，HH12 井区附近发育Ⅰ类储层（图 2-95）。

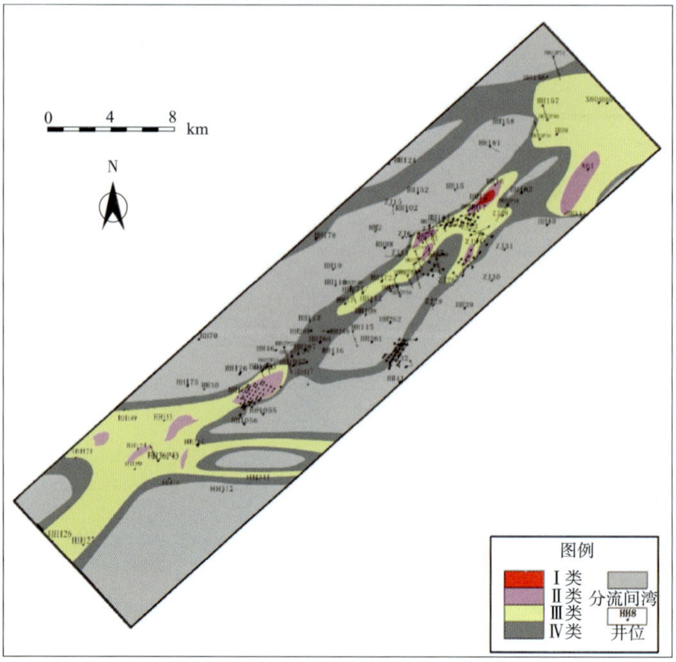

图 2－95　红河地区川口条带长 8_1^{2-3} 单层基质储层平面分布图替换

长 8_1^{2} 小层Ⅰ类储层呈小透镜状分布于 HH12 井区附近。Ⅱ类储层呈透镜状或条带状分布于河道主体内部，从南部到北部，其规模逐渐变大；Ⅲ类储层呈连片状分布在河道主体；Ⅳ类储层主要分布在主河道边部和支河道中。

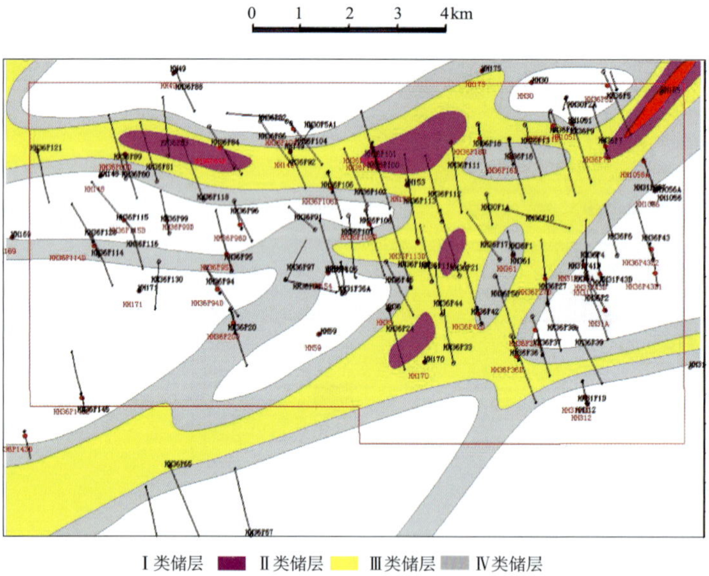

图 2－96　红河 36 井区长 8_1^{2-1} 单层基质储层分类图

3）典型井区储层质量分布特征

在川口条带储层质量分布规律控制下，运用基质储层非均质性表征技术，精细刻画红河 36 井区不同类型储层质量分布特征。

长 8_1^{2-1} 单层整体以Ⅳ类、Ⅲ类储层为主。Ⅳ类储层主要分布在河道边部，Ⅲ类储层呈窄条带状分布在河道中部，局部发育Ⅱ类储层，呈小透镜状或窄条带状零星分布于河道厚砂区（图 2－96）。

长 8_1^{2-2} 单层整体以Ⅲ类储层为主，呈连片状分布。Ⅱ类储层呈条带状分布在由西南向东北延伸的主道内，以及西部 HH36P80 井区和 HH36P116 井区的主道内。未见Ⅰ类储层发育(图 2－97)。

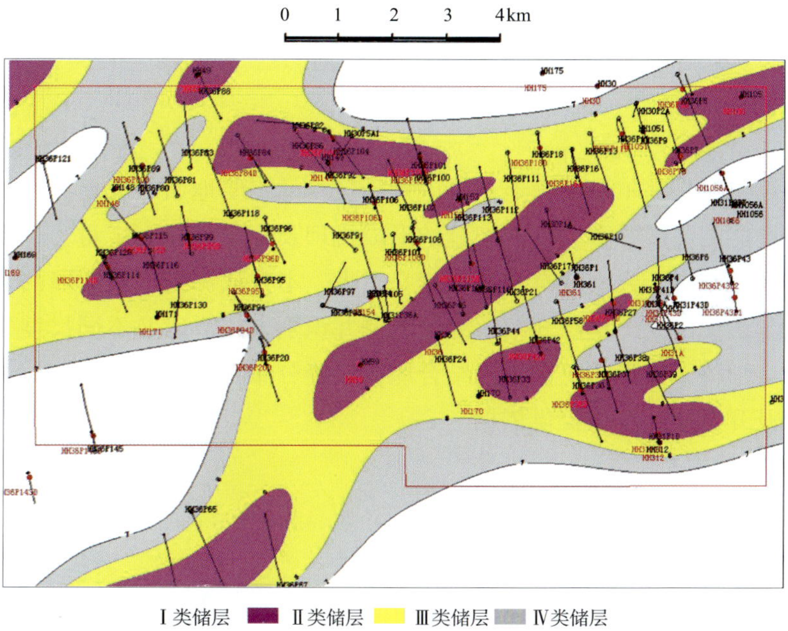

图 2－97　红河 36 井区长 8_1^{2-2} 单层基质储层分类图

长 8_1^{2-3} 单层整体以Ⅲ储层为主，呈条带状或连片状分布在整个井区。Ⅱ类储层呈条带状分布在河道中部。Ⅰ类储层发育于东北部的 HH105 井区和 HH36P111 井区(图 2－98)。

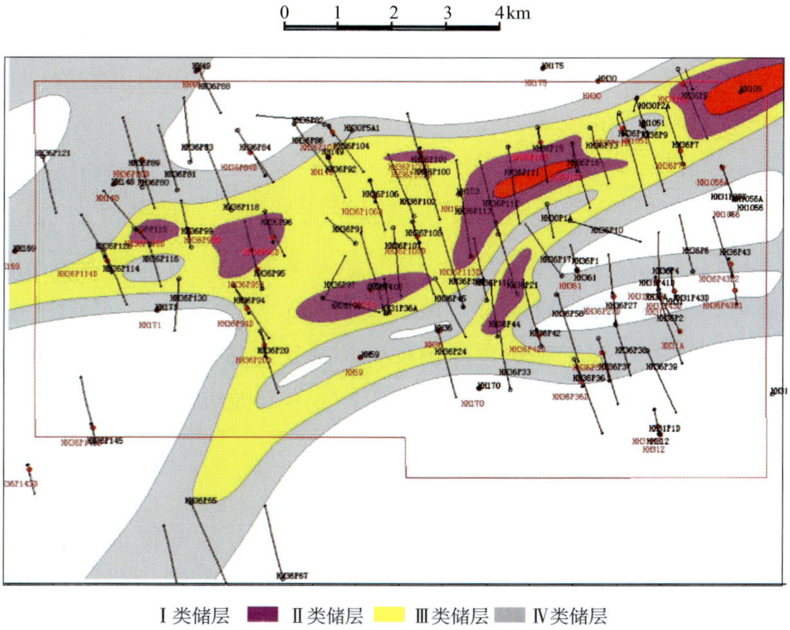

图 2－98　红河 36 井区长 8_1^{2-3} 单层基质储层分类图

第3章　分级裂缝定量表征

多尺度裂缝发育是鄂尔多斯盆地盆缘区别于盆内的主要地质特征差异之一，也是控制致密油富集与产能的关键要素。搞清裂缝的形成机理及分布规律，定量、准确地刻画多尺度裂缝非均质性分布对于致密油有效开发意义重大。本章从鄂南地区裂缝的发育特征及主控因素这一基本认识出发，重点介绍了裂缝的测井识别方法，以及不同尺度裂缝的井间预测方法，通过多学科、多资料、多手段结合厘清裂缝分布特征与分布规律，为后续致密油富集规律认识及开发选区评价提供依据。

3.1　裂缝基本特征与主控因素

以岩心、露头描述为基础，结合薄片、分析化验资料，本节主要介绍鄂尔多斯盆地南缘裂缝基本地质特征，包括对裂缝参数的统计描述，裂缝形成过程的简要分析，以及对裂缝形成机理与控制因素的探讨，最后构建该区多尺度裂缝发育地质模式，为后续井震裂缝识别与预测提供地质依据。

3.1.1　裂缝成因类型

鄂南长8致密储层普遍发育天然裂缝，包括在构造应力场作用下形成的构造裂缝和在储层沉积或成岩过程中形成的成岩裂缝，但以构造裂缝为主。

1) 构造裂缝

根据构造裂缝的力学类型，分为剪切裂缝及扩张裂缝。剪切裂缝产状稳定，高角度，缝面平直光滑，在裂缝面上具有擦痕、阶步等特征；扩张裂缝常表现为岩层弯曲形成的纵张裂缝，裂缝面粗糙不平，延伸较短，常被矿物填。

岩心揭示长8油层组砂岩主要发育高角度剪切缝，而泥岩中既发育高角度剪切缝，也发育低角滑脱缝(图3－1)。鄂南汭水河剖面和策底镇剖面也显示在长8砂岩地层中发育大量高角度剪切缝(图3－2)。

2) 成岩裂缝

成岩裂缝是在成岩过程中由于压实和压溶等地质作用产生的近水平的顺微层理面发育的裂缝，岩心观察成岩裂缝主要表现为顺微层面具有弯曲、断续、分叉、尖灭、合并等特征，主要受沉积微相及成岩作用控制。鄂南红河油田长8成岩裂缝主要为水平层理缝和成岩收缩裂缝(图3－3)。

(a)HH105井，2265.5m，高角剪切缝

(b)HH8井，2049.02m，高角剪切缝

(c)HH1057-3井，2229.7m，扩张裂缝

(d)HH69井，2051.36m，低角滑脱缝

图 3－1　红河油田长 8 油层组岩心裂缝类型

(a)与岩层面垂直的高角度裂缝，汭水河剖面

(b)两组近直立的裂缝，策底镇剖面

(c)汭水河剖面穿层裂缝

(d)汭水河剖面层内裂缝

图 3－2　红河油田长 8 露头高角度剪切构造缝

(a)层理缝（HH1057-3井，长8，2224.05m）

(b)成岩收缩裂缝（ZT4井，2049.9m）

图 3－3　红河油田长 8 成岩裂缝

3.1.2 裂缝尺度分级

根据裂缝发育规模及边界力学层控制条件，将鄂南地区构造裂缝分为3类(表3-1)。在平面上延伸长度为千米级的裂缝为大尺度裂缝，一般表现为断层，受构造应力所控制，在常规地震中能够有效识别；在平面上延伸长度为百米级，裂缝开度为数百微米的裂缝为中尺度裂缝，受局部构造应力与断层的控制，主要依据测井识别结合高精度地震属性体识别；在平面上延伸长度为米级至十米级，裂缝开度一般为数十微米的裂缝为小尺度裂缝，地震响应不明显，主要依据地质统计、地质力学理论进行定性-半定量推测。

表3-1 鄂南构造裂缝尺度分级方案(改自曾联波，2020)

类型	基本特征	主要作用	照片
小尺度裂缝	在单砂体内发育，受夹层限制，平面上延伸长度为米级至十米级，地下开度一般大于50~100μm，表现为与层面垂直的节理型裂缝	储集和渗流作用	
中尺度裂缝	在复合砂体内发育，切割夹层，受隔层控制，平面上延伸长度为数十米级至百米级，地下开度数百微米，表现为高角度断层型裂缝，断距一般小于5m	渗流作用	
大尺度裂缝	切割隔层，断距一般大于5m，平面延伸长度为千米级，在三维地震上可直接识别	运移通道和保存条件	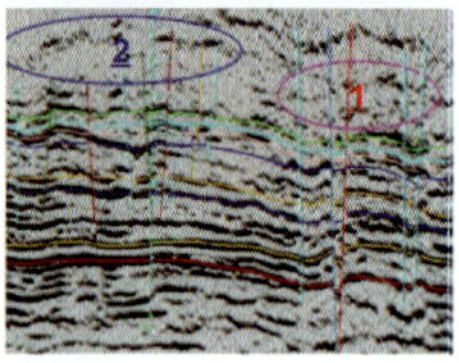

3.1.3 裂缝参数描述

裂缝参数包括倾角、高度、长度、开度、线密度等，对于这些特征参数的描述主要基于岩心观察、野外露头观察及成像测井解释。

1)裂缝走向

裂缝走向的确定不仅对探井的部署有重要意义，而且对以后开发井网及开发方案的确定具有指导意义。现今裂缝形态往往是多期构造运动叠加、改造、演化的结果，具有多期次、多走向、多产状的特点。根据岩心观察及野外露头观察，鄂南红河油田长8油层组主要发育NE向、NW向、SN向和NEE向四组裂缝，以NEE向和NW向为主(图3-4)。

2)裂缝倾角

根据取心井岩心裂缝倾角的统计和分析，红河油田长8组低渗透储层天然裂缝以高角度裂缝为主，裂缝倾角大于60°的数量占裂缝总数的70%以上(图3-5)。这些高角度裂缝大部分发育在砂岩中，除此以外，在含灰质等脆性成分的泥岩中也发育有一定的高角度裂缝。低角度裂缝所占比例在15%以下，这些低角度裂缝基本上为泥岩的滑脱缝。

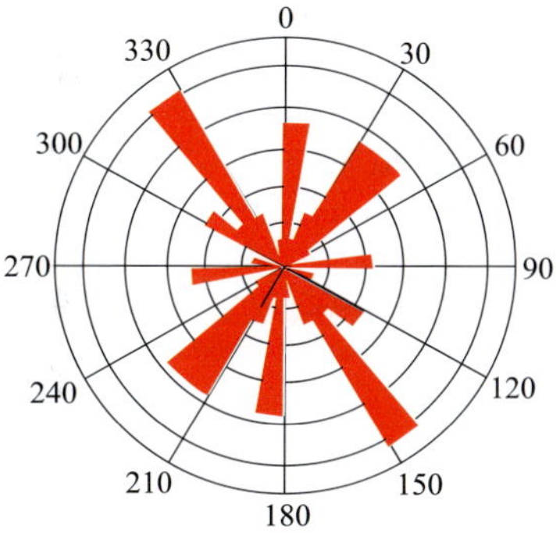

(a)岩心微层面定向(N=37)

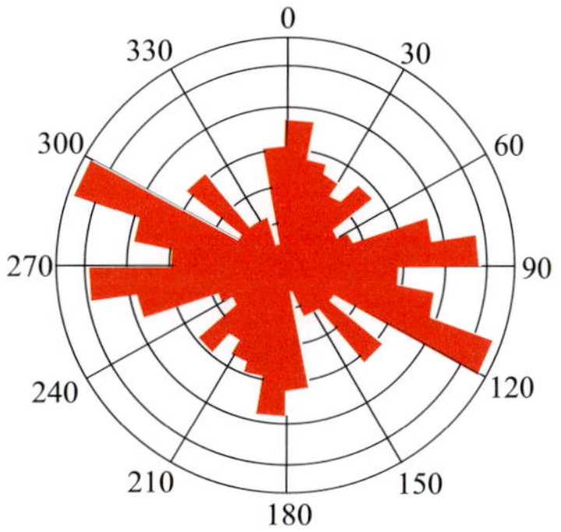

(b)汭水河剖面裂缝走向(N=985)

图3-4　红河油田长8油层组裂缝走向统计玫瑰图

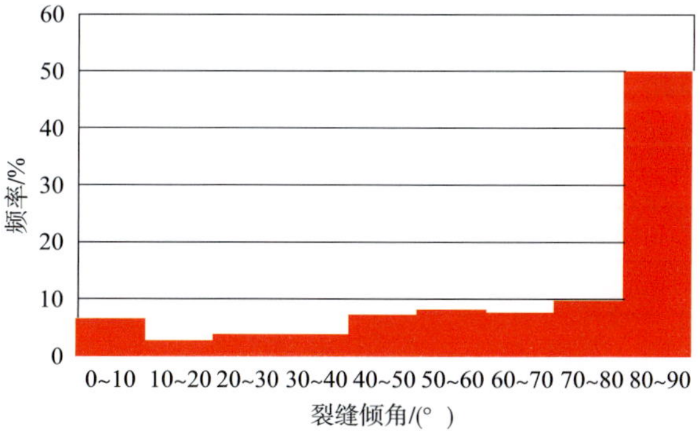

图3-5　红河油田长8油层组裂缝倾角分布频率图(N=845)

3)裂缝高度和长度

储层裂缝的规模主要指在纵向上的延伸高度以及在平面上的延伸长度。野外观察和统计结果表明，裂缝在平面上的延伸长度与在纵向上的高度之间存在较好的正相关性，即在纵向上的高度越大，裂缝在平面上的延伸越长；反之亦然。由于在岩心上难以得到在平面上的延伸长度，因而一般用裂缝在纵向上的高度来评价裂缝的发育规模。

由于在红河油田长8储层岩心观察及露头观察到的裂缝大多数属于高角度构造裂缝，因而通过岩心和测井资料相结合可以得到这些高角度裂缝在纵向上的高度。裂缝的形成和分布受岩石力学层控制，其高度通常可在划分岩石力学层以后在岩心上进行统计，或者在露头区直观地观察统计。根据岩心观察及汭水河、策底镇剖面露头观察，该区长8油层组裂缝发育高度一般小于1m，大部分小于60cm，集中发育于5~40cm区间(图3-6)，表明绝大多数裂缝在层内发育，只有少量穿层发育。

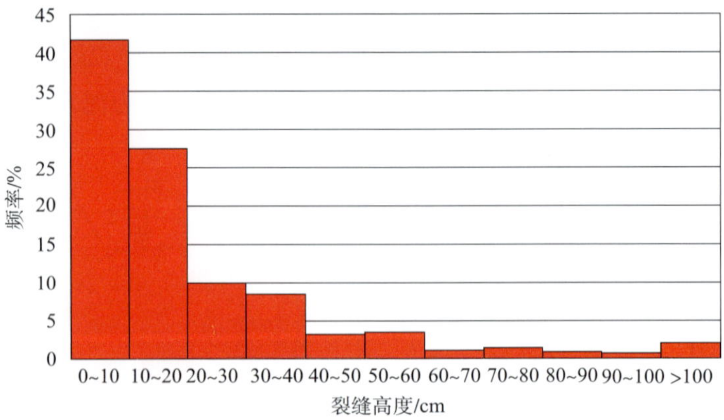

图 3-6 红河油田长 8 油层组裂缝高度分布频率图($N=845$)

4)裂缝开度

储层裂缝在地层围压条件下的开度是决定裂缝所起渗流作用的一项关键参数，也是目前储层裂缝研究中的一个技术难点。对油气渗流起作用的是储层裂缝在地层围压条件下的开度，其比岩心取到地表减压膨胀以后直接实测的开度和裂缝中经多次脉冲式充填而形成的脉体宽度小许多，因此，在地面岩心上实测的裂缝开度和裂缝充填脉宽度都不能代表在地层围压条件下的裂缝真实开度，在求取裂缝开度时，必须要恢复至地下围压状态下。根据高温、高压三轴岩石实验，裂缝的开度与其所受的静封闭压力有关，随着裂缝面所受到的静封闭压力增大，裂缝开度呈负指数函数递减，根据裂缝开度与静岩封闭压力的关系，可以将地表条件下实测的裂缝开度恢复至地层围压条件下的真实开度(曾联波，1998)。通过岩心、薄片观察结合成像测井资料发现，红河地区长 8 油层组裂缝开度经过压力校正以后主要为 50μm 以内，大多数为 30μm 左右(图 3-7)。

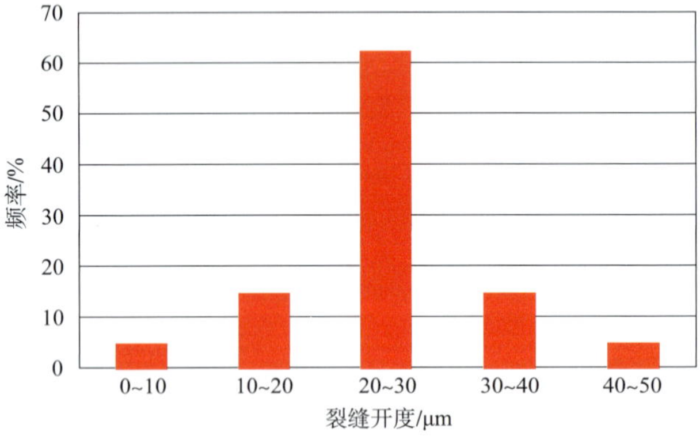

图 3-7 红河油田长 8 油层组裂缝宽度分布频率图($N=21$)

5)裂缝线密度

岩心裂缝线密度指的是单位长度岩心的裂缝发育条数，可以对岩心裂缝的发育程度进行评价。对红河地区长 8 油层组 12 口取心井裂缝发育线密度进行统计(图 3-8)，其中 HH1057-3 井、HH105 井裂缝密度大于 2 条/m，而 HH12 井、HH31A 井、HH59 井、HH127 井裂缝密度小于 0.5 条/m，其余井裂缝线密度为 0.5~2 条/m，反映裂缝分布具有较强的非均质性。

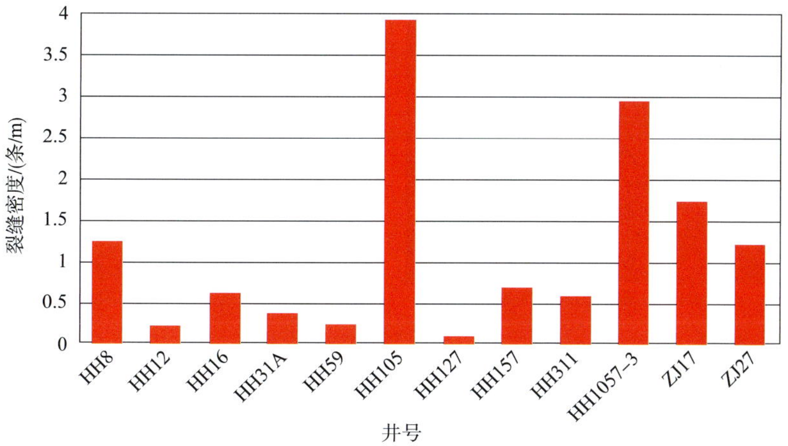

图 3-8 红河油田长 8 油层组单井裂缝密度分布图

3.1.4 裂缝发育期次

储层裂缝的形成期次可以通过地表露头、岩心和微观薄片裂缝的相互切割关系、构造成岩方法和岩石声发射法等方法分析。

1) 分期配套法

根据露头和岩心裂缝间相互切割和限制关系可以分析裂缝发育期次，早期裂缝会限制晚期裂缝，晚期裂缝会切割早期裂缝。露头区 4 组构造剪切缝之间存在如下切割关系：NEE 向裂缝限制 SN 向裂缝、NW 向裂缝限制 NE 向裂缝、NW 裂缝限制 SN 裂缝、NE 向裂缝切割 NEE 向裂缝(图 3-9)，分析得出 NEE 向裂缝和 NW 向裂缝形成时间相对较早，而 NE 向裂缝和 SN 向裂缝形成时间相对较晚，表明红河地区四组裂缝至少可以分为两期。早期形成的 NEE 向裂缝和 NW 向裂缝主要在 NWW-SEE 方向的水平挤压应力作用下形成，而晚期形成的 NE 向裂缝和 SN 向裂缝主要在 NE-SW 向水平挤压应力场作用下形成。这两个时期的构造应力场的最大主应力方向分别与该区燕山晚期和喜马拉雅期的构造应力场的最大主应力方向一致，反映该区的构造裂缝主要在燕山晚期和喜马拉雅期 2 期古构造应力场作用下形成。

(a)NEE向裂缝限制SN向裂缝

(b)NW向裂缝限制NE向裂缝

图 3-9 地表露头原生裂缝切割与限制关系

(c)NW向裂缝限制SN向裂缝　　(d)NE向裂缝切割近NEE向裂缝

图 3－9　地表露头原生裂缝切割与限制关系(续)

2)构造成岩法

对鄂南野外汭水河剖面及钻井长 8 岩心中高角度裂缝充填物进行了取样，充填物基本为方解石，完成了稳定同位素 C、O 分析，结果表明 δ^{13}C‰分布区间为 －12.9‰～－1.2‰，δ^{18}O‰值分布于 －8.3‰～－11.4‰、－13.1‰～－17..8‰、－18‰～－21.4‰ 三个区间，区间平均值分别为 －10‰、－16‰、－19‰(图 3－1－10)，表明裂缝形成期次应该为 3 期。

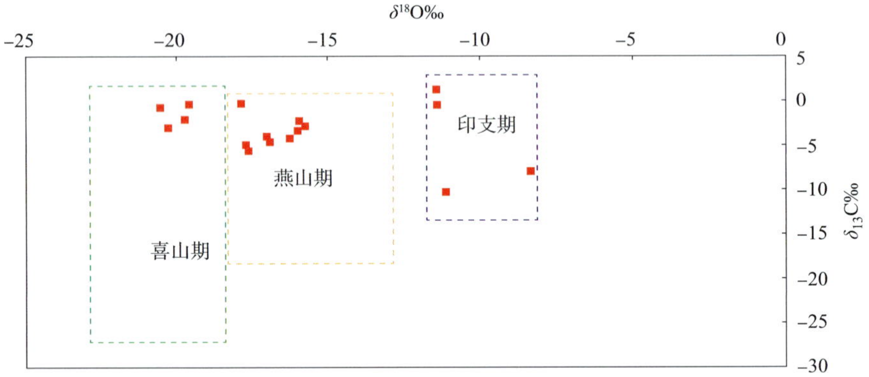

图 3－10　裂缝充填物同位素分析结果(改自华北油气分公司内部报告)

根据奥尼尔(1969 年)提出的氧同位素测温方程：

$$K=\alpha=\frac{\left(\dfrac{\delta^{18}O}{\delta^{16}O}\right)_{CaCO_3}}{\left(\dfrac{\delta^{18}O}{\delta^{16}O}\right)_{H_2O}} \tag{3-1}$$

$$1000\ln\alpha=2.78\times10^{6}T^{-2}-2.89 \tag{3-2}$$

对各样品计算裂缝形成时的温度，进而对裂缝的形成时间进行落实。考虑到地面平均温度为 20℃，按目前地温梯度 5.5℃/100m 进行裂缝形成时埋深的折算，通过折算得到 δ^{18}O PDB‰值为 －10‰时对应形成时期平均埋深为 120m，δ^{18}O PDB‰值为 －16‰时对应形成时期平均埋深为 1200m，δ^{18}O PDB‰值为 －19‰时对应形成时期平均埋深为 2000m，对应红河油田镇探 1 井的埋藏史图可以将上面三个折算埋深与之对应，对应结果分别为印支期、燕山期(集中在燕山期二幕)、喜山期(图 3 - 11)。

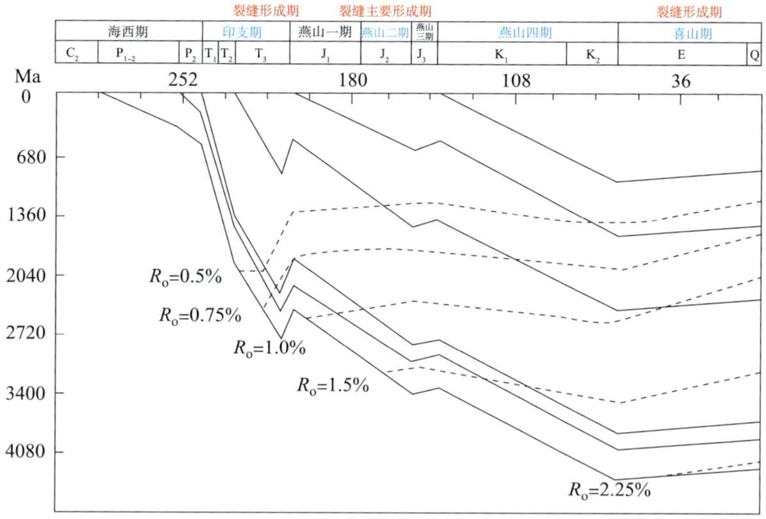

图 3 - 11 镇探 1 井埋藏史及裂缝发育期次匹配关系图(引自华北油气分公司内部报告)

3)岩石声发射法

固体材料在外力作用下，内部的缺陷或不均质区会发生应力集中，导致微破裂的产生和扩展，同时累积的应变能也随之迅速释放。伴随着应变能的释放产生的应力波称为声发射。岩石同许多金属材料一样，压缩时也具有声发射的凯瑟效应(Kaiser Effect)。地层中的岩石经历了长期的地应力作用，对经受过的应力具有记忆功能。岩石的凯瑟效应是指受过应力作用的岩石再次加载时，如果所加载荷小于以前的地应力值时，不(或很少)发生声发射信号的一种现象。实验表明，只有等于或超过以前的应力值时，才有声发射信号产生，此时声发射信号对应的载荷值就是所要测的地应力值。岩石声发射的力学本质是岩石受原地应力作用所形成的特定的微裂纹，在原地应力的载荷作用下重新活动和延展的客观反映。自从 1963 年 Goodman 证明岩石声发射亦具有凯瑟效应以来，这种方法逐步应用到地应力测试中。学者们对声发射测试地应力的准确性等问题目前还存有一定的争论，但是对运用声发射确定裂缝的期次的方法是比较认同的。

声发射法不仅可以测得现今地应力，还能够测得各个地质历史时期的古地应力。要确定某时期历史应力测值所对应的地质时代，应选取不同时代的岩石进行测试。不同时代岩石记忆的主要构造运动期幕不同。时代较老的岩石记录历史应力的期幕数包含其所经历的整个历史时期应力的期幕数，而时代较新岩石只记录较新历史时期应力的期幕数。只要选取的岩石时代合适，便可逐一筛分出来。

在实验室中将进行试验的岩心(岩样要选取节理裂缝少、未风化的岩石，以免造成异常声发射)加工成直径 20(或 25)mm，高 50mm 的圆柱体，圆柱体试样的两个端面应该平整，要求不平行度误差小于 5μm，以免在加载的过程中造成偏压，从而影响应力集中，产生不正常的声发射。不垂直度误差小于 0.1 度，表面光洁度不低于 5 级(3.2μm)。

选取红河油田长 8 典型岩心样品开展实验测试，本次实验通过单轴应力加载，声波检测仪器接收到声发射的特征参数(包括声发射次数、事件率和能量强度)，并通过应力与时间的关系得到应力与声发射的特征参数关系，使用特征参数和加载时间绘制关系图，如使用声发射事件率与加载时间关系曲线，以及纵坐标为事件率声发射能量与加载时间关系曲线(图 3－12)。

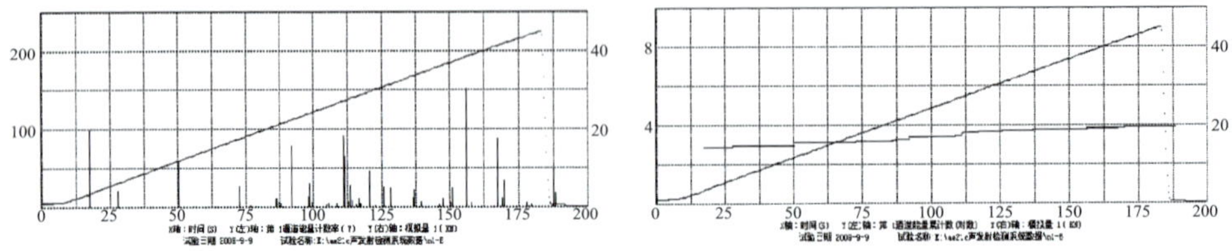

(a)n1~6

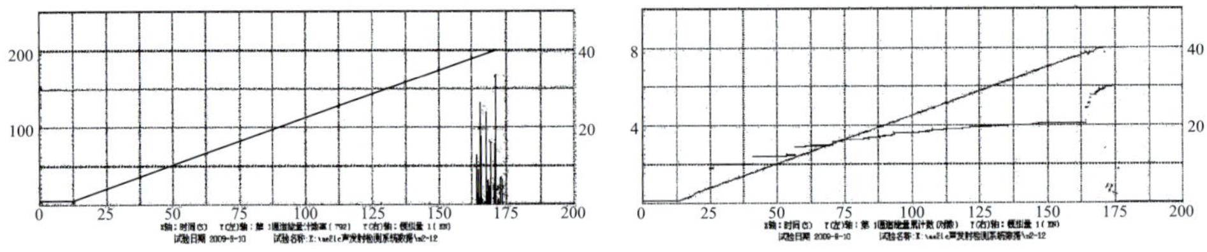

(b)n2~12

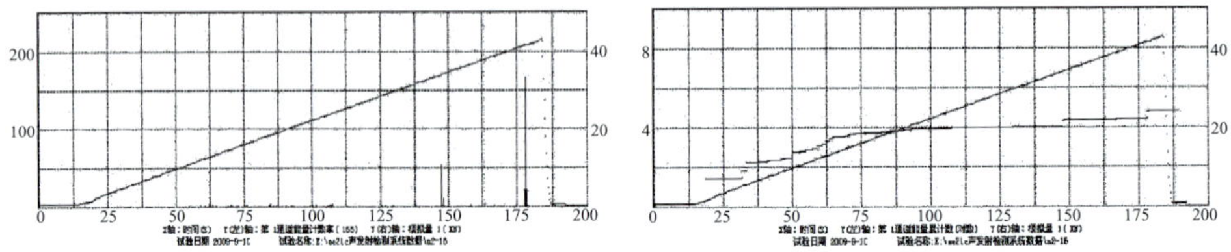

(c)n2~16

图 3－12　岩石试件声发射能量计数率曲线和累计数对数曲线(引自华北油气分公司内部报告)

结果表明，多数样品的声发射特征曲线，一般出现 4～5 个 Kaiser 效应点，表明声发射记录的岩石破裂期次应该为 4～5 期，但第 3 个和第 4 个 Kaiser 效应点较弱，推测第 3 期、第 4 期与燕山期的多幕构造运动有关，第 2 幕应该是主要的，也就是第 2 个、第 3 个和第 4 个 Kaiser 效应点对应多幕的燕山运动，第 1 个和第 5 个 Kaiser 效应点分别对应印支和喜山运动，基于岩石声发射的裂缝期次分析结果与构造成岩方法得到的结果基本一致。

3.1.5　裂缝主控因素

裂缝发育是多期次构造活动形成的应力－应变响应，同时沉积作用在岩性、岩层厚度及组合上造成的差异也会引起裂缝发育和分布的不均匀性。

1)岩性

不同岩性具有不同的结构及成分，导致其抗剪、抗拉等力学性质上的差异，而岩性是裂缝发育的基础。在同样的应力条件下，一般而言脆性组分含量越高，岩石颗粒越细，裂缝的发育程度越高。通过岩心实地观测中对裂缝发育的描述与统计表明，裂缝在细砂岩中发育程度最高，其次为粉砂岩和泥岩(图 3 – 13)。

从统计情况来看，岩性对裂缝发育有一定的影响作用，裂缝在较细的岩性中大量发育，主要是不同岩性中岩石的抗剪切能力与抗拉张能力的不同以及岩石中脆性成分的影响。在细砂岩和粉砂岩中，钙质胶结比泥质胶结脆性大，所以细砂岩和粉砂岩相对更容易破碎，但是岩性因素不是影响裂缝发育的主要控制因素。

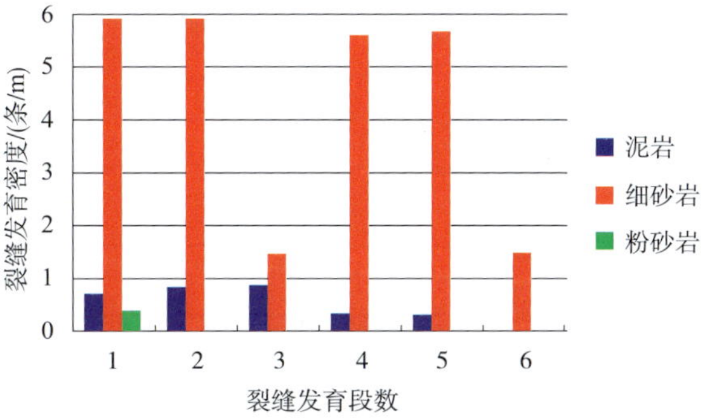

图 3 – 13　不同岩性下裂缝发育密度统计

2)岩层厚度

野外露头显示高角度构造缝垂向生长受岩石力学层界控制，裂缝大多数终止于力学边界，少量具有穿层现象。岩石力学层界面类型包括泥质隔夹层面、钙质隔夹层面、河道冲刷面、韵律岩性变化界面等(图 3 – 14)。

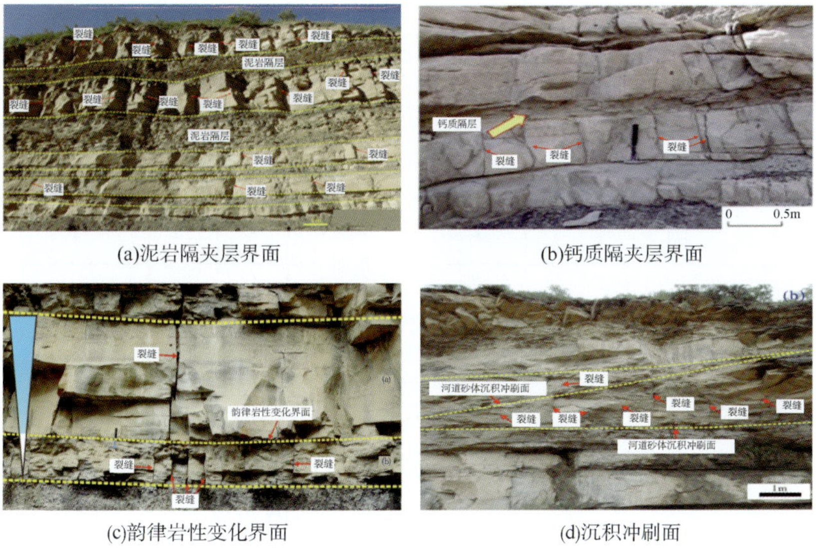

(a)泥岩隔夹层界面

(b)钙质隔夹层界面

(c)韵律岩性变化界面

(d)沉积冲刷面

图 3 – 14　岩石力学层界面露头照片

岩石力学层是指一套岩石力学行为相近或岩石力学性质相一致的岩层，岩石力学层并不总是岩性均一层，与通常所说的岩性层不完全一致。一般所见到的裂缝切穿了相邻的不同岩层，这些岩层是由不同的岩性所组成的，但是这些同时被切穿的不同岩性所组成的层可能构成一个岩石力学层。通常裂缝只在某单个力学层内发育，与岩层面斜交或垂直并终止于岩层界面上，同一力学层内裂缝呈等间距排列。以裂缝露头发育样式为原型，总结了层内发育裂缝及穿层发育裂缝的不同样式，同时考虑了岩石力学层厚度与裂缝密度的定量关系，建立了裂缝垂向发育样式(图 3 – 15)，为后续测井识别及裂缝分层地质建模提供地质依据。

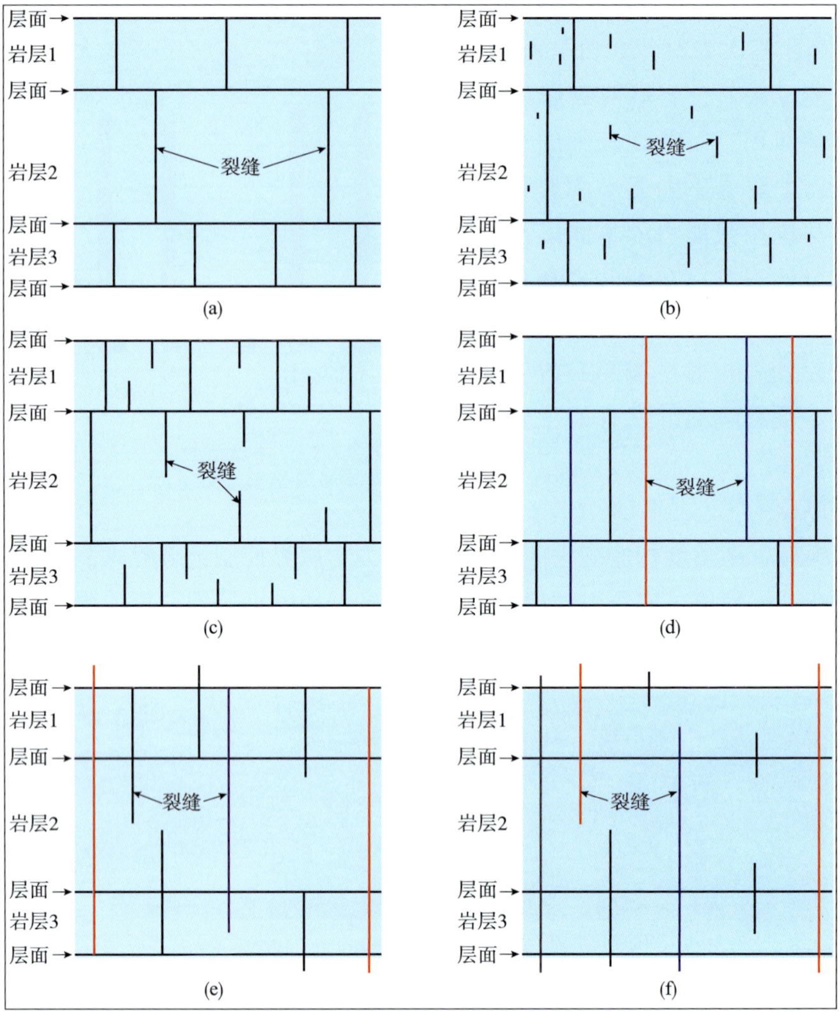

图 3－15　裂缝垂向发育样式示意图

在一定的岩层厚度范围内，裂缝间距与发育裂缝岩层厚度表现出良好的线性关系，岩层厚度越大，裂缝间距分布就越大，裂缝密度越小，当岩层单层厚度大于8m左右时，裂缝基本不再发育(图3－16)，这是由于随着岩层厚度增大，岩层抵御构造应力破坏的能力变强，当岩层厚度大于某一值时，构造应力不足以使其发生破裂形成裂缝。

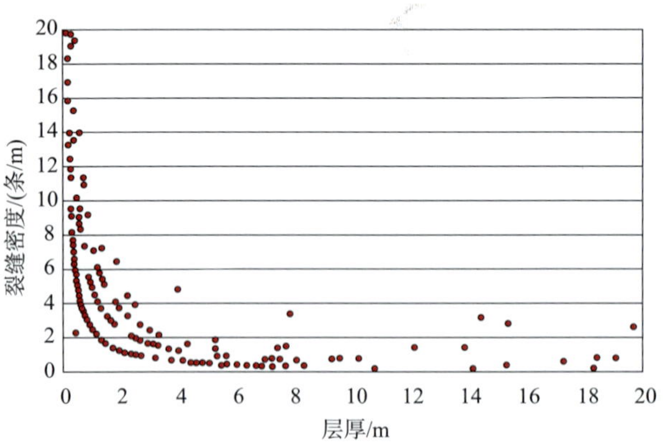

图 3－16　岩石力学层厚度与裂缝密度定量关系

3)断层效应

断层对其附近构造裂缝形成与发育的控制作用主要通过控制不同部位

的局部应力分布来实现。在断层附近，由于断层活动造成的应力扰动作用，通常在断层附近存在一个明显的应力集中带和裂缝发育带（图3－17），既有与断层同期发育的原生裂缝，也有断层活动派生而成的次生裂缝。该区断层以近直立的剪切断层为主，根据该类断层活动的特点，其应力集中带主要分布在断层的两个端部及其两侧，但两侧的应力集中带的宽度较窄。因此，裂缝发育带也主要分布在断层端部以及两侧较窄的范围内（图3－18）。

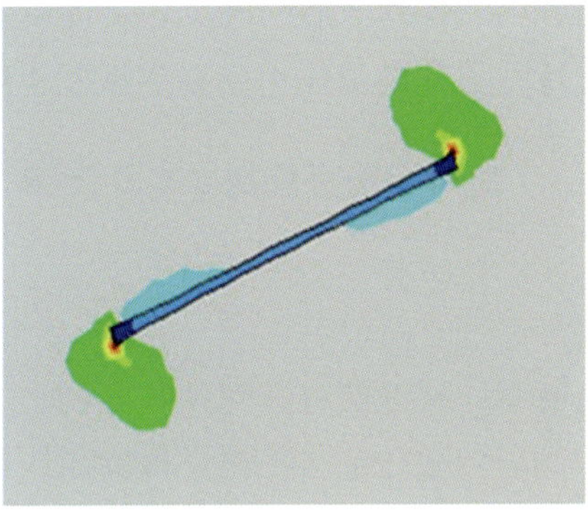

图3－17　断层附近应力集中分布图

图3－18　野外剖面断层伴生裂缝带

断层型裂缝带的发育情况与断裂效应息息相关。断裂效应指由断层造成的应力重新分布而形成的可能破裂的作用，可以划分为三种类型，其一是弯曲断层的外凸效应，弯曲断层的外凸区是应力集中区，是裂缝相对发育带；其二是多组断层交汇区和转换区效应，断层交汇区和转换区也是造成应力集中的区域，裂缝相对发育；其三是断层的末端效应，根据力学实验可知断层末端是应力集中区，常常是裂缝的相对发育带，断层的消失往往就是以裂缝作为其渐变系统（图3－19）。该区断层以近直立的剪切断层为主，根据该类断层活动的特点，其应力集中带主要分布在断层的两个端部及其两侧，也是裂缝的有利发育区。

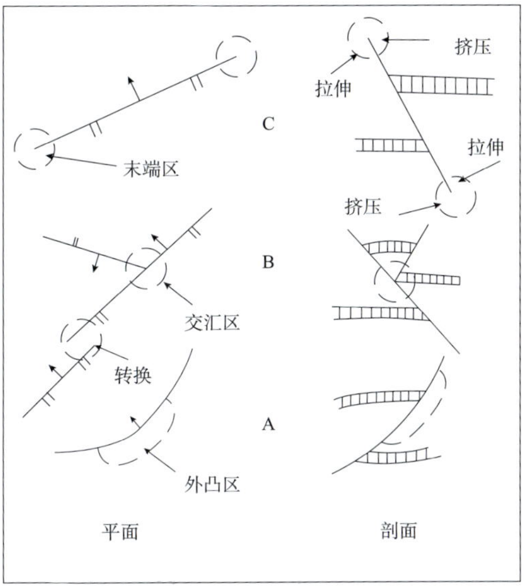

图3－19　断层效应类型示意图
（改自邓虎成，2009）

4）构造应力场

根据红河地区岩心以及邻近的剖面露头观察分析，该区主要发育了4组构造裂缝，在力学成因上主要表现为剪切裂缝，此外还有少量的扩张裂缝。根据裂缝的相互切割关系，该区4组剪切裂缝主要在燕山晚期和喜马拉雅期两个时期形成。

侏罗纪末期的燕山期，在NWW—SEE方向的水平挤压应力场的作用下，该区可以形成NEE向和NW向两组剪切裂缝；白垩纪末期—古近纪的喜马拉雅期，在NW－SW向水平挤压应力场作用下，该区可以形成NE向和SN向两组剪切裂缝，只是不同方向的裂缝在不同部位的发育程度存在一定的差异，与岩层的平面非均质性有关。岩层非均质性通常可以抑制共轭剪切裂缝中一组裂缝的发育程度，而只留下另一组裂缝(曾联波，2010)。

不同组系裂缝的渗透率受现今应力场的影响，现今应力场通过影响各组裂缝张开程度来影响其渗透性。与现今应力场最大主压应力近平行分布的 NE 向和 NEE 向裂缝呈拉张状态，连通性好，开度大，渗透率高；与现今应力场最大主压应力近垂直分布的 NW 向裂缝呈挤压状态，连通性差，开度小，渗透率低。红河地区虽然存在 4 组裂缝，由于受现今应力场的影响，通常与现今应力场最大主应力方向近平行的裂缝渗透率最大，表现为主渗透裂缝方向，是油田开发井网部署的主要依据。

3.2 裂缝测井识别与评价

裂缝不仅是重要的储集空间，而且是良好的渗流通道，裂缝的存在对油气藏的形成和分布具有重要的控制作用，他是致密储层油气富集与高产的关键。裂缝分布特征认识不清，会严重制约致密油的有效开发。裂缝的测井识别与评价至关重要。通过鄂南致密砂岩岩心和成像测井明确区域裂缝发育特征，确定裂缝分类与识别标准，采用物理模拟和数值模拟技术明确裂缝的测井响应规律，实现裂缝识别与参数定量评价。

3.2.1 裂缝测井响应特征

鄂南长 8 段致密砂岩储层以高角度裂缝为主，通过岩心和露头资料，将裂缝分为 3 种类型(表 3－2)，不同类型裂缝具有不同的测井响应特征，且不同井型，裂缝也会表现出不同的测井响应特征。

表 3－2 裂缝测井响应特征汇总表

裂缝类型	岩性曲线	孔隙曲线	感应电阻率	电成像	偶极声波
Ⅰ类 裂缝破碎带	严重扩径，SP 负异常，GR 减小	曲线失真，三孔隙明显增大	ILM 略有降低，LL8 明显降低，感应正差异	呈深色束状，条带密集发育，见透镜状亮色斑块	快慢横波差异明显，全波雁行纹
Ⅱ类 成组裂缝	局部扩、缩径，SP 负异常，部分 GR 增大	部分密度减小、声波增大	LL8 明显降低，阵列感应正差异	多条暗色正弦并行发育	快慢横波存在差异
Ⅲ类 孤立裂缝	SP 略负异常	不明显	LL8 齿状降低	单条浅色正弦，填充缝呈亮色正弦	不明显

直井条件下，Ⅰ类裂缝发育段，所有测井曲线均有较大的异常响应，如井眼扩径较大，自然电位具有较大异常幅度，三孔隙度曲线失真，中感应、八侧向电阻率降低(表 3－2)；Ⅱ类裂缝仅在部分测井项目有所响应，如声波和密度测井明显增大或密度刺状减小；Ⅲ类裂缝响应弱，多数测井项目没有响应(图 3－20)。

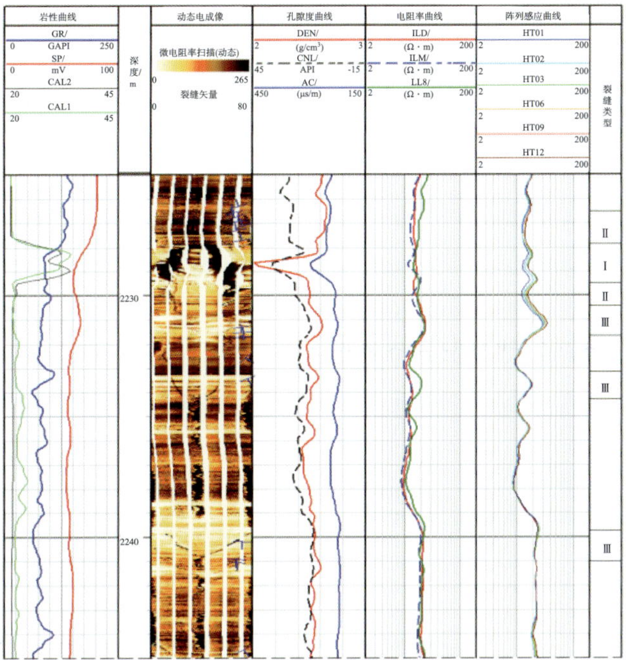

图 3－20 HH1057－3 井长 8_1^2 小层分类裂缝测井响应

水平井条件下，区域内主要发育的高角度缝呈视低角度特征，裂缝响应鲜明，除上述直井响应特征适用外，感应测井电阻率也具有明显降低特征，而且双感应与八侧向受探测深度与纵向分辨率影响，电阻率降低，纵向宽度上存在差异(图 3－21)。

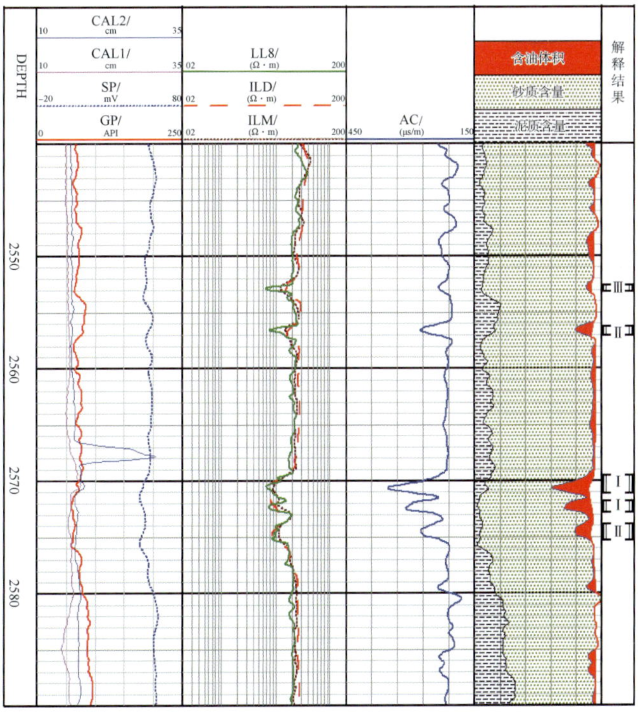

图 3－21 HH37P38 井水平段裂缝响应

3.2.2 裂缝物理与数值模拟

3.2.2.1 双感应裂缝物理模拟

一直以来，电测井是识别和评价裂缝的关键测井项目，鄂南致密砂岩储层电阻率主要采用双感应测井。为分析地层裂缝对感应测井响应的影响，设计感应测井物理模拟装置。整套装置仪器采用国内常用的0.8m六线圈系感应测井及1503双感应测井仪器，采集系统为配套的ECLIPS－5700及EXCEL－2000测井系统，导电环模拟不同位置裂缝导电，电金属网或不同矿化度的盐溶液浸湿的导电面模拟裂缝面导电。模拟装置如图3－22所示。

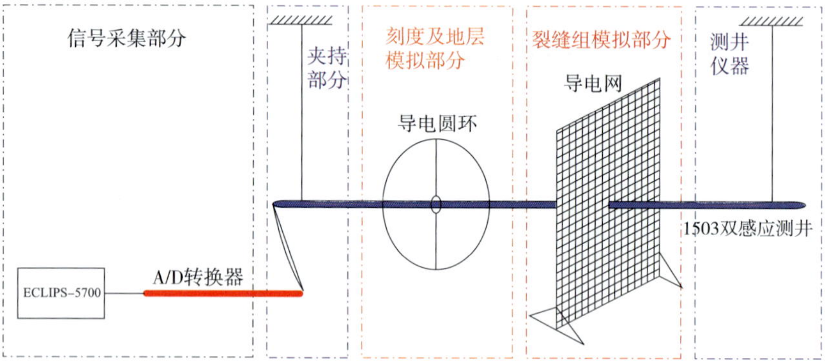

图3－22 感应测井物理模拟装置示意图

1）模型设计

裂缝形态特点一般是面状，最基本的形态就是平面。考虑到裂缝的特点，导电模型具有以下五点特征。

（1）模型的导电特征必须与裂缝导电性相同，即在导电能力上等效。

（2）模型的厚度不可过大，否则会导致测井响应差异。

（3）模型的材料中不能含有铁磁性物质，不然会导致不必要的干扰。

（4）模型重量轻，便于移动测量。

（5）模型中框架材料、导电材料具有稳定性，不易形变及腐蚀，以保证测量结果稳定。

2）模型制作

考虑导电面必须在导电能力上与裂缝等效。制作裂缝模型时可以用以下三种模型：①成品金属网（较密）黏接起来制作的模型；②利用细不锈钢丝连接起来制作的稀疏金属网；③矿化度可控的盐溶液浸湿的宣纸层导电层。

为保证整个导电面具有较好的强度和稳定性，采用塑料和木材制作框架，导电面中间部位无框架，这可以保证在测量高角度裂缝的时候不会因框架阻隔而无法测量一些数据。

（1）成品金属网导电面制作：选用金属网成品，制作成两面都是4m×4m的不锈钢网（图3－23）。

图3－23　成品金属网拼接的4m×4m的不锈钢网

（2）自制稀疏不锈钢网：自制金属网采用0.1mm和0.05mm直径的细钢丝，依裂缝面电阻率和钢丝的电阻率设计金属网的网格间距，用铝质U扣夹紧纵、横钢丝的交叉点，使之构成良好的导电通路，并固定在较为结实的化纤布上，再将其固定在木质框架上，制成导电不锈钢网（图3－24）。这种网制作完成后，可以折叠起来，使用时固定在框架上就可以测量。

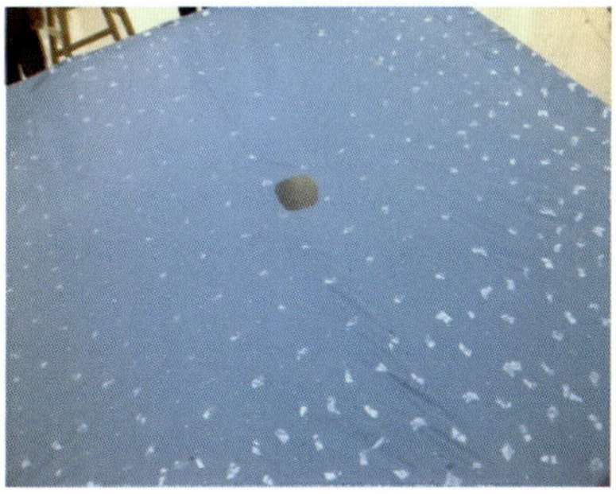

图3－24　自制稀疏不锈钢网

（3）矿化度可控的盐溶液浸湿的导电层：首先，依据地层水分析资料确定红河地区地层水类型，采用与地层水类型相近的溶剂，按地层水矿化度配置盐溶液。然后采用薄宣纸作为吸附面，将盐溶液多次浸湿宣纸，通过宣纸层数（1层、2层、4层、8层）控制裂缝厚度，采用欧姆表测量宣纸电阻率，使宣纸电阻率等于裂缝面电阻率，再将宣纸两侧覆膜（PE膜），防止盐溶液蒸发或受重力影响导致电阻率改变。最后将覆膜的盐溶液浸湿宣纸中部按井眼半径打孔，周边采用塑料夹固定于木质框架即可制成裂缝模拟面（图3－25）。

图3－25　3m×3m盐溶液导电面

3)物理模拟

模拟制作后，根据致密油测井采集的特点，选用真实仪器进行物理测量，需要注意的是：为保证测量精度，需要对仪器进行刻度校正，再开始测量。测量过程中，因为要频繁挪动导电面，停下来后金属网面和布面都会来回震荡几次，一定要等网面停稳了再读数。测量中采用点测，人工记录，由两个人共同读数，避免人为失误。

测量过程可以在仪器刻度车间进行，首先采用1.5m高仪器刻度支架将仪器架起，仪器轴线方向平行于地面方向。然后将仪器从模拟裂缝的导电面中心处穿过，仪器与导电面正交。以0.1m为采样间隔，移动导电面，记录感应测井仪器读值。图2－6为模拟单个裂缝网面存在时的感应测井图(图3－26)。

图3－26　正交单网测量现场图

将正交单网测量导电面倾斜，导电面法线方向与仪器轴线方向设置为0°、30°、45°、60°及其他角度，以0.1m为采样间隔，移动导电面，以点测方式记录不同倾角条件下的感应测井仪器读值，便可测量不同角度裂缝的测井响应特征。测量过程如图3－27所示。

图3－27　斜交单网测量现场图

图3－28为双感应测井不同倾角裂缝的感应测井值。从图中可以看出，裂缝发育段双感应出现正幅度差，幅度差随裂缝角度增大而减小，在30°内裂缝测井值无明显变化。

图3－29为不同倾角条件下双感应测井曲线极大值与裂缝倾角关系，由物理模拟结果可见，在所设空气介质条件下，当裂缝倾角小于等于60°时，感应测井视电导率与裂缝倾角呈正相关。当裂缝倾角较小(小于45°)时，视电导率变化较缓，深感应视电导率小于中

感应视电导率，二者呈现正幅度差；当裂缝倾角大于45°时，视电导率随裂缝倾角迅速增大，深感应视电导率大于中感应视电导率，二者呈负幅度差。

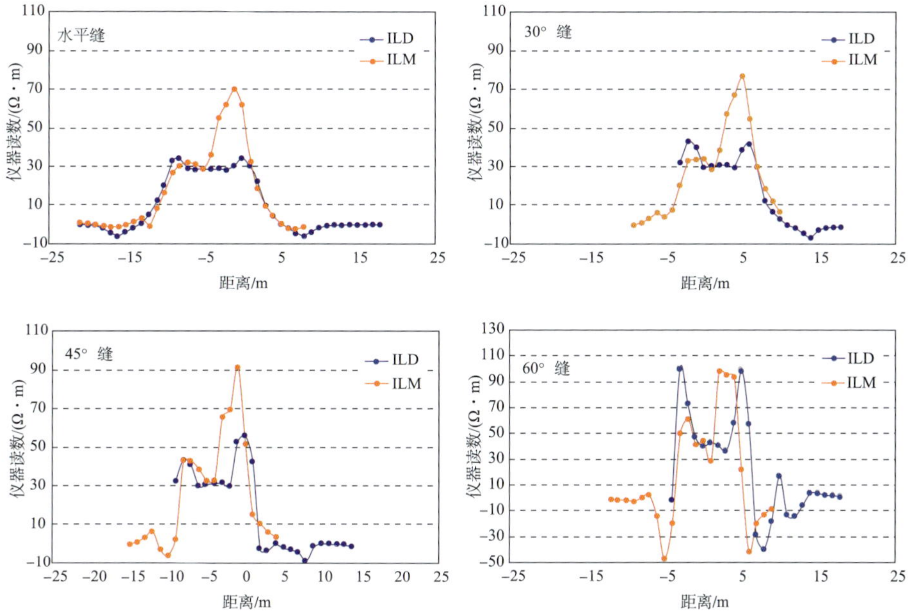

图3－28　倾斜缝感应测井响应(1503双感应)

3.2.2.2　双感应裂缝数值模拟

采用几何因子法和三维有限元法精确计算裂缝及地层中电磁场的分布，求解感应测井响应特征，厘清裂缝参数与感应测井响应之间的关系。

几何因子可以直观描述感应测井原理，解释井眼周围各部分地层对测量信号的贡献，是感应测井信号处理和仪器设计的理论基础。

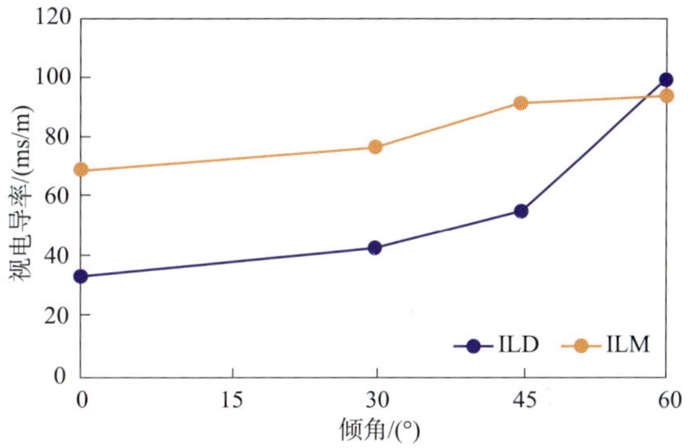

图3－29　双感应测井曲线极大值与裂缝倾角关系

根据鄂南致密砂岩裂缝特征，将裂缝与井眼的关系抽象成单条直交缝、多条直交缝、单条斜交缝、多条斜交缝四种裂缝模型(图3－30)。

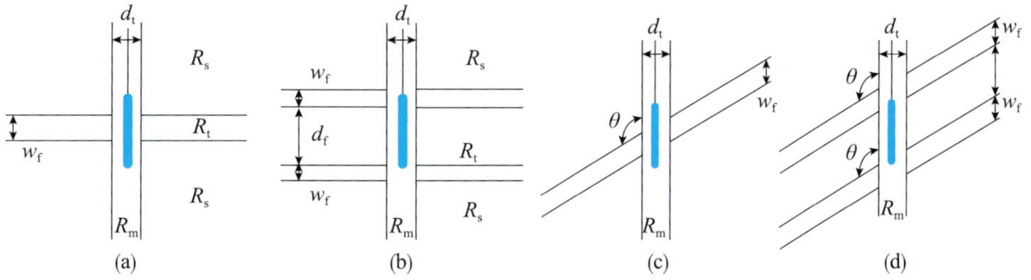

图3－30　裂缝性地层感应测井模型示意图

针对与井眼直交的裂缝，图3－30(a)、图3－30(b)中采用Gianzero几何因子模拟。

双线圈系Gianzero几何因子表达式为：

$$g_{\text{Gianzero}} = \frac{1}{2} g_{\text{Doll}} \{ (1 - ikr_T) e^{ikr_T} + (1 - ikr_R) e^{ikr_R} \} \tag{3-3}$$

式中，g_{Gianzero}为Gianzero几何因子，无量纲；g_{Doll}为Doll几何因子，无量纲；k为电磁波传播时的波数，$k=\sqrt{-i\omega\mu\sigma}$，$m^{-1}$；$r_T$为地层环到发射线圈的距离，m；$r_R$为地层环到接收线圈的距离，m。

针对与井眼斜交的裂缝，图3－30(c)、图3－30(d)中利用圆到椭圆的映射原理，将直井中的地层环映射到斜井中，然后以椭圆环为地层单元环由电磁场理论推导出斜井中几何因子表达式：

$$g_\theta^V(\rho,\ z,\ \varphi,\ \theta) = \frac{L\rho^3}{4\pi\cos(\theta) r_T^3 r_R^3} e^{ik(r_T r_R)} (1 - ikr_T)(1 - ikr_R) \tag{3-4}$$

$$g_\theta^C(\rho,\ z,\ \varphi,\ \theta) = \frac{L\rho^3 \sin^2\theta}{4\pi\cos(\theta)} \cdot \frac{\cos^2\varphi}{r_T^3 r_R^3} e^{ik(r_T r_R)} (1 - ikr_T)(1 - ikr_R) \tag{3-5}$$

式中，g_θ^V为体积项几何因子，无量纲；g_θ^C为电荷项几何因子，无量纲；ρ、z、θ为圆柱坐标(径向距离、方位角、高度)，φ；L为线圈距，m。

(1)不同裂缝开度时双感应测井响应特征。

图3－31为不同开度时单条直交缝双感应测井响应特征，结果表明，感应测井单条直交缝响应具有对称性，感应测井特征值降低幅度与裂缝开度和流体电导率乘积呈正相关关系。以电阻率降低10%为识别条件，环境校正后，当围岩电阻率与裂缝流体电阻率比为500时，0.8m六线圈系能分辨的最小裂缝开度下限为300μm，1503双感应分辨下限为270μm；当基岩电阻率与裂缝流体电阻率比为1000时，两种感应测井方法裂缝识别的下限提升为100μm。

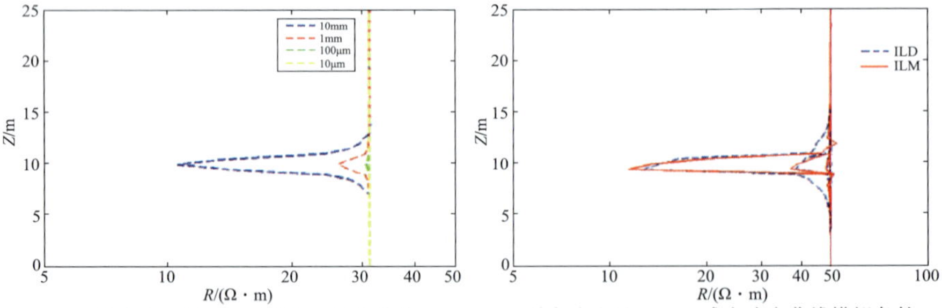

(a)单条直交缝0.8m六线圈系响应曲线

(b)单条直交缝1503双感应响应曲线模拟条件：基岩电阻率R_b=50Ω · m，裂缝流体电阻率R_f=0.1Ω · m，裂缝开度分别为1×10^4μm、1×10^3μm、1×10^2μm及10μm

图3－31　不同开度时单条直交缝双感应测井响应特征

(2)不同裂缝间距双感应测井响应特征。

感应测井对纵向发育的两条裂缝有一定的区分能力，在图3－32所示的条件下(模拟条件：基岩电阻率 $R_b = 50\Omega \cdot m$，裂缝流体电阻率 $R_f = 0.1\Omega \cdot m$，裂缝间距分别为 5m、2m、1.5m 及 0.8m。)，0.8m 六线圈系可以识别的最小裂缝间距为 1.2m，由于具有更强聚焦能力，1503 双感应可以识别的最小裂缝间距为 0.8m。

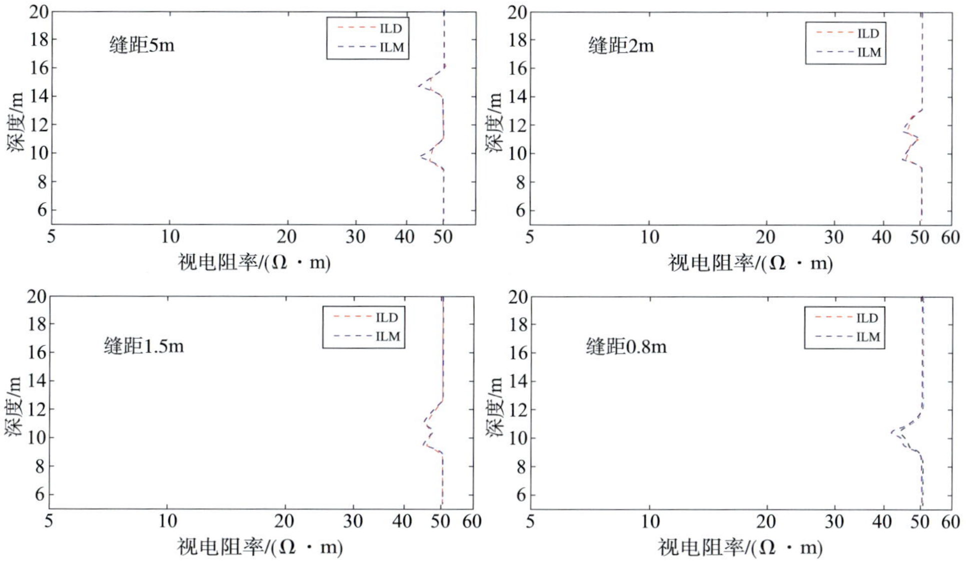

图 3－32　1503 双感应裂缝不同间距数值模拟响应

(3)不同裂缝角度双感应测井响应特征。

结果表明感应测井对斜交缝有一定的探测能力。当裂缝填充低阻流体时，视电阻率降低幅度与裂缝与井轴方向夹角(0～90°)呈正相关关系。在图 3－33 所示条件下(模拟条件：基岩电阻率 $R_b = 50\Omega \cdot m$，裂缝流体电阻率 $R_f = 0.1\Omega \cdot m$，裂缝孔隙度为 0.03%。)，0.03% 裂缝孔隙度的直交缝将使感应测井视电阻率降为基岩值的 81%，方向与井眼轴向方向一致的裂缝感应测井降为原值的 93%，裂缝识别能力明显降低。

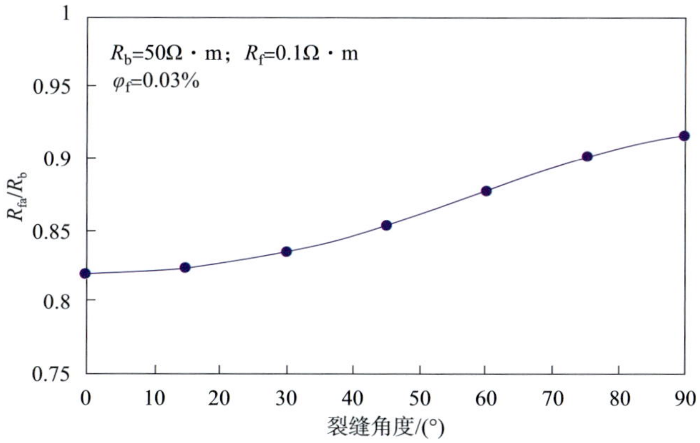

图 3－33　裂缝视电阻率特征值与基岩电阻率比与裂缝倾角关系图

3.2.3 裂缝识别与定量评价

3.2.3.1 裂缝测井识别

致密砂岩地层中，主要采用感应测井，因此，在直井中，裂缝与基岩电阻率呈串联响应，裂缝段电阻率响应不明显。由于地层岩性变化较快，背景地层电阻率低，造成直井中裂缝识别难度较大。

依据鄂南致密砂岩裂缝特征，采用井径－自然电位、自然伽玛－自然电位幅度值交会等多种因素(图3－34)，确定裂缝评判指数(表3－3)。然后将指数累加综合，建立裂缝综合识别指数，进一步与声波时差进行交会，确定裂缝测井分类识别标准(图3－35)，该方法对红河油田长8段6口取心井33个裂缝段进行识别，Ⅰ、Ⅱ类缝识别符合率达到88%(图3－36)。

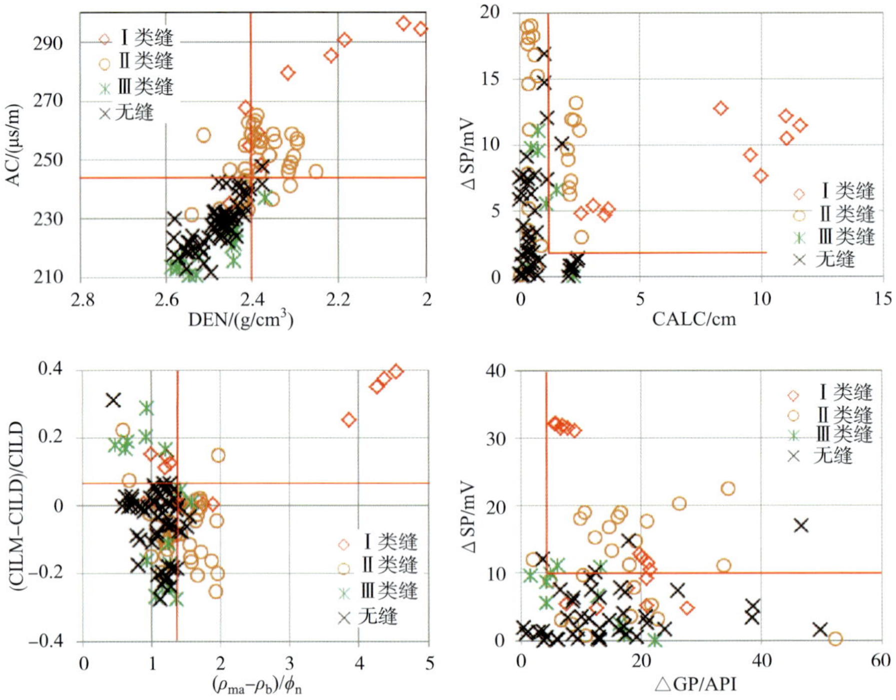

图3－34 鄂南红河地区长8致密砂岩裂缝测井交会识别

表3－3 致密砂岩裂缝测井识别指数

DT	DEN	$\frac{(CILM-CILD)}{CILD}$	$\frac{(\rho_{ma}-\rho_b)}{\phi_n}$	CALC&△SP	△GR&△SP
⩾250	⩽2.3	⩾0.07	⩾1.4	△SP＞2mV& CALC＞1.2cm	△SP＞10mV& △GR＞28API

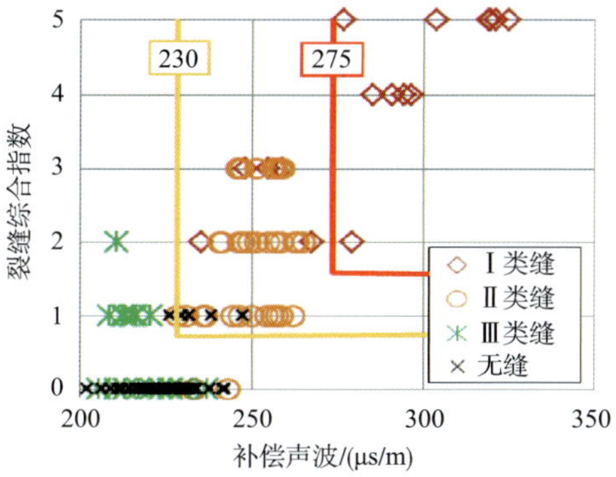

图 3－35 裂缝分类识别图版

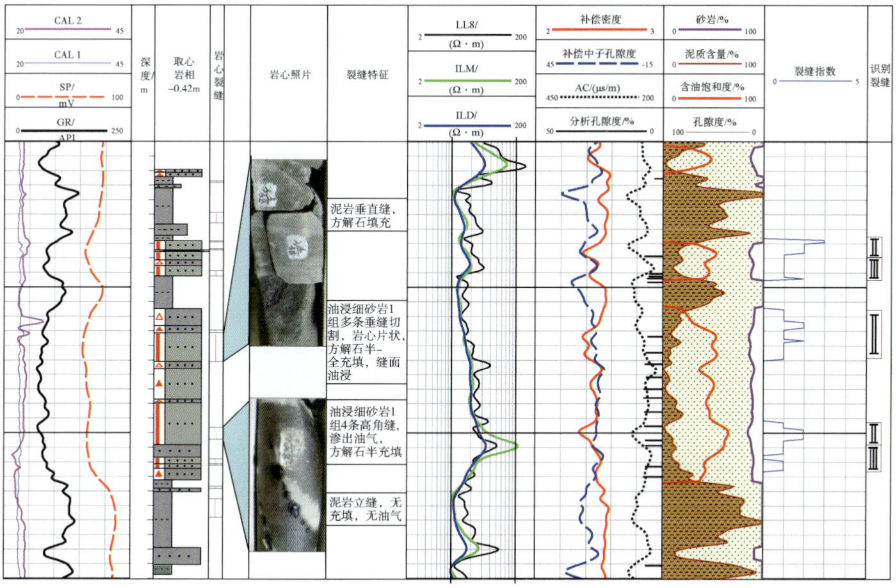

图 3－36 镇泾 25 井分类裂缝特征与测井识别情况

对于微裂缝，结合岩心、吸水情况，鄂南致密砂岩微裂缝段表现为高 GR 和 SP 明显异常，说明微裂缝段主要发育在砂泥岩薄互层段中，其 GR 值相对较高，而微裂缝的发育造成 SP 电位负异常明显增大，如图 3－37 中红河 373 井中的长 8_1^2 亚油组 1994～1995m，发育大量层间微裂缝，造成高 GR 的薄互层段自然电位负异常。

根据该特征与吸水对应情况(表 3－4)，利用自然伽玛与自然电位幅度相关性建立一条敏感指数曲线，识别微裂缝。微裂缝敏感指数算法为：

$$FLAG = (GR - GR_{min}) \cdot (SPB - SP) \tag{3-6}$$

式中，GR 为自然伽玛，API；GR_{min} 为纯地层自然伽玛，API；SPB 为自然电位基线，mV；SP 为自然电位，mV。

当 $GR - GR_{包络} > 5$、$SP_{包络} - SP > 5$，同时能满足 FLAG＞200 时，认为微裂缝发育。

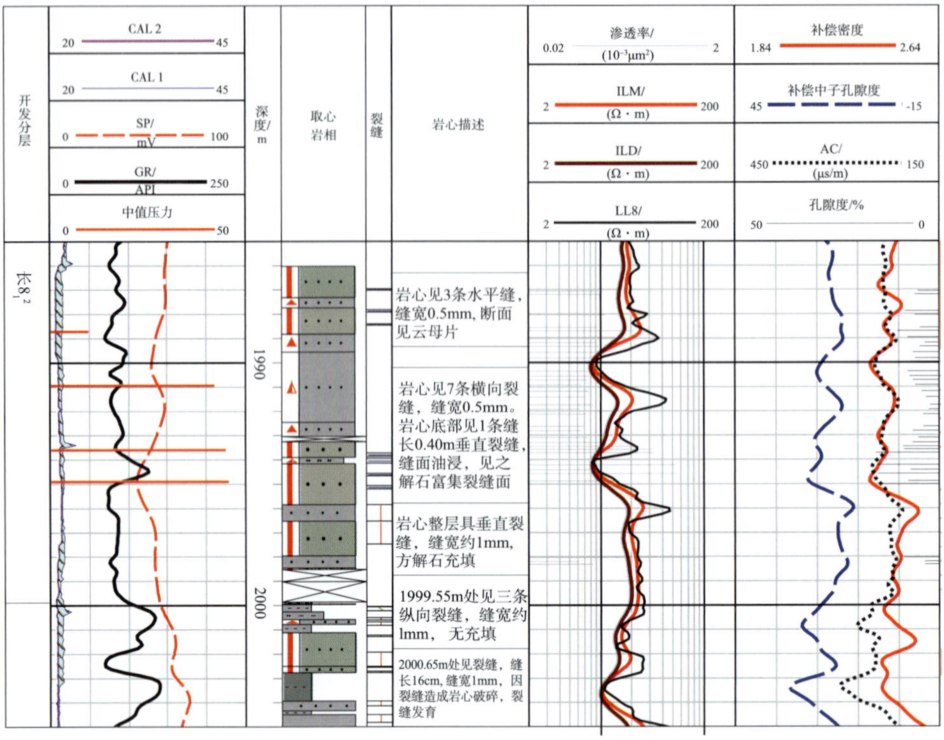

图3-37 红河373井1994~1995m微裂缝测井响应特征

表3-4 微裂缝发育段测井与吸水对应情况统计表

GR与SP组合类型	吸水情况	结论
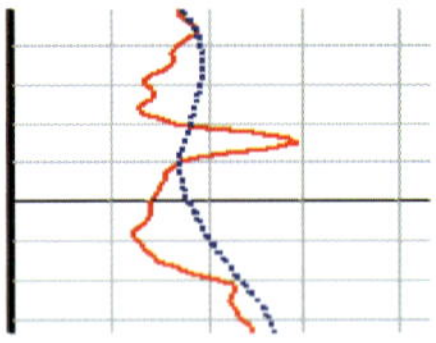 GR高值，SP异常	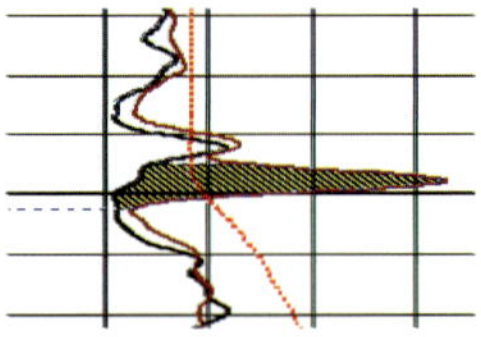 主力吸水层	砂泥薄互层 微裂缝发育
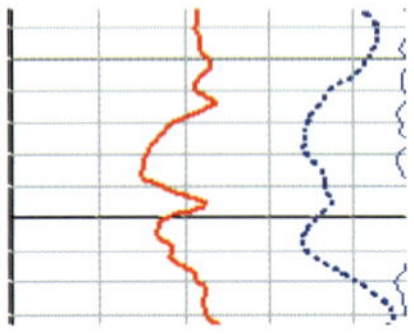 SP异常范围明显较GR大	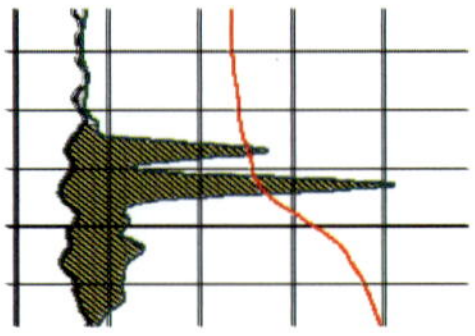 主力吸水层	靠近层界面 薄互层内 微裂缝发育
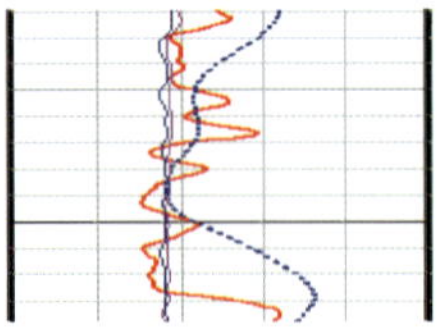 GR锯齿化，SP异常	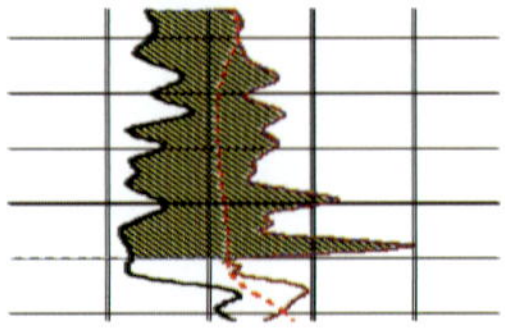 主力吸水层	砂泥薄互层 微裂缝发育

3.2.3.2 直井裂缝参数评价

对于感应测井，当裂缝面与井轴接近垂直时，即低角度裂缝条件下，裂缝与基岩并联导电，而在视高角度裂缝条件下，裂缝与基岩近于串联导电，双感应测井对裂缝响应弱，双感应测井的裂缝倾角物理数值模拟也充分说明了这一情况，深感应测井主要反映基岩电阻率。鄂南地区裂缝主要为倾角大于70°的高角度裂缝，直井中双感应测井对这些裂缝响应较弱，而八侧向测井对这些高角度缝有较好的响应，因此，采用八侧向测井表征裂缝电导率 C、深感应测井反映基岩电导率 C_b，结合罗贞耀裂缝体积模型，得到致密砂岩直井裂缝孔隙度评价模型。

1990年，罗贞耀建立了侧向测井裂缝面任意角度裂缝层电导率方程：

$$C = C_b + \frac{\sum d}{H} C_m [1.5(1+\cos\alpha) - \sqrt{\cos\alpha}] \cdot g = C_b + \sum d \cdot C_m \cdot K_1 \qquad (3-7)$$

式中，g 为与井径 $2r'$ 和仪器探测深度 D 有关的系数，$g = \frac{r'\ln(D/r')}{2(D-r')}$；$C$ 为裂缝段电导率，ms/m；C_b 为基岩电导率，ms/m；C_m 为泥浆电导率，ms/m；$\sum d$ 为裂缝段内复合裂缝开度，mm；H 为仪器纵向探测范围，m。

其中，$[1.5(1+\cos\alpha) - \sqrt{\cos\alpha}] \cdot g$ 是仅与裂缝视倾角、井径以及仪器探测深度有关的系数，可采用 K_1 表示。

在仪器纵向分辨率地层内，复合裂缝开度与裂缝孔隙度关系为：

$$\phi_f = \frac{V_f}{V} = 4\sum d \frac{\int_0^{\sqrt{(H/2)^2+D^2}} \sqrt{D^2 - \cos^2\alpha x^2}\,dx}{\pi D^2 H} = \sum d \cdot 4K_2 \qquad (3-8)$$

式中，ϕ_f 为裂缝孔隙度，v/v；V_f 为仪器纵向探测范围内地层内复合裂缝体积，m^3；V 为仪器纵向探测范围内地层体积，m^3。

其中 $\int_0^{\sqrt{(H/2)^2+D^2}} \sqrt{D^2 - \cos^2\alpha x^2}\,dx/(\pi D^2 H)$ 是与裂缝视倾角、井径以及仪器探测深度、仪器纵向探测范围有关的系数，可采用 K_2 表示。

将式(3-7)代入式(3-8)中，并化简为下式：

$$\phi_f = \frac{C - C_b}{C_m} \cdot \frac{4K_2}{K_1} \qquad (3-9)$$

由于 K_1、K_2 仅与视倾角 α、井筒直径 r'、仪器探测深度 D、纵向探测范围 H 有关，针对鄂南致密砂岩特点，建立 $4K_2/K_1$ 与视倾角 α 交会图(图3-38)，可以看出当视倾角 α 大于70°时，$4K_2/K_1$ 变化范围较小，可作为常数考虑。

实际资料处理时，根据致密砂岩岩心裂缝参数对该模型进行刻度，建立评价区致密砂岩直井裂缝孔隙度评价模型。图3-39、图3-40和表3-5为红河油田川口条带裂缝孔隙度评价模型，和岩心对比可以看出两者有较好的相关关系。

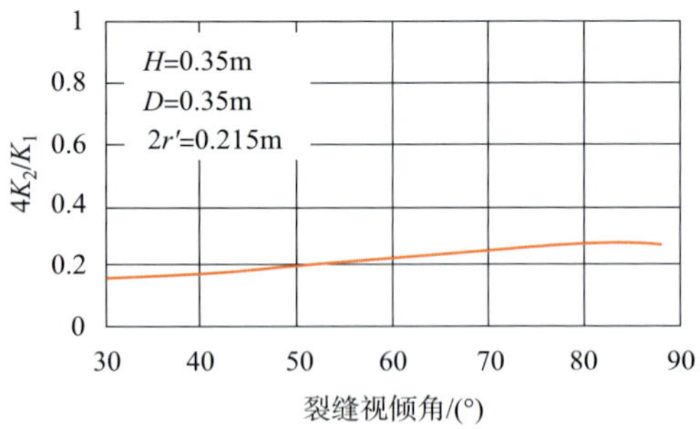

图 3－38　直 8 井中感应－八侧向测井裂缝孔隙度评价模型中 $4K_2/K_1$ 系数与视倾角 α 交会图

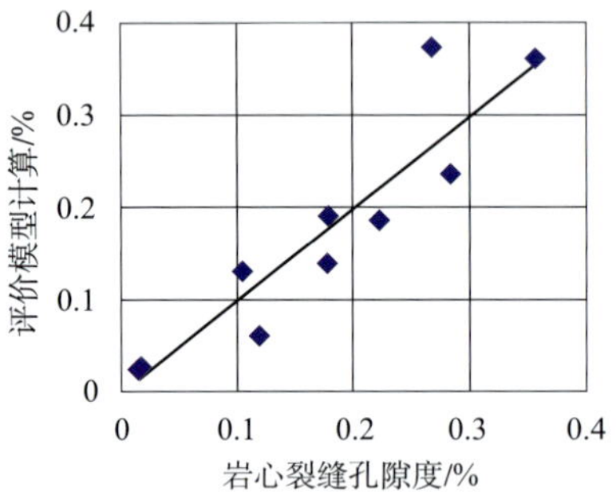

图 3－39　直井裂缝孔隙度模型评价成果与岩心裂缝孔隙度对比

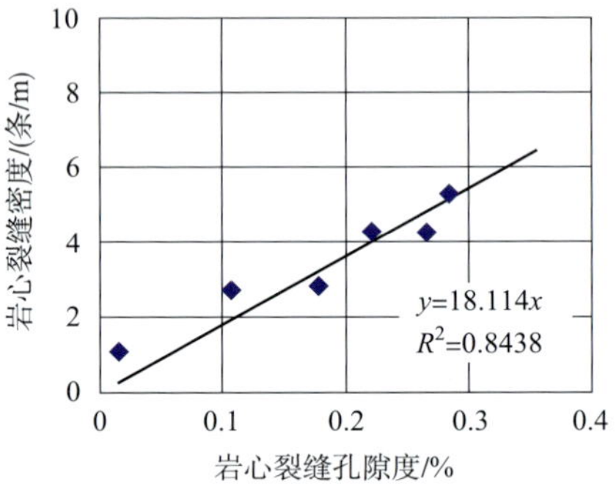

图 3－40　直井岩心裂缝孔隙度与裂缝密度相关关系

表 3－5　致密砂岩直井裂缝参数评价模型统计表

直井	评价模型	相关系数
裂缝孔隙度/%	$\phi_f = 0.136 * (C - C_b)/C_m$	0.91
裂缝密度/(条/m)	$n_f = 18.1 \cdot \phi_f/\cos\alpha$ （α 取 70°）	0.92
裂缝渗透率/($10^{-3}\mu m^2$)	$K_f = \phi_f^3/(12n_f^2) \cdot 10^6$	

图 3－41 为红河 26 井裂缝发育段测井特征，可以看出裂缝段八侧向明显降低，而深感应几乎不受裂缝影响，评价结果与岩心裂缝参数对比情况来看，两者十分接近。

3.2.3.3　水平井裂缝参数评价

水平井是鄂南致密砂岩开发中主要采用的井型，这些井设计为与区域内最大主应力方向以及裂缝主要走向垂直，因此，对于这些水平井来说，区域内广泛发育的高角度裂缝与井轴方向近于垂直，从井筒视角来看，区域内的这些裂缝呈视低角度特征，如前所述，在常规测井中双感应与八侧向对这些裂缝响应十分明显，采用八侧向简化罗贞耀或双感应差异数模模型建立水平井裂缝孔隙度评价模型。

1)简化罗贞耀裂缝孔隙度模型

对于低角度裂缝，采用罗贞耀低角度模型式(3－9)与低角度裂缝体积模型式(3－10)联立求解，得到裂缝孔隙度评价模型式(3－12)。

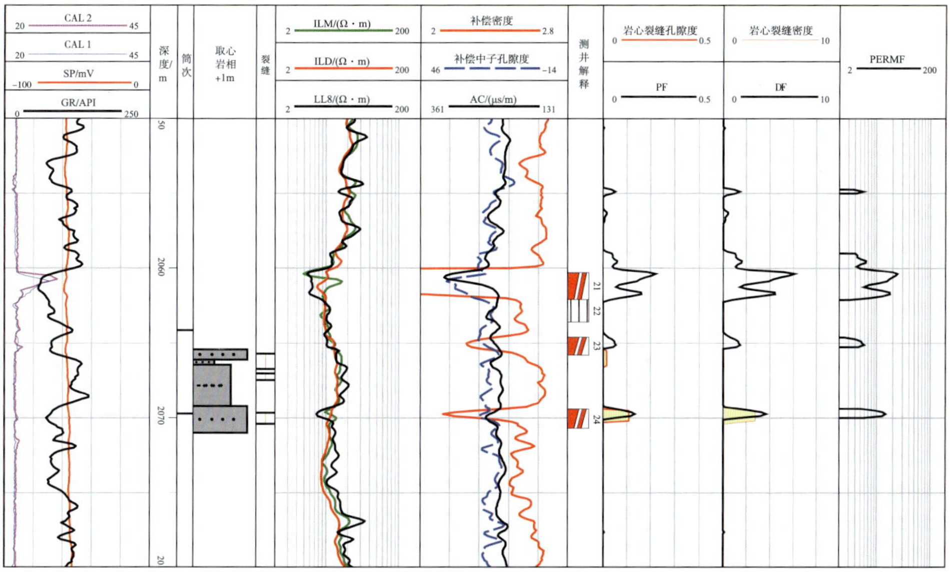

图 3-41　红河 26 井长 6 裂缝发育段测井解释裂缝参数与岩心对比

$$C = C_b + \sum d \cdot C_m \cdot [1.5(1+\cos\alpha) - \sqrt{\cos\alpha}] \cdot g \tag{3-10}$$

式中，g 为与井径 $2r'$ 和仪器探测深度 D 有关的系数，$g = \frac{r'\ln(D/r')}{2(D-r')}$；$C$ 为裂缝段电导率，ms/m；C_b 为基岩电导率，ms/m；C_m 为泥浆电导率，ms/m；$\sum d$ 为裂缝段内复合裂缝开度，mm；α 为裂缝的视倾角，(°)。

$$\phi_f = \frac{\sum d}{H} \tag{3-11}$$

式中，ϕ_f 为裂缝孔隙度，v/v；$\sum d$ 为裂缝段内复合裂缝开度，mm；H 为仪器的纵向探测范围，m。

$$\phi_f = \frac{\sum d}{H} = \frac{(C-C_b)}{C_m} \cdot \frac{2(D-r')}{[1.5(1+\cos\alpha) - \sqrt{\cos\alpha}] \cdot r'\ln(D/r')} = k\frac{(C-C_b)}{C_m} \tag{3-12}$$

模型中，$2(D-r')/[(1.5(1+\cos\alpha) - \sqrt{\cos\alpha}) \cdot r'\ln(D/r')]$ 是仅与裂缝视倾角、井径以及仪器探测深度有关的系数，采用 K 表示。

在鄂南长 8 致密油储层，倾角在 0°～30°范围内，系数 K 变化范围较小(图 3-42)，因此，在水平井裂缝评价中可作为一般系数进行考虑。通过成像测井裂缝孔隙度对该模型进行刻度(式 3-13)，从刻度结果来看，采刻度后的评价模型与成像测井评价结果吻合较好(图 3-43)。

$$\phi_f = 0.144\frac{C-C_b}{C_m} \tag{3-13}$$

式中，ϕ_f 为裂缝孔隙度，v/v。

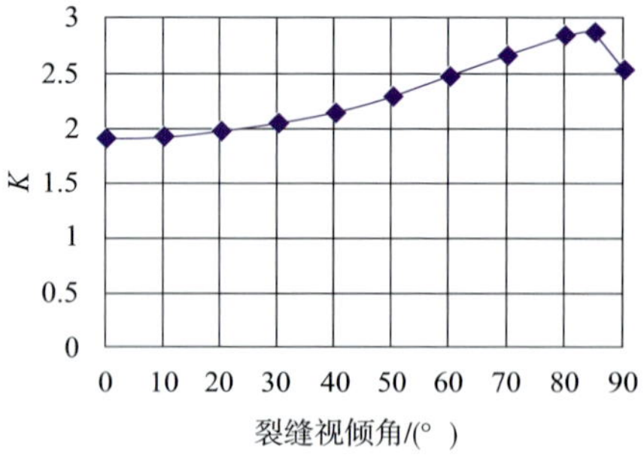

图 3-42　致密砂岩八侧向视低角度裂缝孔隙度模型系数 K 与视倾角关系

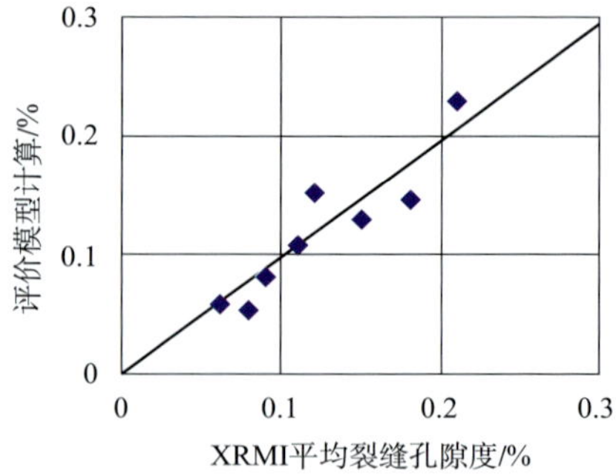

图 3-43　致密砂岩八侧向视低角度裂缝孔隙度模型评价结果与岩心对比

2）双感应差异法裂缝孔隙度评价模型

双感应数值模拟结果表明，视低角度裂缝造成双感应测井响应差异，这种差异与裂缝复合开度有明显的相关性，根据数值模拟，建立裂缝开度评价图版（图 3-44），并得到双感应差异评价裂缝复合开度模型：

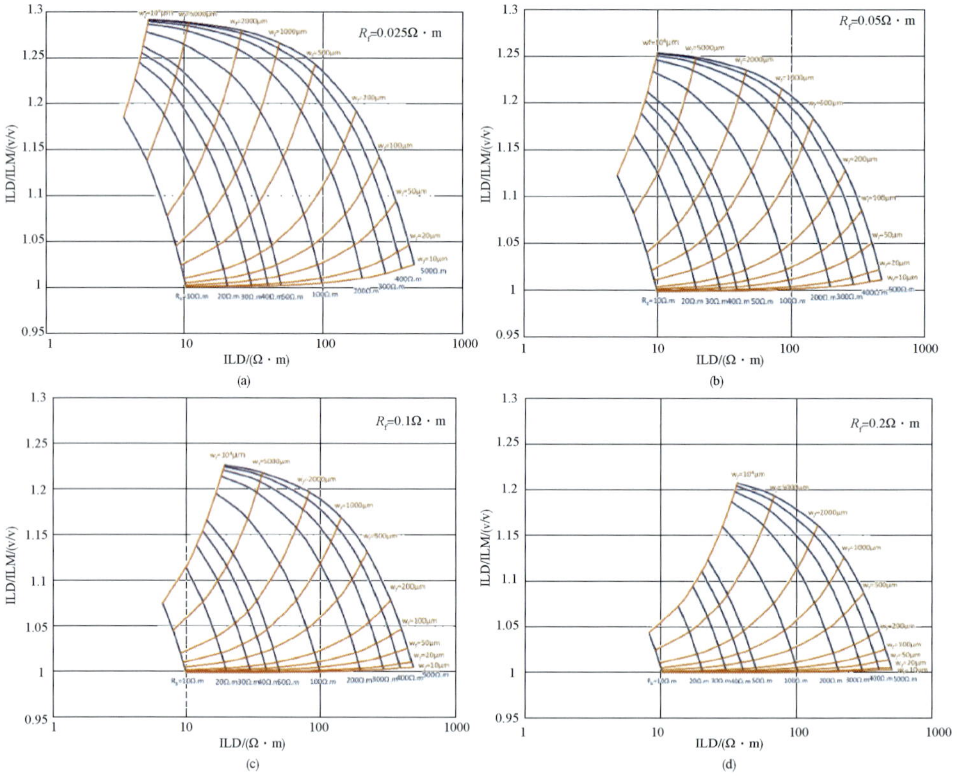

图 3-44　双感应差异评价视低角度裂缝复合开度图版

$$w_f = a \cdot \left(b \cdot \frac{\text{RILD}}{\text{RILM}}\right)^c / \text{RILD}^d \qquad (3-14)$$

式中，w_f 为裂缝开度，mm；RILD 为深感应电阻率，Ω · m；RILM 为中感应电阻率，Ω · m；a、b、c、d 为与泥浆电阻率有关的系数，具体如表 3-6 所示。

表 3-6 不同电阻率流体充填裂缝开度评价模型参数表

模型序号	R_f	a	b	c	d	R^2
Ⅰ	0.025	0.9139	1.891	12.5	1.038	0.9401
Ⅱ	0.05	1.167	2.121	12.5	1.293	0.9422
Ⅲ	0.1	2.224	2.176	12.5	1.258	0.9246
Ⅳ	0.2	1.209	2.212	12.5	0.8826	0.8099

式(3-14)利用成像裂缝参数刻度后，依据低角度裂缝体积模型(式3-11)得到评价裂缝孔隙度方程：

$$\phi_f = 0.141 \cdot a \cdot \left(b \cdot \frac{\mathrm{RILD}}{\mathrm{RILM}}\right)^c / \mathrm{RILD}^d \qquad (3-15)$$

式中，ϕ_f 为裂缝孔隙度，v/v。

图3-45为HH92P21井水平段裂缝进行评价，可以看出采用水平井裂缝参数模型评价的裂缝孔隙度、裂缝密度参数与成像测井解释裂缝参数有较好的一致性。

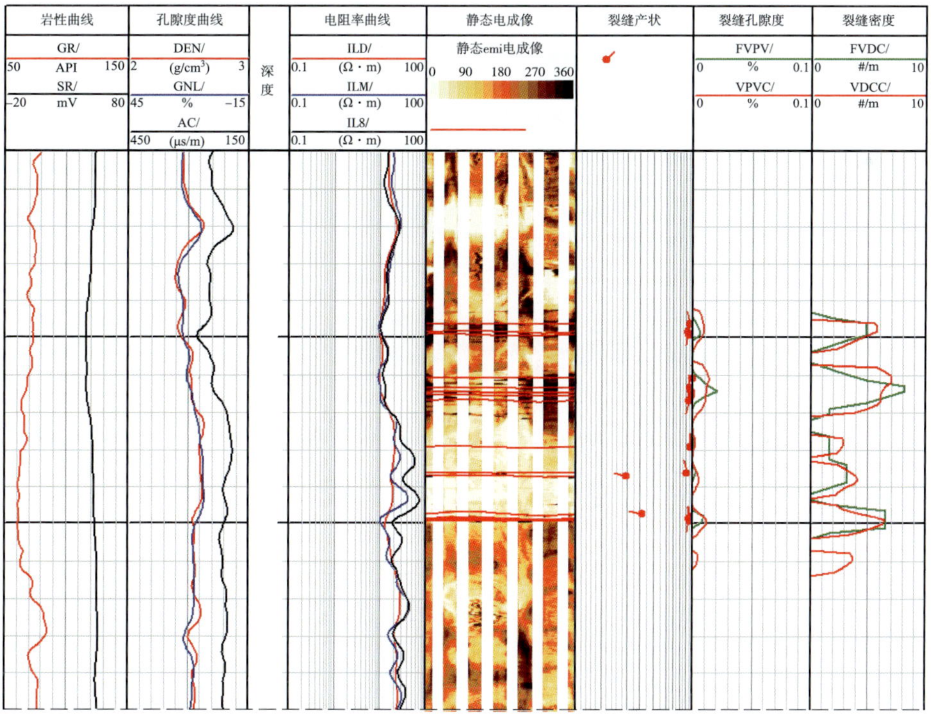

图3-45 HH92P21井裂缝成像特征与常规测井评价情况

3.3 分级裂缝预测与描述

裂缝具有多尺度特性，不同尺度裂缝具有自相似特点，同时在形成机制、分布规律及对油气富集的控制作用等方面有差异。大尺度裂缝即断裂受区域构造应力控制，呈多组近平行等距样式分布，通常作为主要的油气运移通道或油藏边界；中、小尺度裂缝更多受局部应力场控制，岩性和物性条件对其发育影响大，主要分布在距大尺度断裂一定范围内，特别是大断裂尾端或衔接处，中小尺度裂缝发育区易形成局部油气富集“甜点”，因此，有必要对不同尺度裂缝分别进行预测与描述，再在地质力学理论及地质模式指导下，将不同尺度裂缝预测结果有机融合与统一，实现多尺度裂缝定量表征，明确多尺度裂缝分布规律。

3.3.1 大尺度断裂预测与描述

大尺度断裂的走向延伸一般从几百米到几十千米甚至上百千米不等，其地质成因通常与区域构造运动密切相关。大尺度断裂的纵向和横向延伸不受岩性、物性控制，其主要特征是裂缝平直、穿层深、延伸长，垂直于层面或与岩层面呈大角度相交，所形成的裂缝在较大区域内规模、方位和性质都相同或具有相似性，同一构造单元的区域范围内延伸方向具有规律性。大尺度断裂—裂缝带在常规地震剖面上具有较明显响应，表现为空白、杂乱反射特征，振幅相较围岩具有明显异常(图3－46)，通常通过人工解释结合地震叠后属性予以识别。

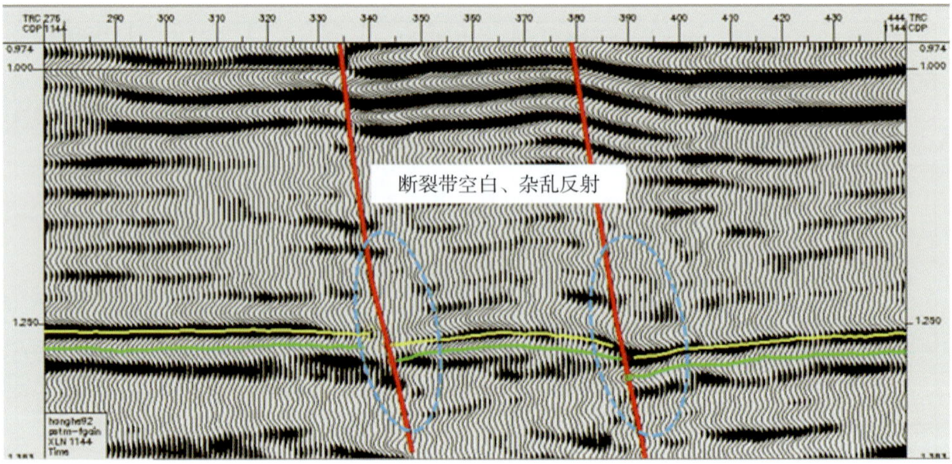

图3－46 大尺度断裂－裂缝带地震响应特征

3.3.1.1 人工解释法

人工剖面精细解释技术是断层解释最为直接的技术手段。断层在地震剖面上的识别标志主要有以下几种。

(1)反射波同相轴错断，但两侧波组关系稳定，波组特征清楚。剖面上表现为反射标准层的错断和波组、波系的错断，这一般是中、小断层的反映。其特点是断距不大，延伸较短，破碎带较窄。

(2)反射同相轴数目突然增减或消失，波组间隔突然变化。

(3)反射波同相轴形状突变，反射零乱或出现空白带。

(4)标准反射波同相轴发生分叉、合并、扭曲、强相位转换等现象。这一般为小断层的反映，但这类变化也可能是由于地表条件变化、地层岩性变化及波的干涉等引起的，解释时应综合考虑上下波组关系进行分析。

(5)特殊波的出现，这是识别断层的主要标志。水平叠加时间剖面上，在反射层的中断处，往往伴生出现一些特殊波，如断点产生的绕射波、断面产生的断面反射波等。这些特殊波的出现，一方面使地震剖面复杂化，另一方面也成为确定断层的主要依据。

根据以上断层识别标志，首先在垂直构造走向的测线上进行断层的解释，并结合层位解释，精细刻画断层的断点位置，明确断层断穿层位，然后在沿任意方向测线进行断层的闭合解释。

在地震层位精细标定的基础上，结合地震剖面特征，精细解释了红河 36 井区长 8 大尺度断裂平面分布，共解释出 65 条断层，以 NWW 走向、NEE 走向为主，局部发育近 EW 向断层，延伸长度 0.5～3.47km，断距 3～37m(图 3－47)。

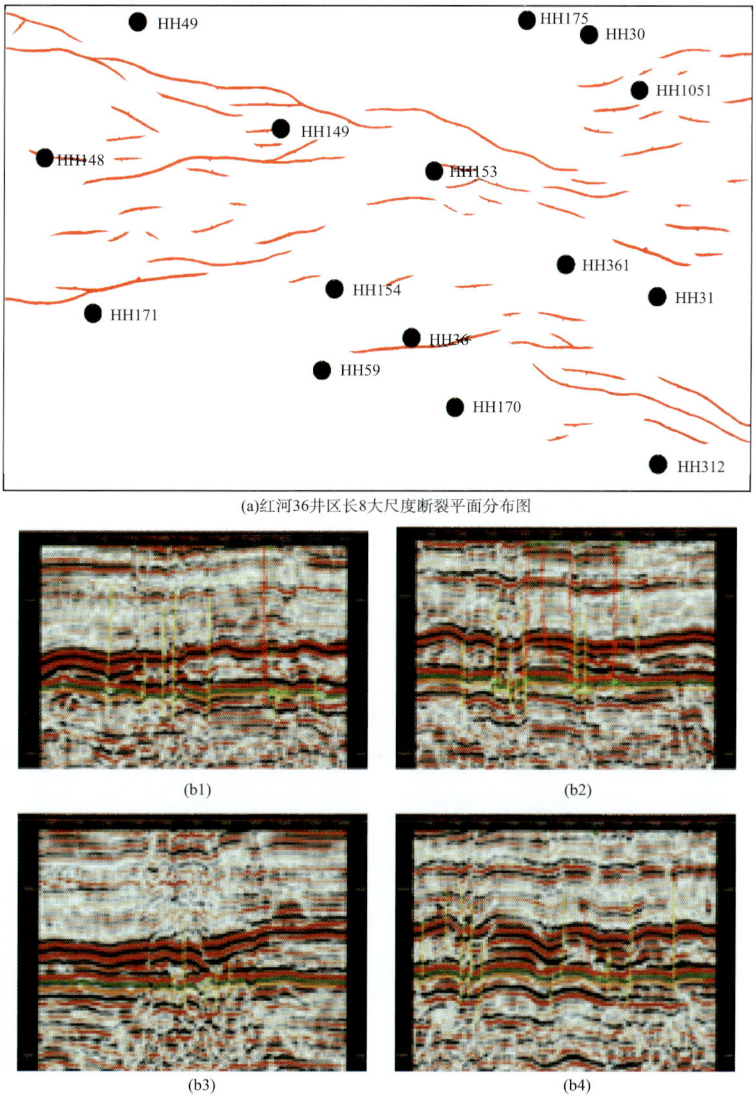

图 3－47　红河 36 井区长 8 大尺度断裂平面分布及剖面识别标志

3.3.1.2 叠后属性法

目前对大尺度断裂地震预测方法为基于地震反射不连续性的叠后裂缝检测法，振幅类、频率类、相位类地震属性及一些分析技术，如地震波形分类、时频分析、沿层切片等被广泛地应用于断裂的识别和预测。主要断裂地震属性分析一般是围绕地震反射波形式的突变(不连续性)而开展的，主要有相干分析、倾角、曲率等技术。相干属性常常用于描述储层的大尺度的断裂特征和地质体的非连续性，岩性特征的不连续和断裂都会引起相干属性的变化，因此，对相干属性的解释需要考虑这两方面的影响因素。除地震反射相干属性的特征外，地震倾角属性上也可观测到断裂的特征，在倾角属性上，断裂以大的地震倾角为特征，在倾角属性图上，规模较大的断层和裂缝通道在平面上往往表现为长条型的线状特征，线型构造特征被保留的是其可被观察到的长度，但形状却无法保留在这一属性中；为了更好地描述断层和裂缝在平面上的线型特征，需要借助曲率属性，法向曲率是由垂直于表面的平面定义的，通过搜索所有可能的法向曲率可以获得最大曲率值，最大曲率属性可用于描述微断裂的特征。

图 3－48 为红河油田红河 36 井区长 8 顶面相干、曲率及倾角切片，显示该区发育两组 NEE 走向和两组 NW 走向张扭性断裂带，断裂带内包含多个次级小断裂，与人工解释断裂分布基本一致，NW 走向断裂带形成时间较早，限制了 NEE 向断裂带的生长。

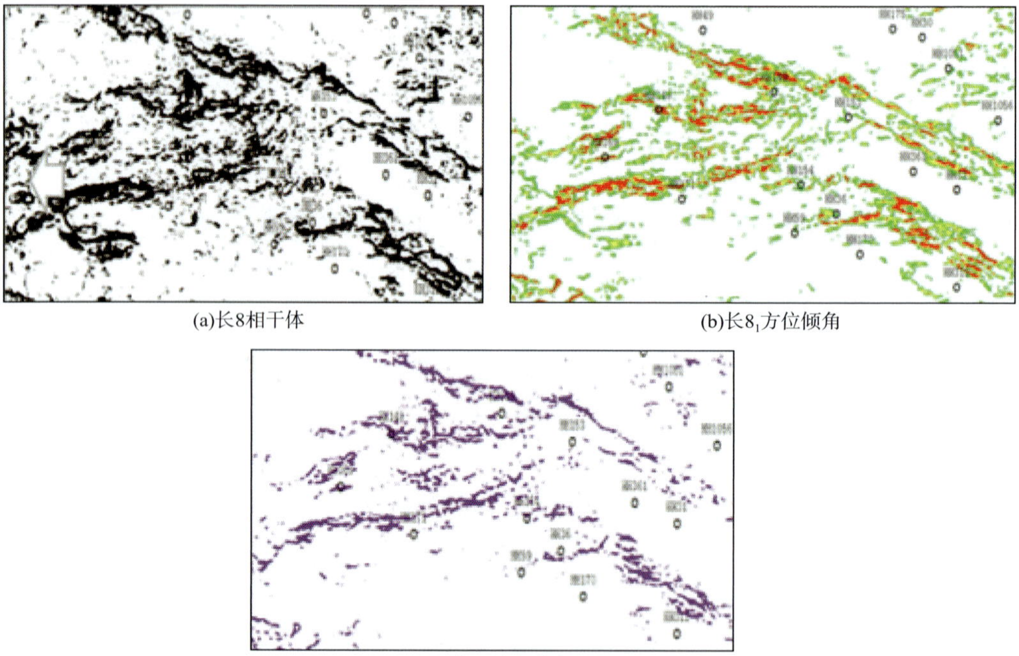

(a)长8相干体

(b)长8_1方位倾角

(c)长8_1最大曲率

图 3－48 红河 36 井区地震属性大尺度断裂预测图

3.3.2　中尺度裂缝预测与描述

中尺度裂缝与大尺度断裂具有力学成因联系，通常是同生或派生次级断裂，常规地震剖面无明显响应，人工解释困难。在针对性地震资料处理的基础上，优选高精度叠前－叠后地震属性开展中尺度裂缝预测，结合测井裂缝识别与动态监测资料裂缝检测结果标定，定量表征与描述中尺度裂缝分布特征。

3.3.2.1　蚂蚁自动追踪法

近年来，蚂蚁追踪技术也在断缝识别中得到了广泛应用。蚂蚁追踪技术的原理是：在地震数据体中播撒大量的蚂蚁，在地震属性体中发现满足预设断裂条件的断裂痕迹的蚂蚁将“释放”某种信号，召集其他区域的蚂蚁集中在该断裂处对其进行追踪，直到完成该断裂的追踪和识别，而其他不满足断裂条件的断裂痕迹将不进行标注。最后，通过该技术将获得一个低噪音、具有清晰断裂痕迹的数据体。

图3－49为利用蚂蚁追踪技术得到的红河36井区裂缝数据体提取的长8段顶时间切片，可以看出裂缝主要以NEE向和NW向两个走向为主，同走向裂缝带平行等距排列；蚂蚁体裂缝预测结果与水平井实钻吻合度高，表明预测方法可行，预测结果可靠(红色代表水平井测井裂缝识别结果)。

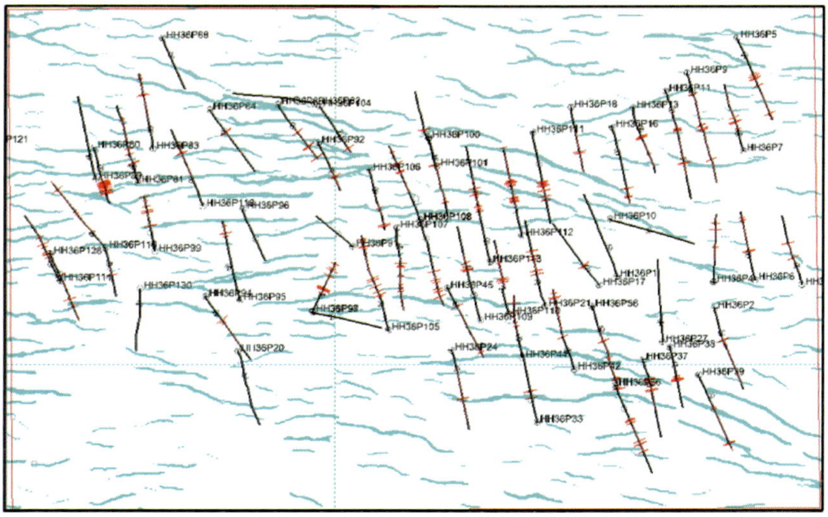

图3－49　红河36井区裂缝级别蚂蚁体沿层切片(T6c－15ms)

3.3.2.2　叠前各向异性法

地震波在含裂缝的岩层中传播时，由于裂缝的存在会造成岩层的各向异性，地震波的属性(如动力学和运动学属性)会发生变化，因此，可以根据地震波属性所表现出的各向异性进行裂缝预测。各向异性介质主要表现为横向各向异性。根据横向各向异性介质对称轴的不同分为 HTI 和 VTI 两种介质，其中 HTI 介质具有水平对称轴，可由高角度裂缝引起，而 VTI 介质为周期性薄互层，具有垂直对称轴。由于裂缝平面延伸长度为米级至数十米级，直接利用三维地震资料难以识别，可以利用三维地震叠前资料检测裂缝所引起的各向异性。从地震波的传播理论来看，相对纵波而言，横波对裂缝产生的各向异性更敏感，但由于横波地震资料采集和处理成本高且信噪比较低，因此，在实际应用中，利用横波地震资料来检测裂缝较少。目前，三维地震叠前资料预测裂缝主要是根据常规采集的纵波地震资料基于纵波各向异性理论进行预测。

纵波各向异性裂缝检测法针对 HTI 介质，以 Ruger 提出的理论为基础。由于纵波的传播特征受裂缝走向和裂缝密度的影响，纵波各向异性裂缝预测能够实现对裂缝密度和裂缝方向的预测，可以较为准确地预测裂缝的分布特征。中振幅、时差、层速度、方位 AVO 梯度、频率衰减、频率梯度等地震属性对裂缝比较敏感。

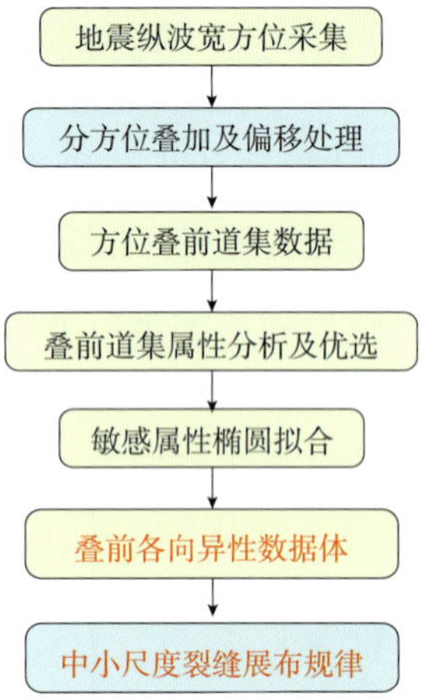

图 3－50　地震叠前各向异性分析预测裂缝流程图

利用纵波各向异性预测裂缝的步骤为：首先进行纵波的宽方位采集，将所采集的地震数据进行分方位叠加及偏移处理，得到方位叠前道集数据。然后对方位叠前道集数据进行属性提取及分析，优选对裂缝敏感的地震属性进行椭圆拟合，从而获得裂缝的方位和密度属性体，实现对裂缝的预测(图 3－50)。

以红河油田 36 井区为例，对叠前道集进行分析。原始道集的偏移距从 5m 至 4000. 333m，覆盖次数达到 130 多次。为了消除不同方位道集上不同偏移距的叠加次数不同的影响，要把偏移距大于 2600m 的道集切除掉。切除偏移距大于 2600m 的道集数据后，覆盖次数达到 20 多次。为了保证不同方位道集覆盖次数大致相同，在偏移距范围相同的情况下，进行了 5 个方位叠加偏移处理。经过对切除远偏移距后的道集分析，保证不同方位道集覆盖次数大致相同，按以下方案对方位角进行划分。

(1)0°～45°方位道集叠加：偏移距 5～2600m 的道集数据，方位 0°～45°叠加，覆盖次数可达 20 多次。

(2)30°～75°方位道集叠加：偏移距 5～2600m 的道集数据，方位 30°～75°叠加，覆盖次数可达 20 多次。

(3)45°～90°方位道集叠加：偏移距 5～2600m 的道集数据，方位 45°～90°叠加，覆盖次数可达 20 多次。

(4)60°～105°方位道集叠加：偏移距 5～2600m 的道集数据，方位 60°～105°叠加，覆盖次数可达 20 多次。

(5)90°～135°方位道集叠加：偏移距 5～2600m 的道集数据，方位 90°～135°叠加，覆盖次数可达 20 多次。

(6)135°～180°方位道集叠加：偏移距 5～2600m 的道集数据，方位 135°～180°叠加，覆盖次数可到 20 多次(图 3－51)。

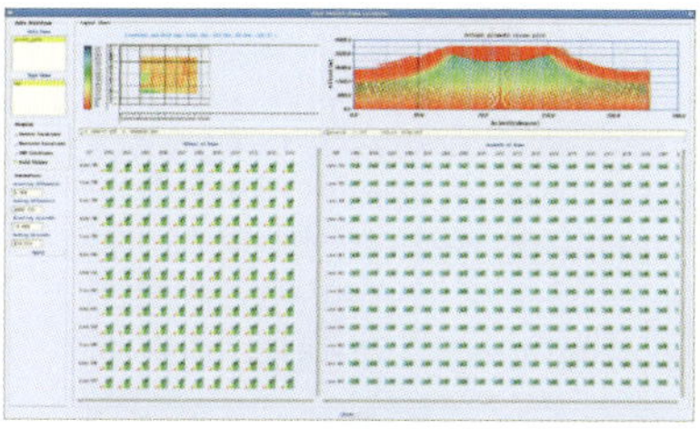

(a)原始道集分析

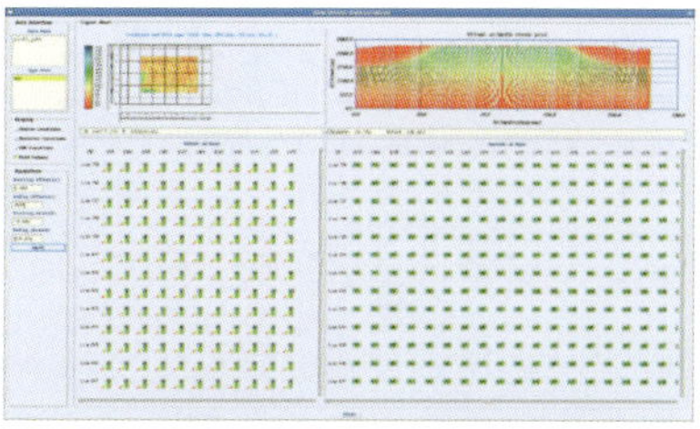

(b)切除远偏移距后的道集分析

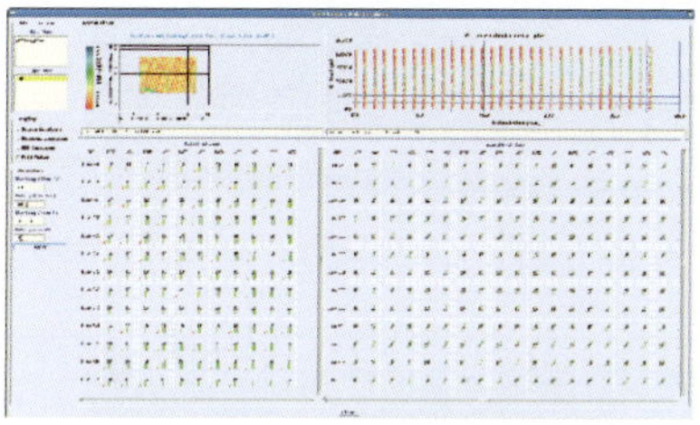

(c)0°～45° 方位道集叠加分析

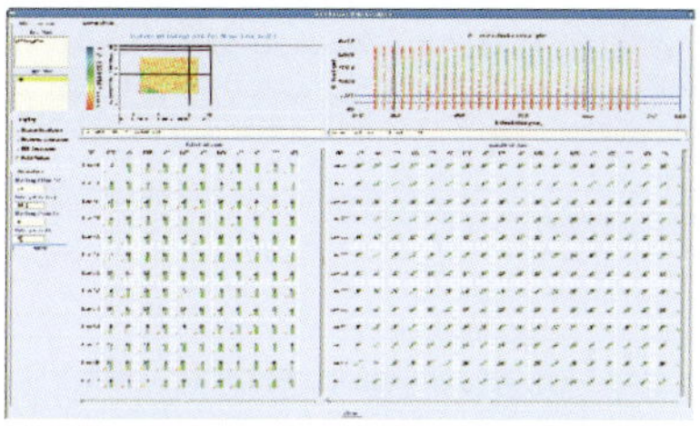

(d)30°～75° 方位道集叠加分析

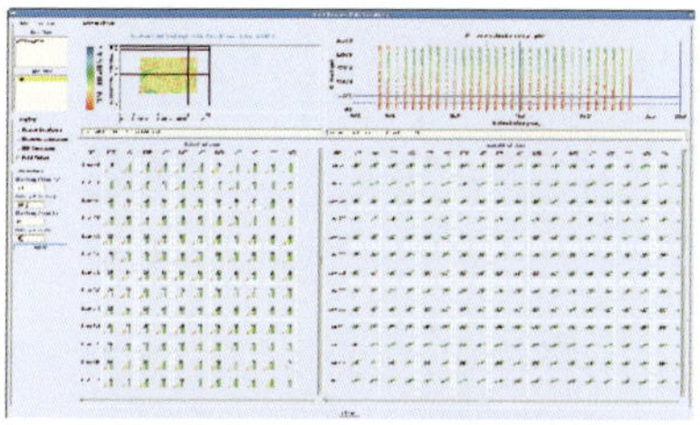

(e)45°～90° 方位道集叠加分析

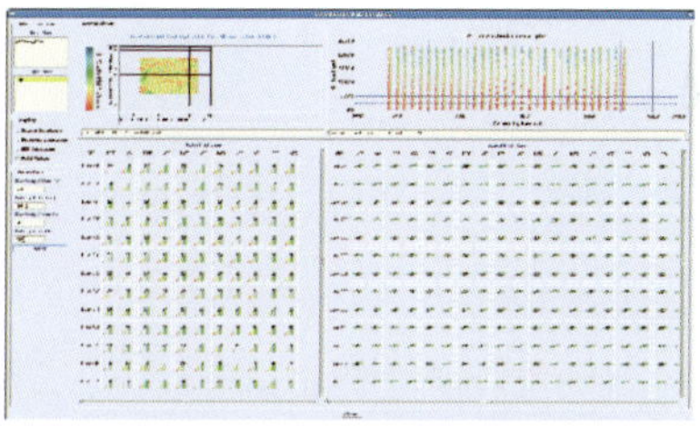

(f)60°～105° 方位道集叠加分析

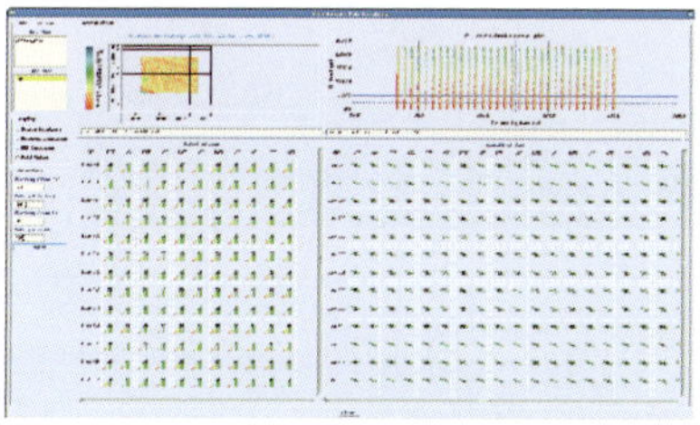

(g)90°～135° 方位道集叠加分析

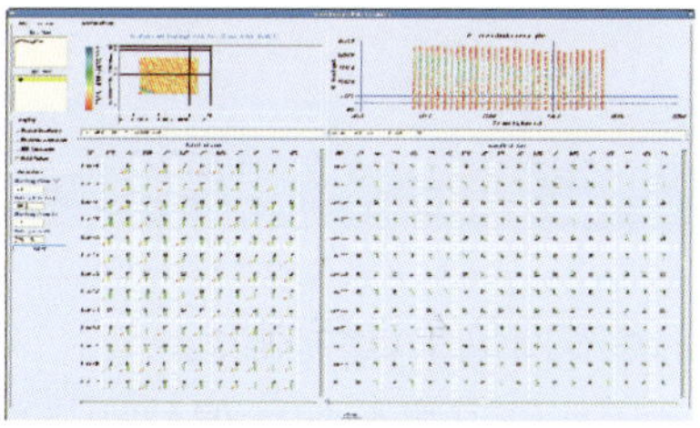

(h)135°～180° 方位道集叠加分析

图 3－51　叠前道集数据分析

红河油田 36 井区叠前各项异性分析所得的裂缝密度及方位角，如图 3－52、图 3－53 所示。其中图 3－52 为裂缝强度与裂缝走向的叠加图，横线方向表示预测裂缝的走向，长短表示裂缝的强度。通过最小二乘法对叠前各向异性分析所得的裂缝强度与岩心裂缝进行拟合，得到相应的拟合模型，进而预测全区的裂缝密度，如图 3－53 所示。

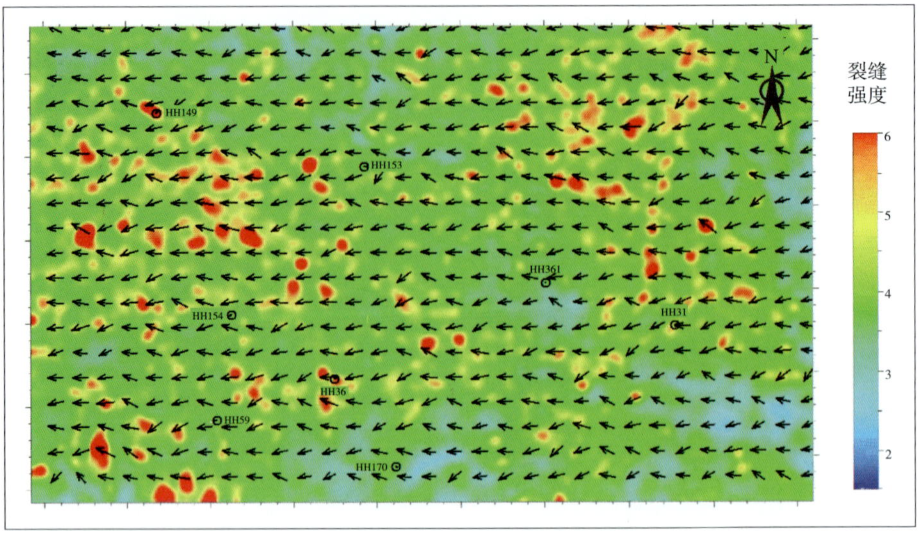

图 3-52 红河 36 井区长 8_1^2 叠前各项异性分析所得的裂缝密度及方位角

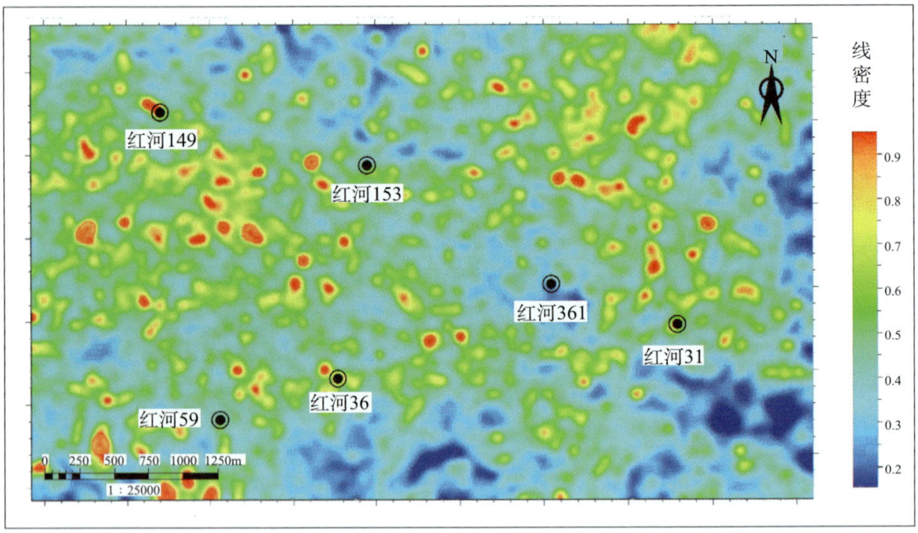

图 3-53 红河 36 井区长 8_1^2 叠前各项异性分析所得的裂缝密度

3.3.3 小尺度裂缝区带预测与描述

小尺度裂缝受断层、褶皱派生的局部应力场控制，主要发育在应力高值与脆性地层耦合区。小尺度裂缝无法用地震资料预测，常规测井上也没有明显响应，目前难以实现定量预测，通过地质统计学法和地质力学方法，从统计规律和力学原理两方面分别开展小尺度裂缝发育区带预测研究，达到定性到半定量表征的目的。

3.3.3.1 地质统计学法

苏联学者斯麦霍夫通过断层两盘裂缝发育情况的统计，发现离断层越远，裂缝发育密度越低，最终结果表明在距离断层约500m以外的地层，裂缝数量明显减少。胡明等提出断层的上下盘、性质及断层组合类型等也可以用来定性地判断断层裂缝的发育情况，断层上盘一般比下盘裂缝更发育；单条逆断层上盘主要发育张裂缝系统，其范围随断距变化而变化，而下盘主要发育剪切裂缝，有效性差；断层末端常以应力扰乱形式出现，常发育多组系、多性质、多方向的裂缝网状系统。周新桂等指出在岩性横向变化、埋藏深度和变形幅度不大的油区范围内，与断层面之间的距离可以作为与该断层相关的裂缝密度最重要的参数实施定量预测。

断层对裂缝发育的主要影响因素为两个：一是与断层相距的远近是裂缝发育的一个重要影响因素；二是断层的发育规模，即不同延伸长度的断层对其附近裂缝的控制程度具有差异。根据不同级别、不同长度断层附近井上裂缝信息的分布情况，按照断层规模(长度)分成三类，即Ⅲ级、Ⅱ级、Ⅰ级断层，规模分别对应断层长度为小于1000m、1～3000m、大于3000m，选择具有水平井穿过的断层并对其井上裂缝密度与其距离之间进行统计，断层附近钻井上裂缝密度的取值原则为按照与断层距离20m的间距分别进行取样统计裂缝密度，得到了断层附近裂缝概率分布的数学模型。结果表明，裂缝密度与距离断层的距离相关明显，Ⅰ级断层控制裂缝带范围(单侧)为200m左右，Ⅱ级断层控制裂缝带范围为150m左右，Ⅲ级断层控制裂缝带分布范围小于100m(图3－54)。

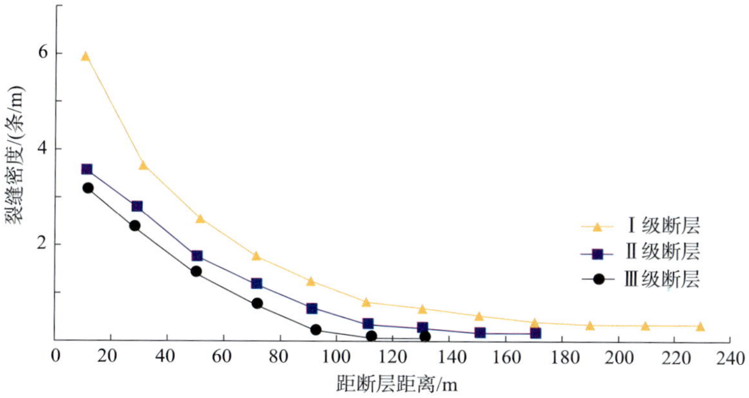

图3－54 鄂南长8裂缝密度与距断层距离的关系图

3.3.3.2 地质力学法

构造应力是导致岩石构造变形乃至破裂的直接原因，是控制构造裂缝形成和发育程度的主要因素。通过对目标区进行构造应力场数值模拟可得到区内不同部位构造应力分布情况，在此基础上，运用岩石破裂准则计算不同地区岩石破裂情况与岩石应变能，综合考虑岩石应变能、破裂率，并用取心井观测裂缝数据进行拟合标定以预测裂缝密度分布规律。

储层地质力学法包括地质模型构建、力学模型构建、数学模型构建及有限元应力场数值模拟。

1)地质模型构建

合理的地质模型的建立是准确进行数值模拟过程的前提条件，只有准确的地质模型加上准确的数学模型和力学模型，最后的模拟结果才能可靠。地质模型主要包括地质隔离体与断层的选取、边界条件与反演标准的确定等方面。地质模型是在综合研究地质规律的基础上提出的，包括对油田构造演化、裂缝的分布特征与成因等，然后利用地震、测井和钻井资料，根据平衡剖面的原理恢复古构造发育史剖面，建立模拟的地质隔离体。同时，在综合分析区域及局部应力场纵向演化史的基础上，根据各井点资料(包括岩心、测井和动态资料)，确定地质体的初步边界条件，提出反演标准。在模拟不同期次构造应力场时，由于其不同的分布特征，边界条件也是不同的。

红河 36 井区长 8_1^2 裂缝主要形成于燕山期和喜山期，燕山期地质模型中断层主要为北西西向，喜山期地质模型中断层主要为北东东向，如图 3－55 所示。白色表示断层，蓝色表示燕山期挤压后形成的破碎带，其他彩色条带代表不同的地质隔离体。

燕山期　　　　喜山期

图 3－55　燕山期及喜山期地质隔离体及断层

2)力学模型构建

力学模型是数值模拟的关键，应在地质模型的基础上建立，包括地质体力学性质确定、受力加载方式及约束方式岩石物理参数确定等。

根据岩石物理实验确定该模型中不同隔离体及断层的岩石力学参数。燕山期砂岩、泥岩、断层的岩石物理参数如表 3－7 所示。该期最大主应力方向为 310°，大小为 93MPa，最小主应力方向为 220°，大小为 30MPa(图 3－56)。根据岩石物理实验确定喜山期不同隔离体及断层的岩石力学参数，砂岩、泥岩、断层的岩石物理参数如表 3－8 所示，其中断层 1 代表图 3－55 右图中蓝色的断层，断层 2 表示图 3－55 右图中白色的断层。该期最大主应力方向为 30°，大小为 87 MPa，最小主应力方向为 120°，大小为 25MPa(图 3－56)。

表 3－7　燕山期地质隔离体及断层岩石物理参数

地质隔离体	杨氏模量/MPa	泊松比
泥岩	13.1	0.33
砂岩	32.8	0.18
断层	35	0.17

表3－8　喜山期地质隔离体及断层岩石物理参数

地质隔离体	杨氏模量/MPa	泊松比
泥岩	13.1	0.33
砂岩	32.8	0.18
断层1	10	0.24
断层2	35	0.17

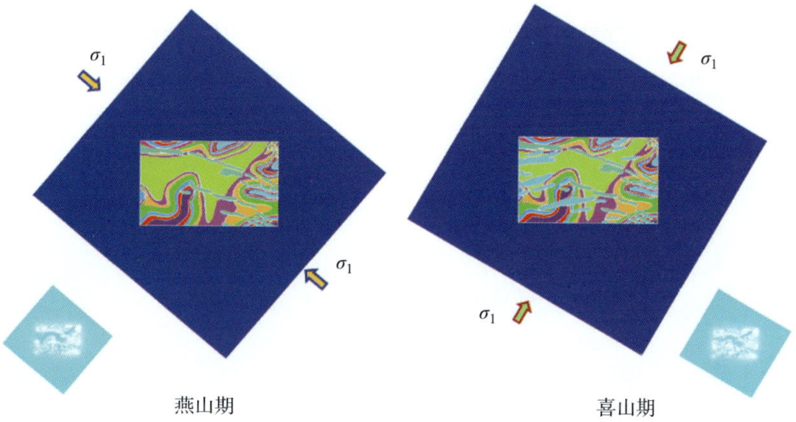

图3－56　燕山期及喜山期地质模型及边界条件

3）数学模型构建

数学模型是构造应力场与储层构造裂缝定量预测实施的手段，主要包括根据地质模型和力学模型所确定的数值计算方法。对于有限元方法，最主要的是根据地质模型和力学模型确定单元类型、组合单元划分的原则、断层与薄油层的处理以及具体实施方案，并选用合适的有限元计算程序和编制相应的配套程序，建立实际岩石破裂准则来进行应力场和岩石破裂的计算，并经多次反演后对地质模型和力学模型重新进行修正、补充和完善，直到符合各项地质反演标准和油田实际地质情况。通过三角网格剖分可以将图3－56中的地质模型剖分成多个三角网格，如图3－57所示。

图3－57　燕山期与喜山期地质模型网格剖分结果

4)有限元应力场数值模拟

在建立上述合理地质模型、力学模型和数学模型的基础上，根据各单元内所赋予的实际岩石力学参数和边界受力条件，运用有限元数值模拟技术，首先对裂缝不同时期的构造应力场分布进行了计算。根据储层裂缝计算的需要，在这里主要从最大主应力(σ_1)、最小主应力(σ_3)、最大剪应力值(τ_m)来反映。从燕山期与喜马拉雅期最大主应力和最小主应力分布图(图3－58、图3－59)可以看出，不同期次应力场在不同区域呈条带状分布，应力值分布受断裂带及砂体厚度的控制。燕山期最大主应力主要分布于75～125MPa区间，断裂带附近出现应力高值，最小主应力主要分布于20～40MPa区间；喜马拉雅期最大主应力主要分布于60～130MPa区间，最小主应力主要分布于10～40MPa区间。

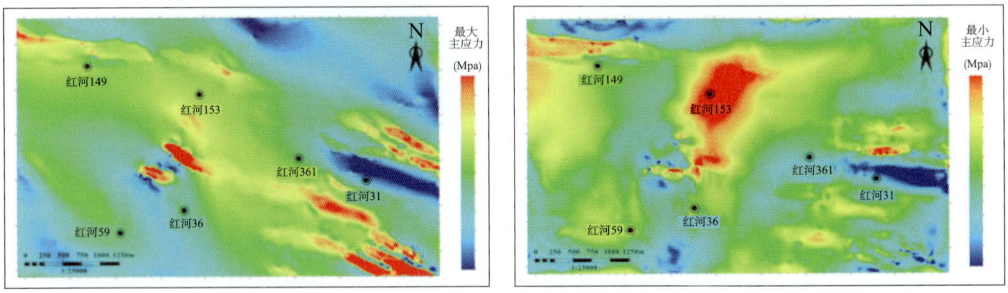

最大主应力　　最小主应力

图3－58　燕山期最大主应力、最小主应力云图

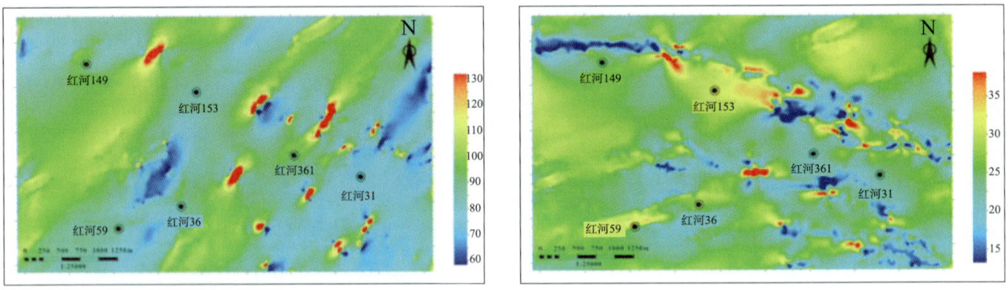

最大主应力　　最小主应力

图3－59　喜山期最大主应力、最小主应力云图

5)破裂率计算与裂缝分布

在计算地质体内古构造应力场的空间分布以后，根据高温高压三轴岩石力学实验所确定的红河36井区实际破裂准则，可判断岩石中是否已发生了破裂。由于地质体中各部位的应力状态及岩石的物理性质不同，各部位岩石的破裂情况不同。为了能定量地反映岩石破裂的发育程度，引进了岩石破裂率(I)的概念来判断，其定义式为：

$$I = \tau_n / [\tau_n] \text{或} \sigma_t / [\sigma_t] \tag{3-16}$$

式中，τ_n和σ_t分别为计算的剪应力和张应力值，$[\tau_n]$和$[\sigma_t]$分别为岩石的抗剪强度和抗张强度。

显然，若$I \leq 1$，说明岩石受力后尚未达到破裂状态，不能够形成构造裂缝；若$I > 1$，说明岩石受力后已经达到了破裂状态，可以形成构造裂缝；若 $I \gg 1$，说明岩石受力后早已达到了破裂状态，形成的裂缝发育程度较大。因此，破裂率 I 值大小能够反映岩石中是否可以形成构造裂缝以及构造裂缝的发育程度。

对储层中构造裂缝密度的定量计算是目前国内外正在探索的问题。从岩石的破裂行为来看，岩石中是否能够产生裂缝，取决于岩石的破裂率。而岩石发生破裂以后，其裂缝的发育能力与岩石积累的能量大小有关，可以用单位体积的应变能表示：

$$W = \frac{1}{2E}\left[\sigma_1{}^2 + \sigma_2{}^2 + \sigma_3{}^2 - 2\upsilon(\sigma_1\sigma_2 + \sigma_2\sigma_3 + \sigma_3\sigma_1)\right] \tag{3-17}$$

式中，W 为应变能，E、υ 分别为岩石的弹性模量和泊松比，σ_1、σ_2、σ_3 分别表示三个主应力大小。岩石的应变能反映了在构造应力作用下积累的应变能量。

综合考虑岩石破裂值和能量值进行裂缝预测，可以得到更好的效果。本次研究中将岩石破裂率、岩石应变能与岩心和测井资料得到的单井裂缝密度数据，用最小二乘法进行拟合，进行裂缝密度的计算，从而预测裂缝密度的分布。裂缝密度与岩石应变能和破裂率的基本拟合公式为：

$$\beta = A_1 I_r{}^2 + A_2 W^2 + A_3 I_r + A_4 W + A_5 (I_r \geq I_0) \tag{3-18}$$

$$\beta = A_1 I_r{}^2 + A_2 I_r + A_3 (I_r < I_0) \tag{3-19}$$

式中，β 为裂缝密度预测值；I_r 为不同时期张破裂率和剪破裂率经过标准化处理以后得到的综合破裂率；W 为不同时期的单位体积应变能经过标准化处理后得到的综合能量值；A_1、A_2、A_3、A_4、A_5 分别为比例系数，由单井裂缝密度资料用最小二乘法拟合得到；I_0 为综合破裂率的临界值。

在应力场数值模拟的基础上，分别计算红河 36 井区不同地质属性体燕山晚期与喜马拉雅期破裂率，经过标准化处理得到两期应力场的综合破裂率(图 3－60)，以取心井裂缝密度进行趋势拟合，进而预测全区裂缝密度，如图 3－61 所示。

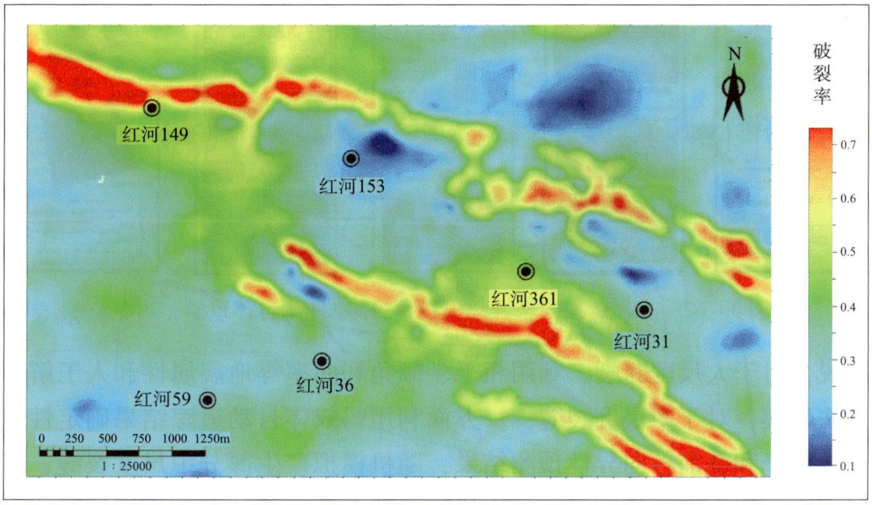

图 3－60　红河 36 井区长 8 段总破裂率

前期通过岩心和露头观察发现红河 36 井区裂缝均以高角度为主，主要发育 NW 向和近 EW 向两组裂缝，建模时按如下方式赋值。EW 向裂缝：$\phi_0=85°$、$\theta_0=83°$、$K=33$；NW 向裂缝：$\phi_0=125°$、$\theta_0=83°$、$K=41$。

裂缝长度、高度及开度服从指数模型，指数模型公式如下所示：

$$f(x \mid \lambda)=\lambda e^{-\lambda x}$$

式中，x 为长度、高度或开度，mm；λ 为对应的指数分布参数，m。经过分布拟合可以获得该区的裂缝长度和高度模型中参数 λ 分别为 51m 和 0.6m。

(4)小尺度裂缝网络模型建立。

在裂缝几何参数的约束下，使用基于目标的示点性过程模拟方法，将模拟生成的裂缝目标体随机投放于致密低渗储层背景相中，分别模拟产生每一裂缝组系的裂缝片网络，同时结合退火模拟，以裂缝密度模型作为目标函数，直至产生裂缝的密度达到给定的裂缝密度分布模型，最终获得红河 36 井区小尺度离散裂缝网络模型(图 3 -67)。

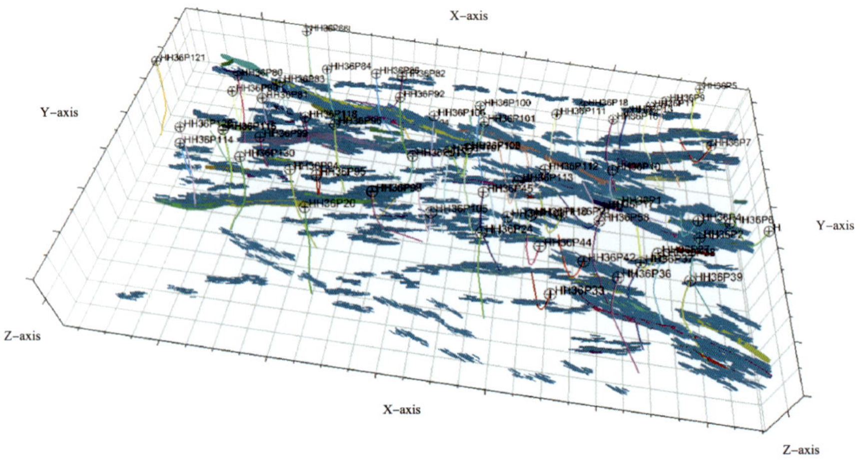

图 3 -67　红河 36 井区长 8 段多尺度裂缝离散网络模型

在综合露头、岩心、测井、地震、地应力等多信息基础上，通过不同的表征技术和建模方法建立了符合裂缝发育模式的红河 36 井区多尺度裂缝三维地质模型，实现了米级到千米级裂缝的定量表征，体现了裂缝在发育尺度和空间分布上的强非均质性。

3.3.4.3　多尺度裂缝发育特征

红河油田长 8 致密砂岩储层裂缝的形成是多期构造应力叠加改造的结果，砂岩岩相、砂岩物性、砂岩层厚、断层及局部构造等地质因素也影响裂缝发育形成，多重因素综合作用下演化形成了现今复杂裂缝网络体，该裂缝体由不同尺度、不同产状、不同密度裂缝交接构成，区域上非均匀分布，具有以下几方面特点。

(1)红河 36 井区长 8 段多期次、多组系天然裂缝的发育形成主要受燕山和喜山两期构造运动控制，在燕山运动时期，太平洋板块与欧亚板块产生强烈左旋剪切，在鄂尔多斯盆地派生 NWW—SNN 向挤压应力，在此应力机制下形成了 NW 向和 NEE 向两组共轭剪切缝，并在该区高度发育，是主要的裂缝组系；在喜山运动时期，西部右旋应力场扩展到整个鄂尔多斯盆地，构造应力表现为NE向挤压应力，在该挤压应力作用下产生了NE向和SN向共轭剪切裂缝，但发育程度一般，此外该期应力作用还对前期形成的两组裂缝进行了改造，进一步增加了裂缝密度，受现今NE向地应力影响，NEE向和NE向裂缝开启程度高，是主要渗流方向，该区井组注水开发证实了这一认识。

(2)岩心及露头揭示红河36井区裂缝具有多尺度特点，依据裂缝的规模，岩石力学层边界及对致密储层储渗性能影响程度差异，划分了大、中、小三个尺度，不同尺度裂缝空间分布具有幂律分布的特点，裂缝尺度越大，数量越小，裂缝尺度越小，数量越多；小尺度裂缝在单砂体内发育，主要起储集空间作用，一定程度上改善了致密储层储集性能，是致密油藏稳产的重要因素；中尺度裂缝在复合砂体内发育，具有储集和渗流的双重作用，是控制致密油富集与初期产能的关键因素，大尺度裂缝基本不受岩性界面控制，主要起渗流作用，对致密油成藏富集及后期开发调整影响重大。

(3)不同尺度裂缝具有力学成因上的联系，中、小尺度裂缝由大尺度断裂伴生或派生形成，这些不同尺度裂缝集合呈条带状分布，红河36井区共发育三组NEE向裂缝带，三组NW向裂缝带呈近平行等距排列，裂缝带间规模差异大，横向宽度从数10m到200m，延伸长度从数百米到千米以上，其中NW向裂缝带横向延伸距离较远，并沿走向线性走滑，NEE向和NW向两组裂缝带交汇区裂缝密度明显增加，极大改善了致密储层储集性能，是较为有利的油气富集区，也是后期开发上关注的重点。

(4)裂缝发育受岩性及岩矿组成、地层厚度、构造应力等因素控制，砂岩构造缝发育程度要远远高于泥岩，对某一单个岩石力学层，裂缝发育密度与层厚呈负相关关系，因此，单层厚度较薄的细砂岩、中砂岩较粉砂岩和泥岩更易发育裂缝，地应力场模拟也揭示红河36井区裂缝发育一定程度受河道边界约束；构造应力强的地方裂缝发育程度高，在断裂转折端、末端及多组断裂交汇区，裂缝发育程度高，随着与断层距离增大，裂缝发育程度降低，红河36井区多尺度裂缝地质模型均较好地体现了这些特点。

第 4 章　含油非均质性表征

鄂尔多斯盆地南缘长 8 段致密储层含油饱和度低，非均质性强，储层整体含油性与盆内致密油有着较大的差距，这种特征对南缘致密油“甜点”分布和开发调整有着重要影响。本章以红河油田长 8 致密油为例，通过岩心观察、钻井钻遇情况和生产动态响应观察到储层存在强烈的含油非均质性现象。在分析影响储层含油性的主控地质因素基础上，总结了鄂尔多斯盆地南缘致密油成藏富集规律和成藏模式，重点阐述了水平井含油饱和度测井解释方法和储层含油非均质性刻画方法，描述了红河油田主力油层的饱和度分布特征，为有利目标优选和后续开发调整提供了依据。

4.1　储层含油非均质性特征

4.1.1　储层含油特征

对鄂尔多斯盆地南缘红河油田进行了大量取心，从取心结果来看，长 8 油层岩性以中质细砂岩为主，含油产状以油斑－油浸级别为主；岩心出筒时油味浓，具油浸色，见少量黑褐色原油呈斑点状渗出；含油较均匀，渗油面积约小于 5%，含油面积为 50% ~60%，亮黄色荧光面积大于 90%；氯仿浸泡溶液呈茶色，发光色为乳黄色，系列对比级别为 8 ~10级；滴水呈珠状－半珠状；单井含油斑－油浸级别储层的累计厚度为 3 ~23m，含油斑－油浸级别的单层厚度为 0. 2 ~5. 6m，表明岩心油气显示不均匀，含油性变化较大。

从岩心录井资料统计来看，岩石类型对其含油性起有效控制作用。粉砂岩中，油迹以下显示的岩心长度占该类岩心总长度的 98. 1%，含油性较差；细砂岩中，油斑级以上显示的岩心长度占该类岩心总长度的 61. 2%，含油性变好；中砂岩中，油斑级以上显示的岩心长度占该类岩心总长度的 93. 8%，表明岩性越粗，含油性越好（图 4 －1）。根据岩心物性分析数据，结合录井资料，对岩心含油性与物性进行统计分析，物性对储层含油性控制作用非常明显，储层物性越好，含油性越好。当岩心孔隙度小于 7%，渗透率小于 $0.1 \times 10^{-3} \mu m^2$ 时，油迹以下显示的岩心样品占该段样品数的 88. 59%（图 4 －2）。

红河油田共有三口井在主力层长 8_1 段进行了密闭取心。从实验分析结果来看，岩心含油饱和度值在 5% ~65% 区间均有分布，值域跨度大，分布范围散，主要分布于 0 ~10%、20% ~40% 区间（图 4 －3）。扣除孔隙度小于 7% 的干层后，主力油层的平均含油饱和度仅为 42%，表明鄂尔多斯盆地南缘长 8 段致密油整体含油饱和度低且非均质性极强。

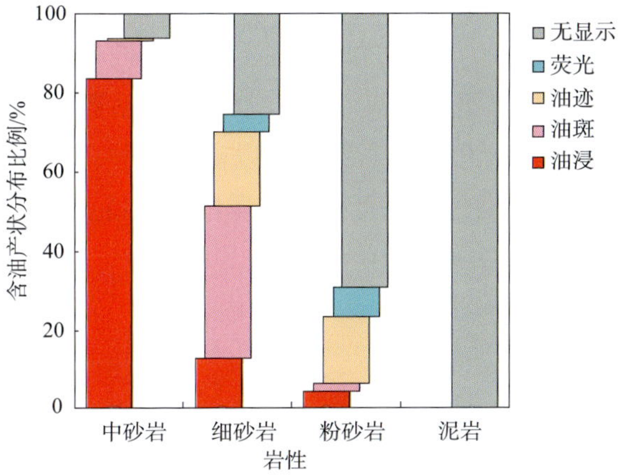

图 4－1　长 8_1 段岩石类型与含油产状比例图

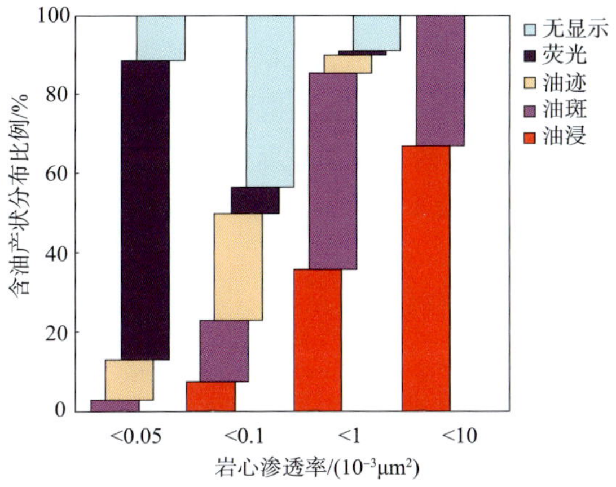

图 4－2　长 8_1 段岩心渗透率与含油产状比例图

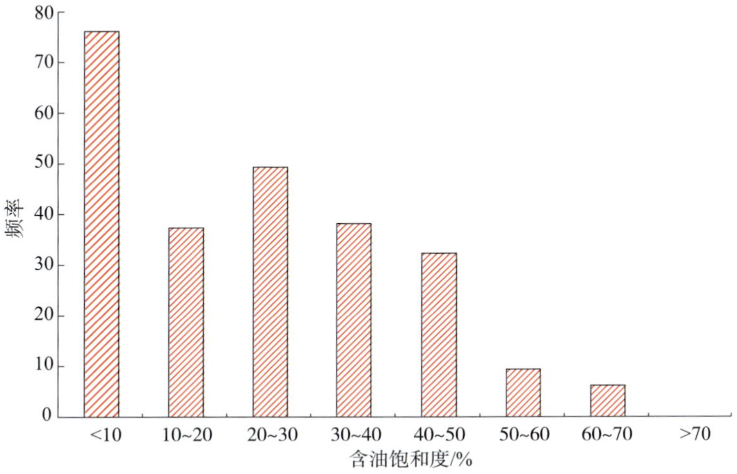

图 4－3　红河长 8_1 段密闭取心分析含油饱和度分布直方图

盆缘地质条件相对鄂尔多斯盆地盆内长庆油田的长 7 段致密油更优越，而长 7 段储层含油饱和度较高，主力油层的密闭取心含油饱和度为 65% ~85%，整体大于 70%（图 4－4）。

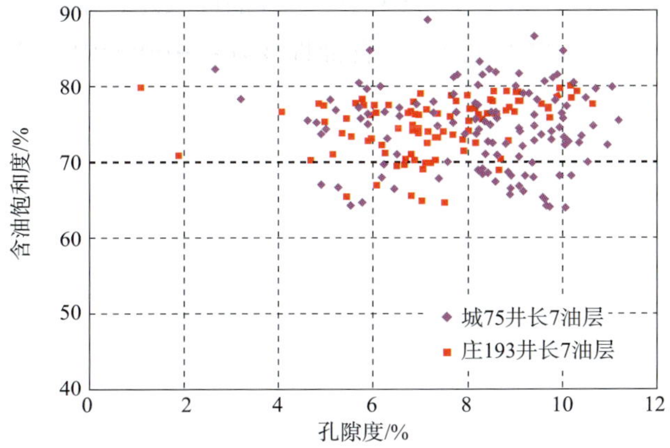

图 4－4　长庆油田长 7 段密闭分析含油饱和度与孔隙度交会图

统计长庆油田致密油水平井钻遇情况，平均长度1500m的水平段，油层($S_o>70\%$)钻遇率可达80%以上，反映出盆内致密储层含油饱和度高、油层连续性强，非均质性相对较弱。统计鄂尔多斯盆地南缘红河油田156口水平井，水平段长度平均近1000m，钻遇油层($S_o>50\%$)的平均视厚度仅93.8m，油层平均钻遇率仅10%左右，整体以油水同层、差油层为主(图4-5)，真实反映了鄂南长8段致密储层含油饱和度低、非均质性强的特点。

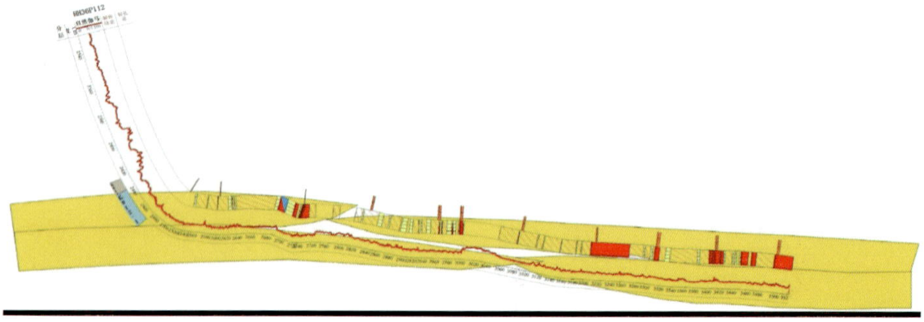

图4-5　红河典型水平井钻遇油层情况(红色段)

4.1.2　生产动态特征

平面上油井产油和含水的剧烈变化真实反映了盆缘长8段致密储层含油强非均质性。

以红河36井区为例，66口水平井投产初期情况表明，油井日产油、含水平面上差异极大(图4-6)，日产油和稳定含水分级统计也反映了这一状况(图4-6、图4-7)。HH36P1井、P21井、P17井三口相邻井，井距600m，水平段长度相当，砂体厚度均为20m左右，日产油分别为15.8t、3.6t、0.2t，稳定含水分别为1.4%、64.5%、97.1%，如此大的变化给地质认识带来极大的困难。

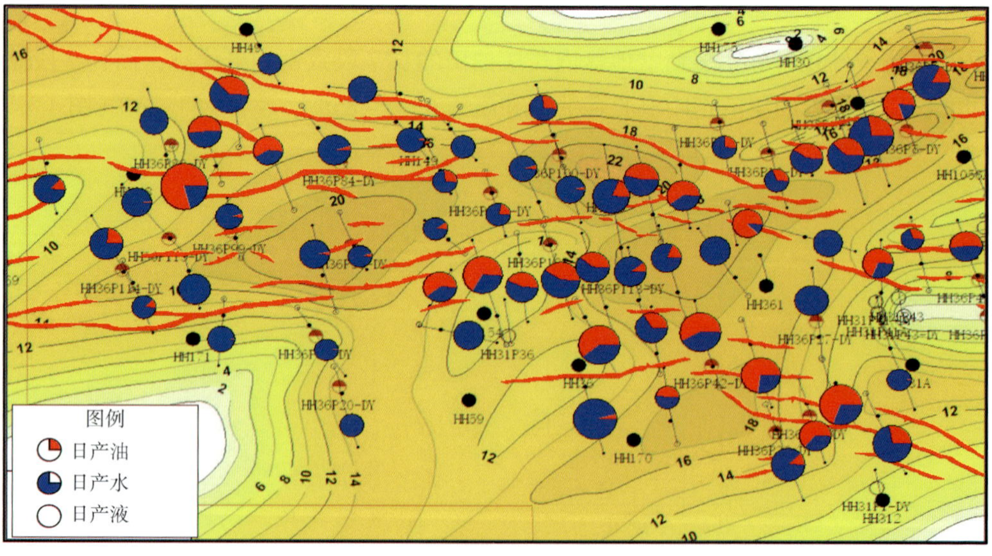

图4-6　红河36井区长8水平井日产液、日产油和含水分布图

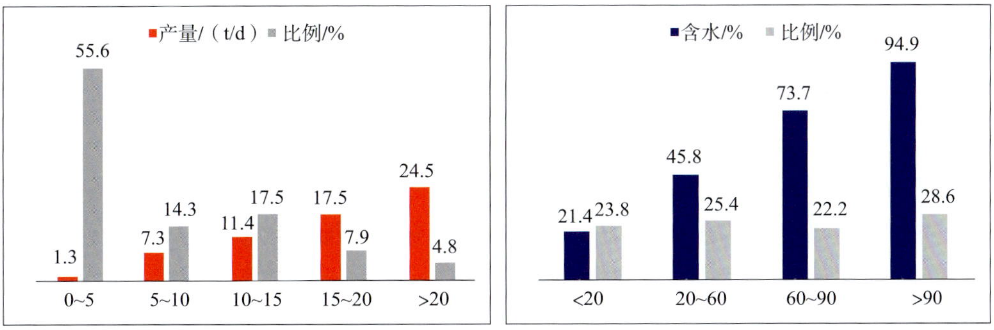

（a）水平井日产油量分级统计图　　（b）水平井稳定含水分级统计图

图 4－7　红河 36 井区长 8 水平井日产油量、稳定含水分级统计图

生产动态反映出两个重要信息，一是初期油井平均稳定含水达 60.2%，表明地下含油饱和度整体较低；二是相邻油井日产油、含水差异大，表明油藏具有极强的含油非均质性。

4.2　储层含油主控因素及成因模式

4.2.1　油气富集主控因素

鄂尔多斯盆地南缘致密油从岩心、录井、钻井及生产动态都反映出储层整体含油饱和度低、非均质性强的特点，水平井产能差异极大，说明控制油气富集、高产的地质因素非常复杂。回顾鄂尔多斯盆地南缘石油勘探开发的历程，对于中生界延长组油气富集主控地质因素的认识，在勘探开发实践的过程中不断深化、发展。

从 20 世纪 70 年代开始，先是以传统背斜控藏理论为指导，利用少量二维测线，查找中生界延长组含油背斜构造。至“十五”中期，在镇泾探区有 6 口井试油获得工业油流，上报了少量控制储量和预测储量，证实发育低渗透油藏，不完全受构造控制，这一时期勘探工作整体处于一个探索阶段，进展缓慢。

“十五”时期到“十一五”早期的勘探思路发生重要转变。在岩性控藏理论的指导下，勘探对象向构造－岩性油藏、岩性油藏扩展，认识了延长组河流体系的基本成藏条件，取得重要突破。2007～2008 年，镇泾 5 井、红河 26 井、红河 105 井长 8_1 段获得高产油流，特低渗岩性油藏勘探取得突破。这一时期，对岩性油藏特征，尤其是裂缝的认识还不深入。如红河 105 井区水窜严重，围绕红河 26 井周边 20 口评价直井试油产量总和低于红河 26 井，且邻井生产干扰异常严重。尽管已经意识到具有一定规模的裂缝特征，但这些问题的出现并未引起足够重视，且并未对其根本原因开展深入研究。

“十一五”末期到“十二五”中期是鄂南石油快速增储上产的阶段。在大型岩性油藏地质理论的指导下，主要针对延长组三角洲体系致密储层发育规律、湖相源岩分布特征、石油成藏机制等关键因素开展了研究与探索，形成了中生界致密油规模成藏地质条件等系列认识。一是明确了致密砂岩油藏的形成条件，认为平缓的斜坡构造背景，广泛分布成熟度适中的烃源岩，规模分布的致密储层，优质烃源岩与致密储层纵向上大范围紧邻接触等是鄂尔多斯盆地南缘延长组形成大型致密砂岩油藏的有利条件；二是认识了中生界致密油成储、成藏机制，认为微米－亚微米级多尺度孔、缝共同作用，组成有效孔缝网络系统，高能沉积相带是储层发育的基础，破裂、溶蚀、油气充注等保持或改善了储层物性，主河道砂体叠置区是物性相对较好的有利储层发育区。

油田现场实践和地质理论进步推动了镇泾地区、彬长地区大型岩性油藏的规模勘探。2010～2015 年，该地区平均每年上报探明储量近 4000 万吨，累计上报探明储量 2 亿吨以上。这一时期主要借鉴北美致密油经验，采用水平井分段压裂方式大规模开发，年产油量快速提高。但由于对油藏非均质性、油水变化、地层能量等认识不足，油井产能偏低且变化大。2013 年，年产油量达到顶峰，此后逐年迅速递减。随着 2014 年底国际油价遇冷，鄂南致密油规模开发的经济效益得不到保障，从而开始重新认识鄂南致密油地质特征和成藏富集模式。在总结前期勘探开发研究与实践经验的基础上，提出了“双向排烃、断砂输导、近源成藏、择优富集”的成藏模式，逐步打破致密油大面积连续含油的认识（图 4－8），逐渐意识到优质储层和断裂共同控制了油气富集和高产，高含油饱和度区不连续分布，可能存在“甜点区”。

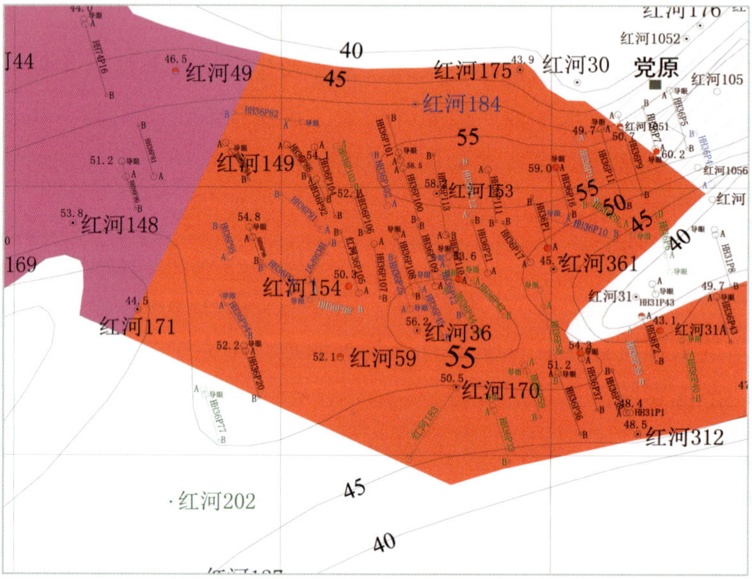

图 4－8　典型井区大面积连续含油分布图

“十三五”时期起，鄂尔多斯盆地南缘致密油进入了“甜点”精细勘探开发阶段，一是加强了对长庆油田致密油和其他盆地、探区的调研与对比，系统对比与分析了盆缘和盆内致密油地质特征的差异性，提出地质条件的差异决定了盆缘致密油勘探开发不能完全照搬北美模式，需基于客观条件探索针对性开发方式，“甜点”评价是重点。二是深化认识了盆缘致密油

“三大强非均质性”和富集高产特征，明确了裂缝对于油气富集、高产具有重要的控制作用，复杂生产动态现象得到较好的解释，为盆缘致密油精细勘探和开发调整指明了方向。

本节以红河油田36井区为例，地质－动态相结合，从烃源岩、基质储层、裂缝、断层、构造五个方面，分析了水平井地质参数与油井动态之间的相关性，明确了长8段致密油富集成藏受控于不同尺度断裂、储集层物性和局部构造三大因素。

1. 不同级别裂缝带是导致含油性差异的关键因素

开发实践证实，裂缝带的级别和规模对储层含油和油井产能具有重要控制作用。一方面裂缝发育能够改善储层物性，有利于油气富集成藏；另一方面对油藏具有一定破坏作用，不利于油气保存。根据裂缝带刻画结果与油井产能的匹配情况，将红河36井区裂缝带分为三类(表4－1、图4－9)，具体特征如下。

表4－1　红河36井区裂缝带分级标准

裂缝带级别	与断层关系	基本特征	地震响应	钻录井响应
大级别裂缝带	3级或以上断层(断距>20m)及伴(派)生裂缝带	平面延伸长度为千米级，延展宽度为百米级	杂乱空白反射带、弱振幅带	井漏、溢流、垮塌、气测异常
中级别裂缝带	亚断层(断距<20m)及伴(派)生裂缝带	平面延伸长度为数百米级，延展宽度为数十米级	杂乱空白反射带、弱振幅带	井漏、溢流、垮塌、气测异常
小级别裂缝带	节理形成的裂缝密集发育带	平面上延伸长度为数十米级，延展宽度为米级	无明显响应	气测异常、无明显井漏

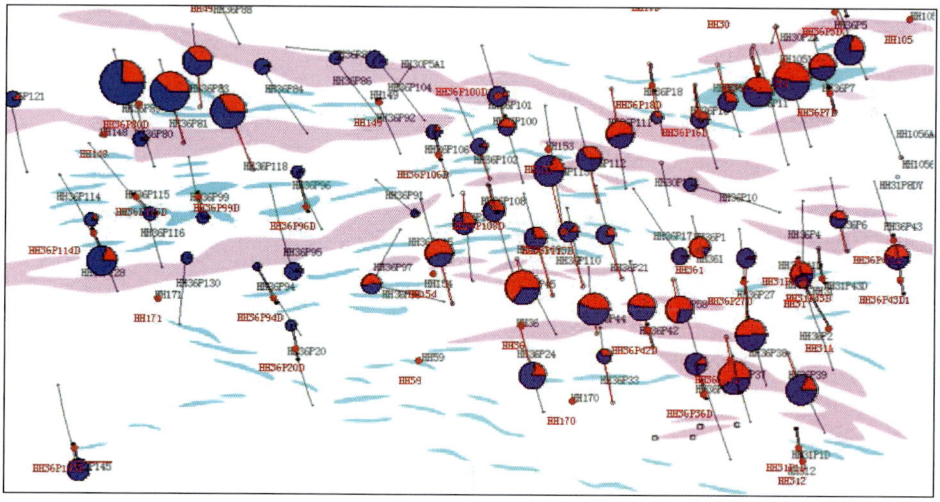

图4－9　不同级别裂缝带与水平井产能叠合图

(1)大级别裂缝带：裂缝带延伸长度达数千米，宽度为百米级，其中对裂缝带发育形成起控制作用的断层断距大于20m，超过上覆张家滩页岩盖层厚度，不利于油气保存，地层压力系数也较低，油井以低产液、低产油为主要生产特征，典型实例为红河 36 井区西部两组 NEE 向裂缝带。

(2)中级别裂缝带：裂缝带平面延伸数百米级，宽度为数十米级，其内部的大尺度断层断距小于 20m，上覆稳定分布的盖层，是主要的油气富集带；生产方面表现为高产液、高产油，以红河 36 井区东部两组 NEE 向裂缝带为典型实例。

(3)小级别裂缝带：由没有明显断距的节理生长衔接形成的规模较小的裂缝带，平面延伸数十米，宽度为数米，对油气富集没有明显影响，可在一定程度上改善致密砂岩储集性能，不起控制作用，该级别裂缝带在红河 36 井区大量发育，如分布在两组主裂缝带之间或主裂缝带两侧。

结合红河 36 井区断裂分布图(图 4－10)，对可识别的断层进行编号，以具体说明不同级别断裂对南缘致密储层油气气富集和油井产能的控制作用。

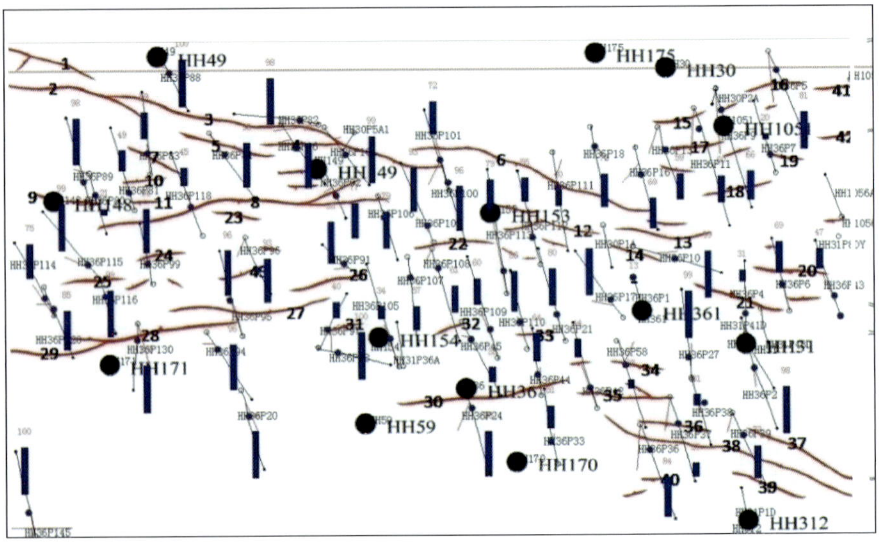

图 4－10　红河 36 井区断裂分布及编号图

1)大级别断裂局部油气保存条件不利，含油性较差

大级别断层由于断距大、断层封堵性差，易造成局部油气散失。红河地区西部三条区域性断层，断层长度大于 3km，断开第四系地层，断距大于 20m，超过了长 7_3段泥页岩盖层的厚度，其周围长 8 段水平井段的气测显示均较差(图 4－11)。从地震剖面上看，这种对于油气具有破坏作用的断层，其地震同相轴错断明显，贯穿第四系地层(图 4－12)。

以 HH36P118 井为例，该井全井段处于构造高部位，*A* 靶点靠近大断层，虽发育裂缝但气测较差，离南部大断层越远，气测显示逐渐变好。从产能统计方面来看，为减少人为干预，定义水平段穿越断层的水平井为断层影响井，多口井则取各井产能参数的平均值。根据生产动态资料统计，断距 >20m、长度 >2.5km 的断层附近水平井含水率均超过 50%(图 4－13)。其中 28 号断层、3 号断层、4 号断层、8 号断层水平井含水率为 95% 以上，未有水平井钻遇的 27 号断层、29 号断层地质条件类似，建议定义为破坏断层。

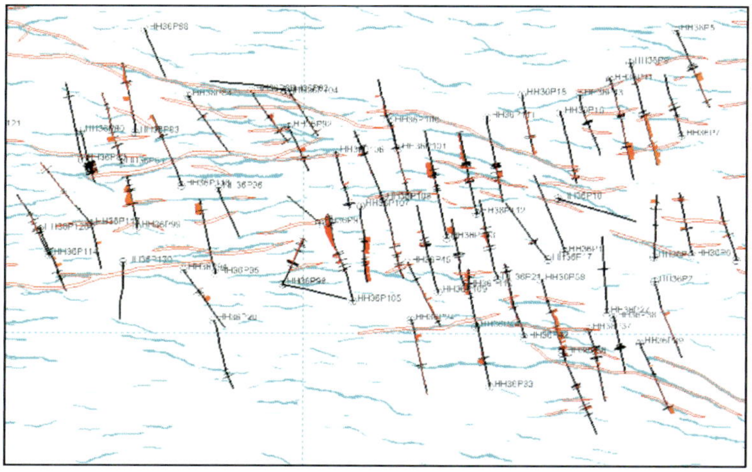

图 4－11　气测显示与断层及裂缝段分布叠合图

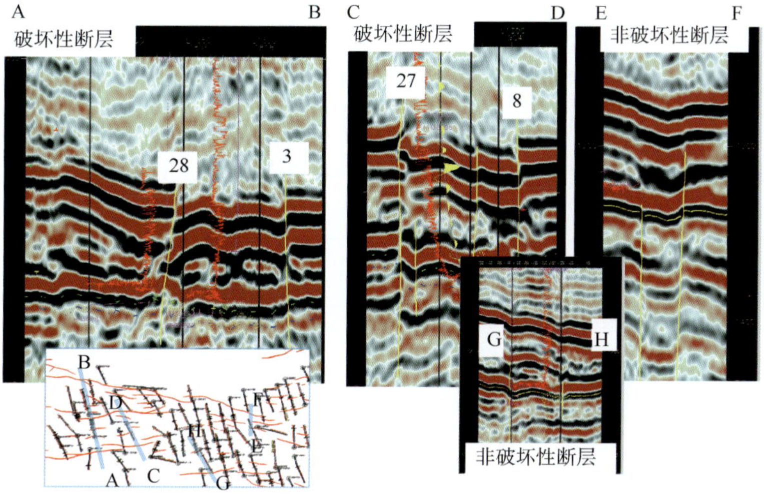

图 4－12　破坏性断层与非破坏性断层地震特征

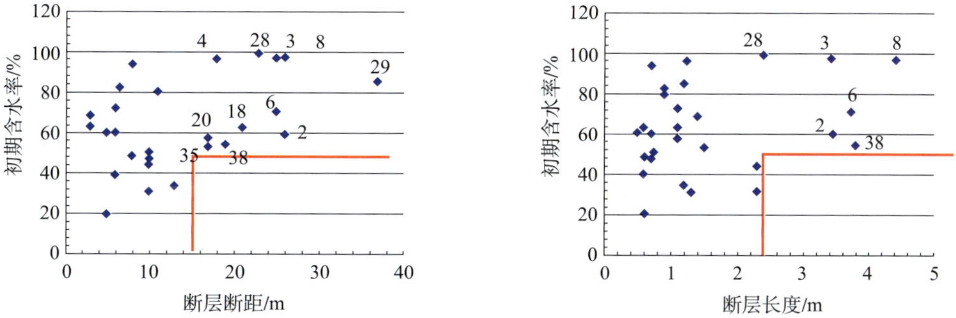

（a）断层断距与水平井含水率关系　　（b）断层长度与水平井含水率关系

图 4－13　红河 36 井区断层断距、长度与水平井含水率关系图

2）中级别断裂为优势运移通道，裂缝带为主要油气富集区

根据水平井单井生产动态分析，中级别断裂及其伴生的裂缝带发育程度控制了累积产液

量的高低，当归一化裂缝强度 *FFI* 大于0.4时，油井累产液大于10000t；裂缝发育区油井的含油性较好，当归一化裂缝强度 *FFI* 大于0.4时，油井预测可采油大于6000t(图4－14)。

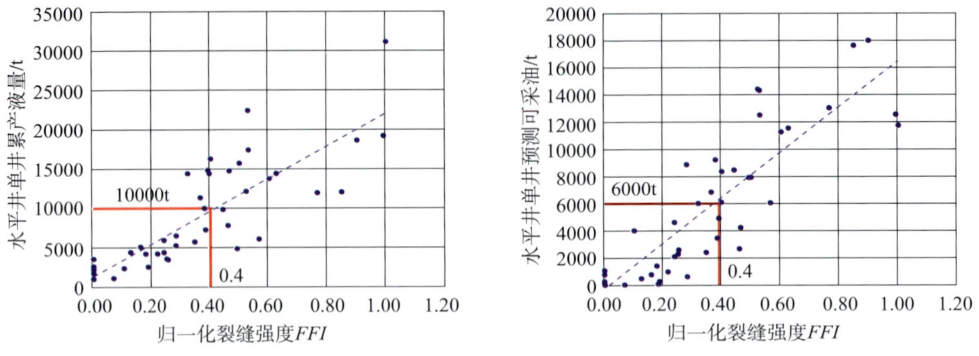

(a)裂缝强度与累产液相关图　　(b)裂缝强度与预测可采油相关图

图4－14　红河36井区归一化裂缝强度与累产液、预测可采油相关图

中级别断裂及其伴(派)生裂缝带在水平井上表现为密集发育的裂缝段，根据水平井单井分析，裂缝发育段的含油性明显好于基质段。以HH36P11井为例，该井处于主河道内，全井段物性差别不大，在2790m和3557m钻遇1号断裂和2号断裂，两条皆为中级别断裂。1号断裂断距约7m，从图4－15中可看出，该断裂形成的裂缝带位于水平段2763～

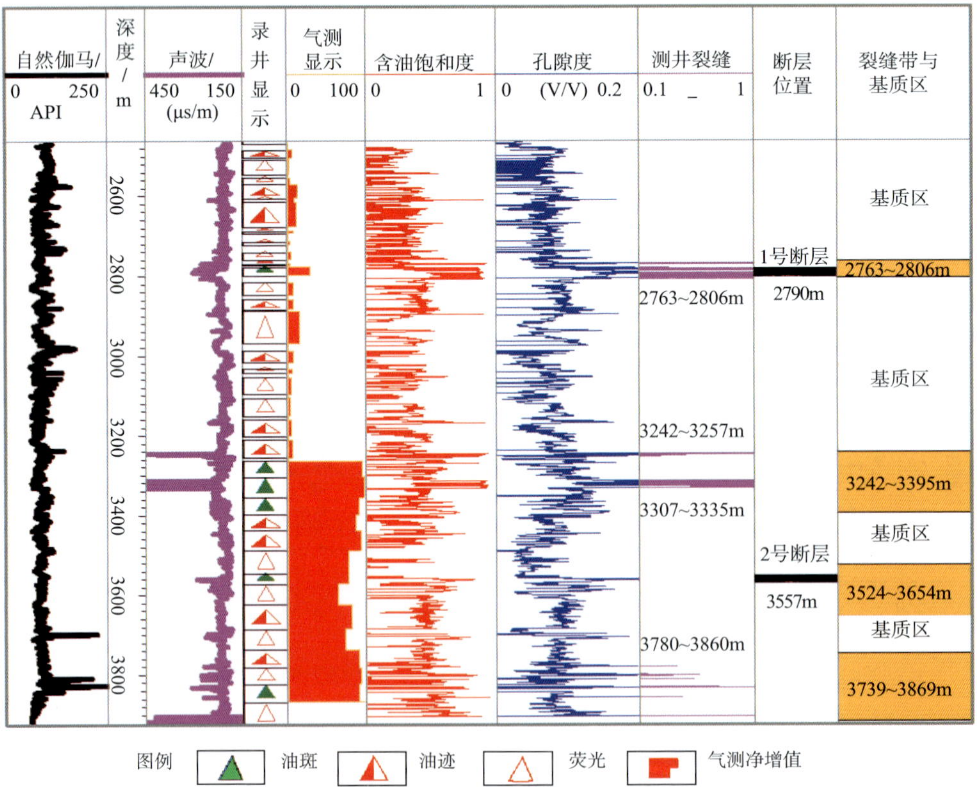

图4－15　HH36P11水平井裂缝带与含油剖面

2806m 之间，裂缝带含油饱和度达到 58%，录井显示以油斑为主，气测净增值大于 30%，含油气性较好。2 号断裂断距约 15m，在其附近发育三个裂缝带分别位于水平段 3242 ~ 3257m、3307 ~ 3335m、3780 ~ 3860m 之间，裂缝带内气测显示较高，录井显示以油斑为主，测井解释含油饱和度为 50% 以上。在裂缝带以外，水平段钻遇的基质段气测显示则较差，录井以荧光为主，含油饱和度为 40% 左右，含油性明显比裂缝段差(图 4 - 15)。据统计，红河 36 井区 70 口水平井共发育 121 个裂缝带，平均含油饱和度为 55%，基质段平均含油饱和度为 38%，该数据表明钻遇裂缝带的水平段含油性明显好于基质段的含油性。

3) 小级别断裂可以改善储层物性，但对油气富集影响程度有限

红河 36 井区 HH36P113 井区发育小级别断裂，地震剖面及属性图上均难以识别，测井曲线上显示为孤立型裂缝，通过小级别断裂附近含油性对比分析，认为小级别断层内断裂形成的裂缝呈孤立状、规模小，难以沟通上部烃源岩，油气充注不足，含油性有限，只能略改善物性(图 4 - 16)。

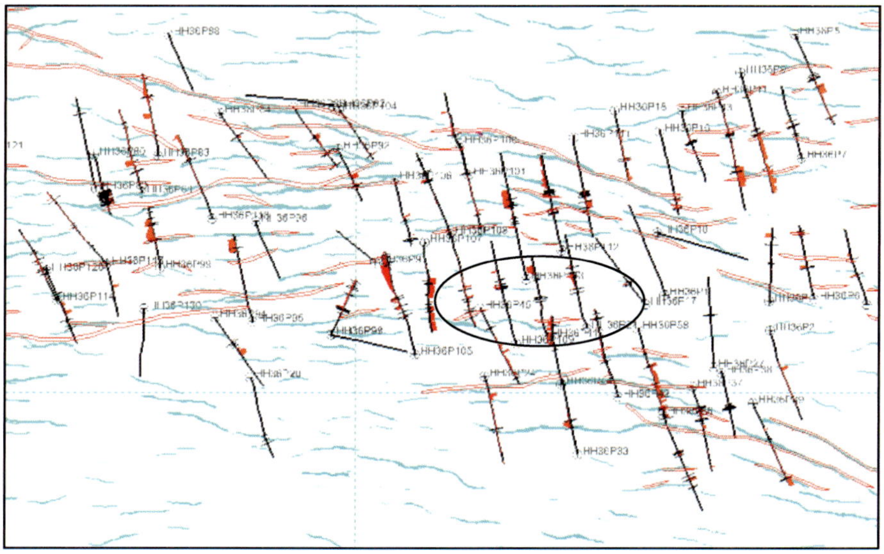

图 4 - 16　红河 36 井区蚂蚁体预测及测井裂缝解释叠合图

2. 储层物性是控制含油性的重要因素

鄂尔多斯盆地南缘红河油田延长组长 8 段为致密岩性油藏，主要为辫状河三角洲沉积体系，目的层长 $8_1{}^2$ 小层为一套辫状河三角洲下平原沉积相，主要发育分流河道、决口水道和分流间湾三类沉积微相。不同沉积微相的砂体发育程度和储层物性有所差异，而物性好坏对储层含油性有着重要的控制作用。

分流河道为长 $8_1{}^2$ 小层有利的沉积微相，砂体最为发育。依据红河油田川口条带实钻情况，当河道砂体厚度小于 7m 时，其顶部压实和底部胶结作用强烈，基质孔隙度小于 7%，渗透率小于 $0.1\times10^{-3}\mu m^2$，几乎没有油气储渗能力，油气显示差，以干层为主(图 4 - 17)。

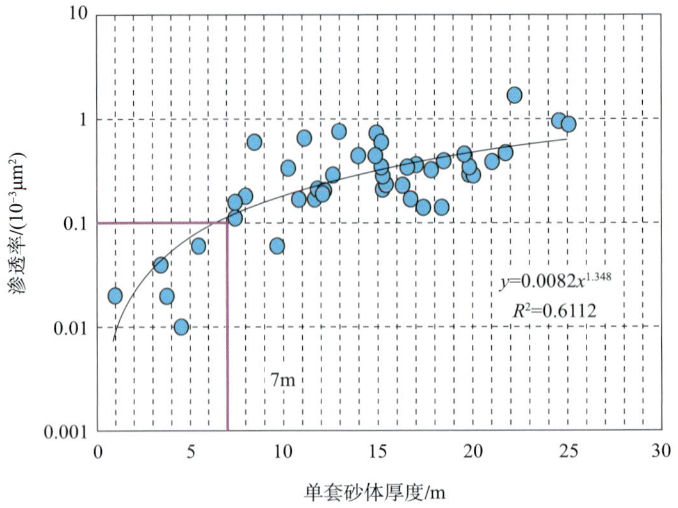

图 4－17　川口条带单套砂体厚度与渗透率相关图

分析不同含油产状岩心的孔隙度－渗透率交汇图(图 4－18)，储层物性越好，岩心含油级别高，当孔隙度大于 7%，渗透率大于 $0.3\times10^{-3}\mu m^2$ 时，岩心含油显示以油斑、油浸为主；随着物性变差，含油性逐渐变差，当孔隙度小于 7%，渗透率小于 $0.3\times10^{-3}\mu m^2$ 时，岩心含油显示以油迹为主，证实储层物性对含油性有着直接控制作用。

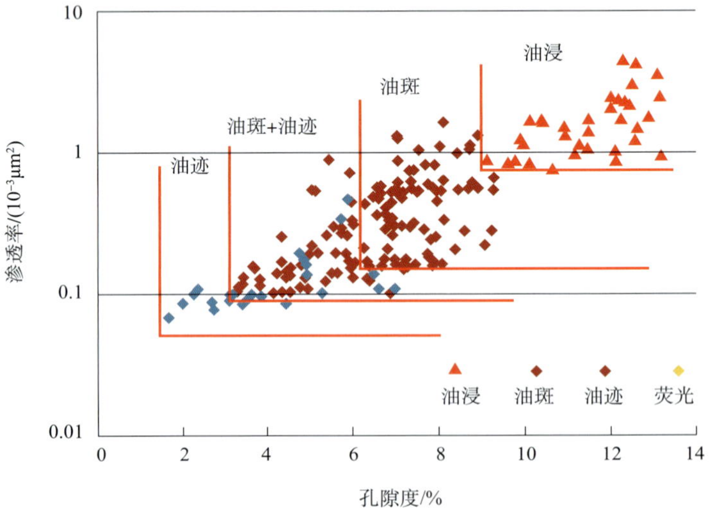

图 4－18　红河油田长 8 物性与含油饱和度关系图

通过构建红河油田典型油井 ZJ5 井长 $8_1{}^2$ 小层的综合柱状图(图 4－19)，结合河道砂体特征，分析分流河道不同沉积部位物性和含油性的关系。河道底部为滞留沉积，孔隙度和渗透率较低，不含油，岩心不含油；河道砂体中部的孔隙度和渗透率明显增大，含油显示明显变好；至河道顶部沉积，孔隙度和渗透率又呈现下降趋势，储层含油性变差。

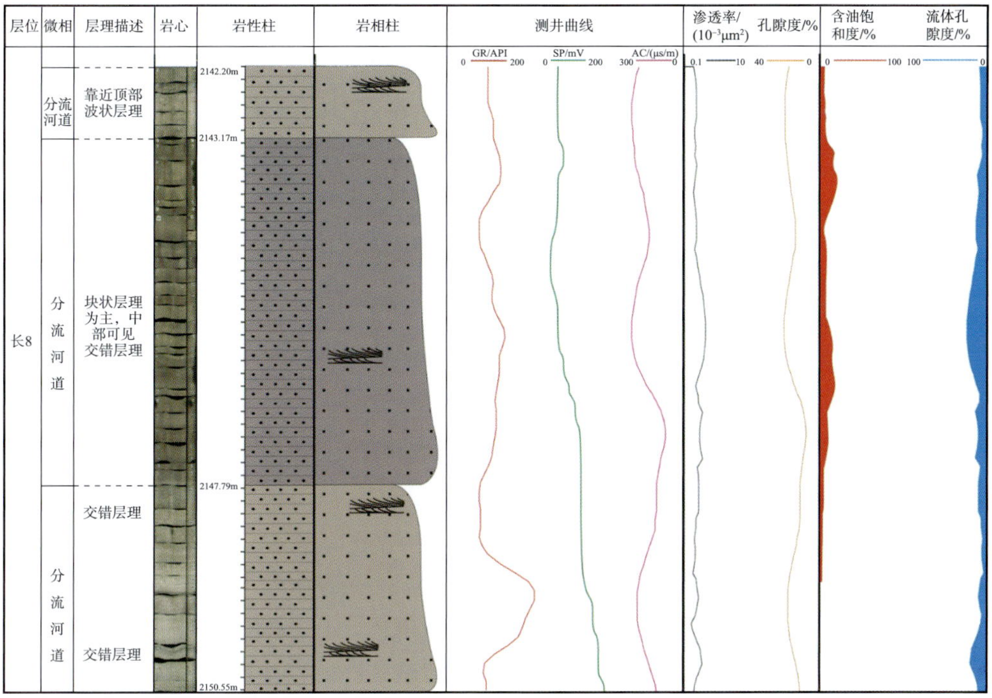

图 4-19　ZJ5 井长 8 岩心沉积微相、物性与含油饱和度关系图

长 8_1^2 砂体连井剖面对比图(图 4-20)可以看出含油性在河道内部的横向和纵向变化规律。在河道中间部位，砂体厚度大、储层物性好，含油性的侧向和垂向连续性都较好，当孔隙度大于 9% 时(一类、二类基质储层)，整体含油饱和度为 40% ~50%，孔隙度为 7% ~9%(三类基质储层)，对应的储层含油饱和度为 30% ~40%。而从河道中间向两边砂体逐渐减薄，储层物性变差，砂体的含油连续性和含油级别逐渐降低，当孔隙度低于 7% 时，含油饱和度也低于 30%，可动部分非常有限。垂向上，油气也主要集中在厚度相对较大、物性相对较好的砂体中。平面上，井间基质储层的含油饱和度分布同样受沉积微相和储层质量控制。油气主要聚集在分流河道主体部位，砂体厚度大、基质储层物性好，含油饱和度相对较高。河道边缘及河道间砂体厚度薄、储层含油性较差，几乎没有工业油流。

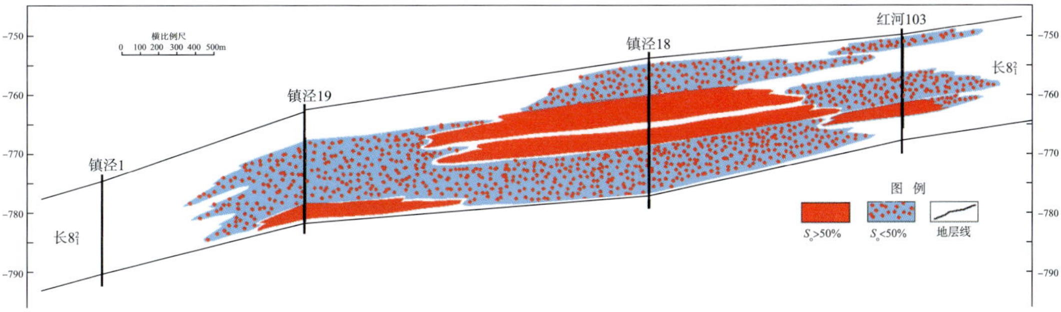

图 4-20　红河地区长 8 储层含油性对比剖面图

3. 局部构造高部位对油气富集具有一定作用

根据红河36井区现有70口水平井的生产数据统计，位于局部高点的36口井含水率低(65%)，累产油量明显高，是位于局部低点34口井累产的近4倍(表4-2)，也反映出局部构造对油气富集具有一定的控制作用，但不是主要地质因素；还反映了致密油整体为岩性油藏，油水分异不明显，构造对油气成藏的影响有限。

表4-2　不同构造部位单井产量对比

位置	90天日产液/t	90天日产油/t	初期含水/%	累产油/t	累产水/t
局部构造高点	21.6	8.9	61.5	4241.9	6526.8
局部构造低点	18.1	2.7	86.4	943.3	4788.70

4.2.2　含油性差异成因模式

根据红河油田油气富集主控因素分析，以红河36井区为代表的鄂尔多斯盆地南缘致密油根据断裂的发育程度可分为多尺度断裂发育区和基质区，存在断缝输导和源储接触两种油气成藏类型，建立了鄂尔多斯盆地南缘长8段致密油藏含油性差异成因模式(图4-21)。

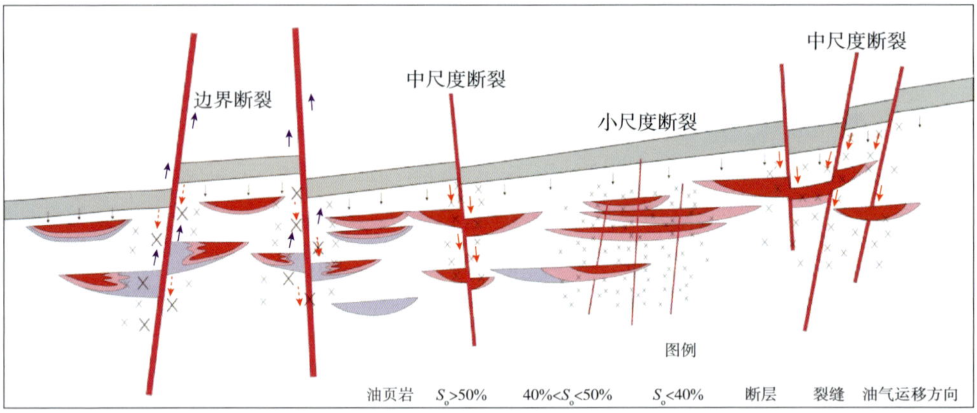

图4-21　鄂尔多斯盆地西南缘长8油层含油性差异成因模式

1. 断缝输导型成藏模式

红河油田内有走滑性质的断层两盘，在其控制范围内共生裂缝和派生裂缝发育，这些裂缝共同构成了断裂系统，且纵向上贯穿整个延长组。因此，这些断裂系统是油气纵向的有力输导系统，其意义不仅限于断层附近的储集砂体，还要与叠置砂体、裂缝系统等构成更大范围的侧向和垂向输导路径。仅靠断缝输导形成的油气聚集，主要是其附近的储集砂体通过断裂沟通长7段烃源岩，油气通过断裂系统向下进入长8段储集层形成油气聚集。断裂作为油气运移优势通道，形成的裂缝带附近基质优先充注，成为主要的油气富集区。后期受构造活动影响，规模较大的边界断层局部保存条件不利，导致油气不同程度的散失，而保存条件较好的中尺度断裂形成的裂缝带成为最重要的油气富集区，含油饱和度一般大于50%。

2. 储接触型成藏模式

长 8 段致密砂岩储层与上覆的长 7 段主力烃源岩紧邻接触，为长 8 段储层获得油气供给提供了良好条件。在烃源岩生烃、排烃过程中，排烃压力克服储集砂体的毛细管力获得油气充注。这一油气聚集模式在红河油田烃源岩层和长 8 段顶部的砂体中比较普遍，如 HH105 井区、HH12 井区长 8 段顶部与长 7 段烃源岩直接接触的一套砂体中就获得了良好的油气充注。由于红河地区处于盆地边缘，烃源岩厚度薄且质量相对较差，在油气充注期充注压差有限，整体充注不足。对于裂缝不发育的基质区，储层含油性主要受储层质量的影响，在致密油充注聚集过程中，质量较好的储层段更易充注，优质储层区含油饱和度主要为 40% ~50%，局部达到 50% 以上，形成比富油裂缝带略差的次级油气富集区。

以上 2 类油气聚集模式均考虑的是以单一输导条件为主的情况，事实上在鄂尔多斯盆地南缘油气成藏的输导系统往往是各种输导条件的组合，仅仅单一条件的输导系统是很少见的。这种组合形式是多样化的，如断裂系统 + 砂体叠置、源储接触 + 砂体叠置、断裂系统 + 源储接触 + 砂体叠置等多种因素组合构成复杂的输导网络。事实上，也正是这种输导网络的多样化组合形式才保证了鄂尔多斯盆地中生界含油系统的形成。

4.3 含油非均质表征方法及分布特征

含油非均质性表征是鄂尔多斯盆地南缘致密油储层表征的重点和难点。本节以致密油测井含油饱和度解释入手，重点阐述了致密储层非阿尔奇响应机理及水平井饱和度测井解释方法。基于岩心测试、测井解释和含油性差异的成因模式，提出了“井点数据控制、井间模式约束”的储层含油非均质性表征方法，充分利用大量的水平井资料，针对裂缝带内和裂缝带外分别进行含油饱和度平面刻画，并详细描述了红河 36 井区含油饱和度纵横向分布特征。

4.3.1 非阿尔奇测井饱和度计算方法

实现含油饱和度定量计算最主要的方法是依据测井资料。本节一方面通过大量的直井岩电—核磁—压汞—物性联测资料，明确致密储层非阿尔奇响应特征和机理，为构建适应致密油储层的非阿尔奇测井饱和度解释模型奠定基础；另一方面基于水平井测井环境差异和测井响应特征分析，建立水平井测井曲线校正方法，进而应用直井解释模型来计算储层含油饱和度等参数，以提高水平井解释精度。

4.3.1.1 致密储层非阿尔奇响应特征及机理

20 世纪 20 年代，地层电阻率测井第一次得到了成功应用，但并没有找到岩石电阻率和含油气饱和度之间的定量关系，直到 1942 年，阿尔奇发表了著名的阿尔奇公式，由此，电阻率测井在油气层定量评价中的应用进入了一个全新的时代，但针对阿尔奇公式的争论也由此开始了，直到今天也没有停止。

随着油气勘探开发的深入，低孔渗储层的开发已经成为增储增产的重要途径，但经典阿尔奇公式在低孔渗储层的应用效果并不理想。部分学者认为经典阿尔奇公式只描述了宏观参数和岩石电阻率的定量关系，并未考虑微观参数孔隙结构对岩石电阻率的影响，造成阿尔奇公式在孔隙结构复杂的低孔渗储层中应用效果不佳。国内外学者在此方面做了大量的研究工作，对于岩石电阻率的主控因素也提出了不同观点。李长喜等针对低孔低渗储层的特点，提出地层因素不但与孔隙曲折度有关，而且还受平均孔喉比的影响，指出曲折度与渗透率成反比关系，与平均孔喉比成正比关系，并在此基础上提出了地层因素的修正公式，建立了新的曲折度模型，该曲折度模型虽然给出了地层因素的数学关系式，但只是基于定性的分析，并没有利用实验数据分别验证地层因素与平均孔喉比、渗透率的具体关系。国内学者原海涵指出，孔隙弯曲度理论将多孔状的岩石孔隙简单地视为一个整体而忽略了岩石的多孔性特征和多变的结构形态，由此提出用无限多个大小不同，数量各异的平行毛管代替宏观孔隙，利用并联导电理论推导出了新的地层因素公式，认为地层因素只与孔隙曲折度、视毛管平均截面及特定毛管半径的毛管相对个数有关，该公式虽然在一定程度上考虑到了孔隙的多孔特性和结构形态，但并未给出各个参数的确定方法，在实际应用中，参数的确定存在一定的难度。无论是曲折度模型还是毛管束模型，都从不同角度证实了孔隙结构对岩石电阻率的影响，试图建立起考虑孔隙结构的电阻率模型，但是目前所建立的模型的形式，多是基于岩石电阻率与孔隙结构参数的定性关系，所建立的形式也未在实验中给出明确的证明，实际应用中部分模型存在参数不容易确定的问题。基于红河地区低孔渗储层的岩电实验、毛管压力实验、核磁共振实验，分析了孔隙结构对地层因素 F、饱和度指数 n 的影响，直接对地层因素 F、n 进行了量化，解释一种适合于低孔渗复杂储层的、简单而又有效的饱和度模型。

1. 致密储层岩电响应特征

在双对数坐标下，“纯净”砂岩地层因素与孔隙度呈线性关系，可表示为：

$$F=\frac{R_0}{R_w}=\frac{a}{\phi^m} \tag{4-1}$$

式中，F 为地层因素，无量纲；R_0 为岩样 100% 含水时的电阻率，Ω·m；R_w 为地层水电阻率，Ω·m；ϕ 为岩石孔隙度，小数；a、m 为与岩石性质有关的常数，在经典阿尔奇公式中，$a=1$，$m=2$。

根据红河油田 23 口井 85 块岩电实验结果，绘制地层因素与孔隙度关系图。在双对数坐标下地层因素与孔隙度并非单一的线性关系(图 4-22)。以孔隙度 10% 为界，当孔隙度大于 10% 时，岩心数据点分布在阿尔奇线($a=1$，$m=2$)附近，符合经典阿尔奇规律；当孔隙度小于 10% 时，岩心数据点明显偏离阿尔奇线，孔隙度越小，偏离越远。从整体趋势上看，地层因素与孔隙度呈现比经典阿尔奇线斜率更小的线性关系，表明致密砂岩储层的岩电关系比常规砂岩储层更为复杂。

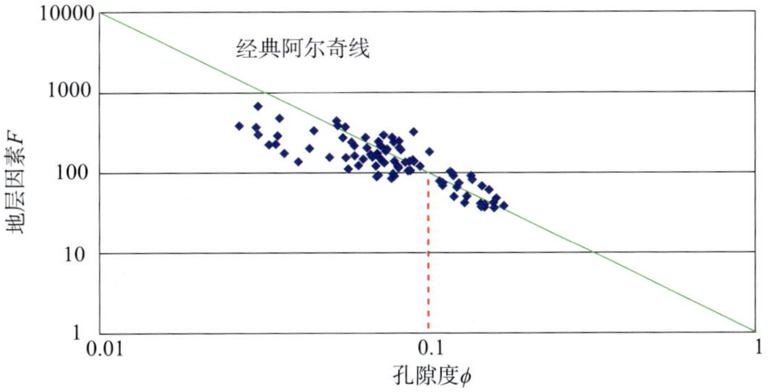

图 4 - 22 红河油田长 8 储层地层因素 - 孔隙度关系图

图 4 - 23 为鄂尔多斯盆地、松辽盆地和塔里木盆地的 8 个油气田 282 块低孔—致密砂岩岩样的地层因素和孔隙度关系图，这些岩样的孔隙度范围为 2% ~20%，其中孔隙度小于 10% 的岩样 200 块。由图 4 - 23 可以发现当孔隙度大于 10% 时，数据点分布在经典阿尔奇线($a=1$，$m=2$)附近；当孔隙度小于 10% 时，数据点明显偏离经典阿尔奇线，且孔隙度越小，偏离程度越远，说明致密砂岩储层均表现出非经典的阿尔奇特征。

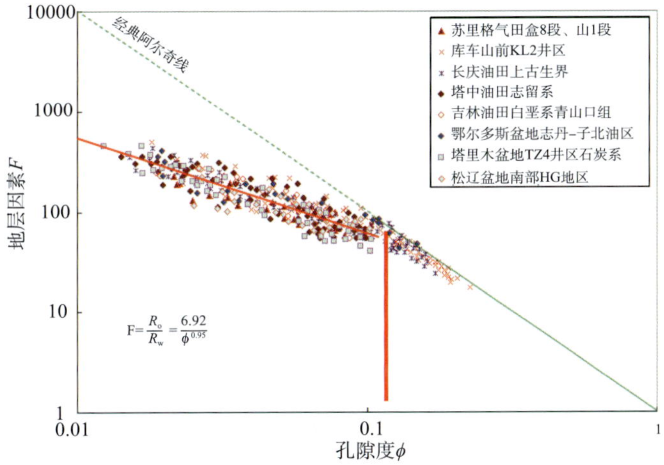

图 4 - 23 鄂尔多斯盆地、松辽盆地、
塔里木盆地致密砂岩孔隙度 - 地层因素关系

依据上述红河油田致密油储层岩电实验结果，绘制长 8 段电阻增大率与含水饱和度关系图。如图 4 - 24 所示，在双对数坐标中得到 $b=1.0505$，$n=2.5111$，但数据点分散，未沿经典阿尔奇线($b=1$，$n=2$)分布。统计上述 85 块岩心的饱和度指数 n(图 4 - 25)，n 数据点分散，主要分布于 1.6 ~ 3.1 区间，说明各岩样之间的饱和度指数差异较大，反映出致密砂岩储层的孔隙结构非常复杂。

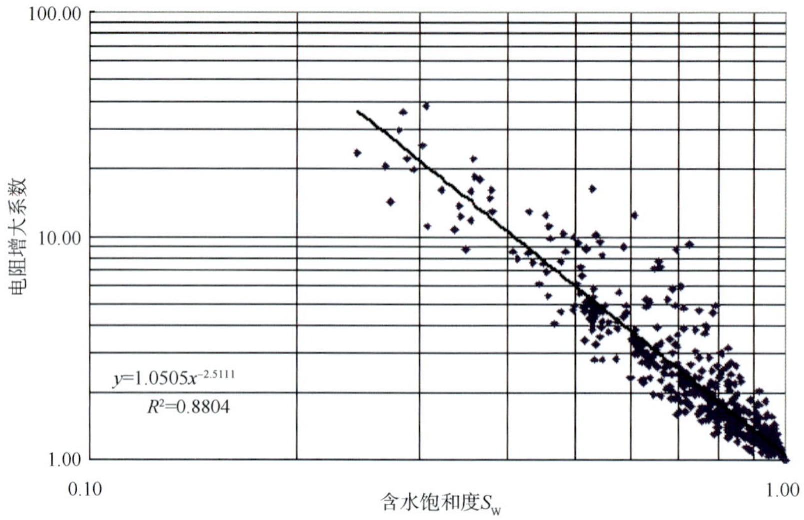

图4-24　红河油田长8储层电阻增大率—含水饱和度关系图

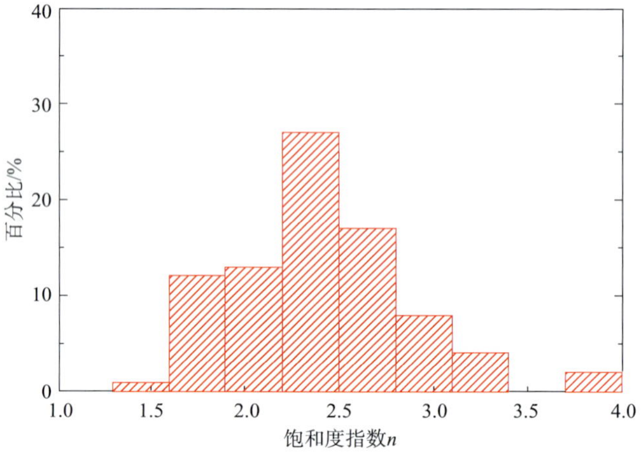

图4-25　红河油田长8储层饱和度指数直方图

2. 非阿尔奇特征响应机理

红河油田长8致密砂岩的储集空间类型复杂，主要有3种类型。

(1)储集空间主要为剩余原生粒间孔隙。此类储层孔径、喉道半径较大，物性较好。

(2)储集空间以粒间溶孔为主，发育少量剩余原生粒间孔。此类储层孔径、孔喉半径较小，物性中等。

(3)原生孔隙不发育，储集空间以微裂缝、粒内溶孔为主，少量粒间溶孔。此类储层孔径、喉道半径小，物性和连通性差。

不同储集空间类型对应的地层因素—孔隙度分布特征有明显差异（图4-26）。当储集空间以连通性较差的粒内溶孔为主时，m值最大，一般大于2；当储集空间以原生粒间孔隙为主时，$F-\phi$关系接近经典阿尔奇直线，m值接近2；当储集空间以剩余原生孔、溶蚀孔、黏土孔为主，且孔渗条件较差时，m 值为 1.5 左右；当储集空间以微裂隙和粒内溶孔为主时，$F-\phi$ 关系严重偏离经典阿尔奇直线，且 m 值小于 1.5；当储集空间基本为裂缝时，m 值则接近为 1。

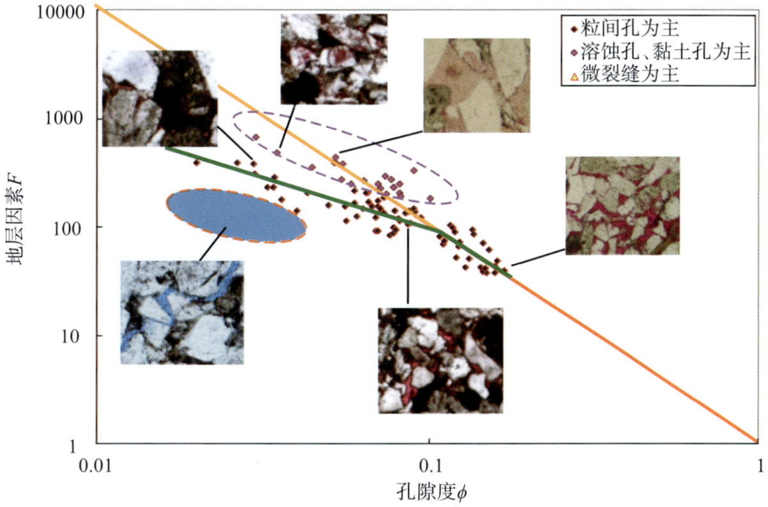

图 4-26 储集空间类型与胶结指数关系

利用上述岩样的压汞实验数据绘制孔喉半径分布图，如图 4-27 所示。孔隙度小于 10% 的岩样孔喉半径基本小于 0.3μm，而孔隙度大于 10% 的岩样孔喉半径以大于 0.3μm 为主。分析认为孔喉半径的差异导致了岩电关系呈现非阿尔奇特征。

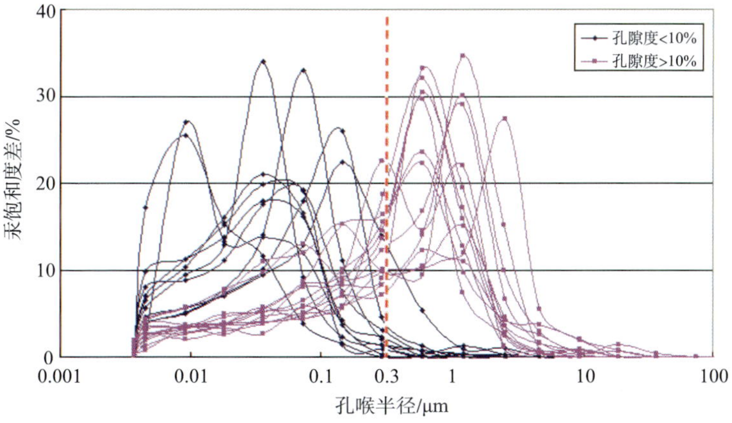

图 4-27 红河油田致密砂岩孔喉半径分布图(部分)

通过核磁—岩电联测来进一步分析致密储层的岩电非阿尔奇响应。图 4-28 为 HH1057-3 井 5 块核磁—岩电联测实验结果，其中图 4-28(a) 为地层因素—孔隙度关系图，图 4-28(b) 为对应的核磁 $T2$ 谱分布，图中相同数字序号代表相同岩心样品。测试结果表明，①~⑤号岩样孔隙结构逐渐变差，岩电实验数据点偏离经典阿尔奇线越远。其中①号岩样的孔隙度大于 10%，$T2$ 谱峰值在 15000μs 附近，且幅值最大，孔隙结构最好，对应的岩电实验数据点分布在阿尔奇线附近；⑤号岩样的 $T2$ 谱峰值分布在 1500μs 附近，且幅值最小，孔隙结构最差，对应的岩电实验数据点偏离经典阿尔奇线最远。因此，储层孔隙结构是影响岩电地层因素—孔隙度关系的重要因素。

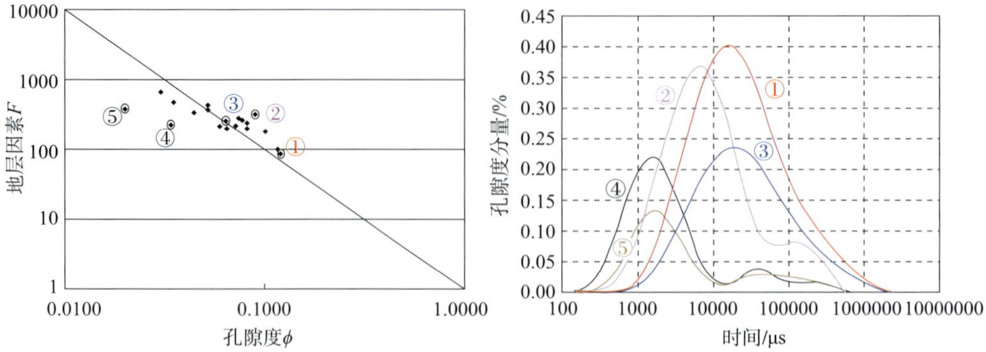

（a）地层因素—孔隙度关系图　（b）核磁T2谱分布

图 4－28　HH1057－3 井五块岩心核磁－岩电联测

图 4－29 为 HH1057－3 井 8 块岩样的核磁—岩电联测对比图。由图 4－29(b) 可知，与红色曲线岩样的孔隙结构相比，绿色曲线岩样的孔隙结构较差；由图 4－29(a) 可知，与红色曲线岩样的饱和度指数 n 相比，绿色曲线岩样的饱和度指数 n 较大，说明饱和度指数 n 与孔隙结构呈现负相关关系，随着孔隙结构变差，饱和度指数 n 增大。

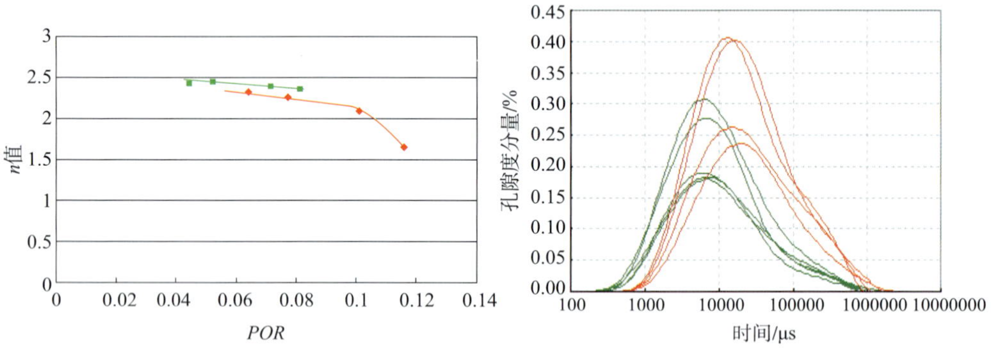

（a）　（b）

图 4－29　HH1057－3 井 8 块岩心核磁—岩电联测

图 4－30 为 HH74 井 2 块岩样的核磁—岩电联测对比图。由图 4－30(b) 可知，2344m 岩样比 2342m 岩样的孔隙结构差；由图 4－30(a) 可知，两块岩心的饱和度指数分别是 2.2693 和 2.169，也验证了随着孔隙结构变差，饱和度指数增大。

以上分析表明：致密储层地层因素与储层孔隙结构密切相关，孔隙结构是导致非阿尔奇特征的关键因素。当孔隙度大于 10% 时，储层以大孔隙为主，$F-\phi$ 关系接近经典 Archie 直线；当孔隙度小于 10% 时，储层小孔隙占比较大，$F-\phi$ 关系偏离经典 Archie 直线，地层因素与孔隙度呈现比经典阿尔奇线斜率更小的线性关系。饱和度指数同样受孔隙结构影响，孔隙结构与饱和度指数呈现负相关关系，孔隙结构越好，饱和度指数越小。

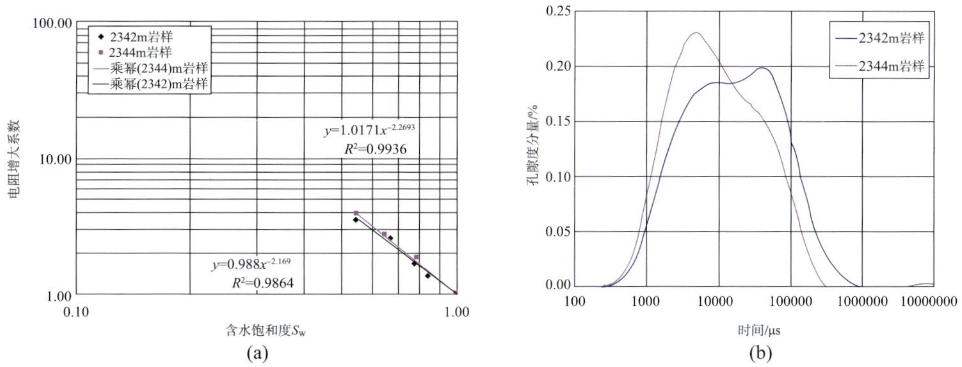

图4－30　HH74井2块岩心核磁—岩电联测

4.3.1.2　致密储层水平井测井响应差异

鉴于红河油田长8段致密砂岩油藏均采用水平井开发，而测井井下仪器的设计是假设井眼周围地层是沿井轴对称的，仪器在水平井中并不能满足这种关系，且水平井并非完全水平，井眼与地层的关系不会恰好位于设计的位置上，因此，水平井的储层及油气测井响应特征与直井有所差异。基于直井形成的测井解释方法和模型并不能完全适用于水平井。因此，有必要从分析水平井测井环境差异入手，明确致密砂岩水平井电阻率、声波时差测井的响应特征，开展水平井测井曲线校正，为建立水平井测井综合解释方法奠定基础。

1. 水平井测井环境差异分析

水平井的测井环境与直井有很大的差别，需要考虑井眼附近地层的几何形状、测量方位、重力引起的仪器偏心、井眼底部聚集的岩屑、异常侵入剖面以及地层各向异性等的影响。

1)泥饼的差异

水平井井眼下侧的泥饼比较容易与固相滞留岩屑混层，形成相对较厚的岩屑泥饼层。该岩屑泥饼层对径向平均测井仪器影响不大，但对定向聚焦测井仪器影响较大。该类仪器沿井眼下侧读数时，不能准确有效地反映出地层的真实响应。

2)侵入的差异

实际油井中将侵入剖面简化为以井眼为轴心线的圆柱体，由于地层存在各向异性，水平井侵入剖面比较复杂，呈非对称侵入分布，需要与直井区别分析。以原生孔隙为主的储层，因原始沉积在平面和垂向上均存在明显的差异，且一般情况下储层沿地层方向的渗透率大于垂向渗透率。因此，水平方向最初的侵入比垂直方向的侵入要深，其侵入剖面可简化为以井眼为中心线的椭球体；以次生孔隙为主的地层，如裂缝发育的储层，井眼周围的地层渗透性存在着各向异性，则会形成更为复杂的侵入剖面。

3)层界面的差异

直井的井眼与地层界面都是正交或近似于正交，测井探测的径向范围没有邻层及界面的影响，地层界面易于划分。水平井中，层界面与井眼以比较小角度相交，储层特性在水平方向一定范围内的变化相对很小，水平井测井曲线难以识别地层界面和流体界面，测井曲线所显示的界面与测量分辨率、探测深度、测量偏差和仪器读值方向有关。因此，测井曲线可能显示出相互之间的深度偏移。水平井与地层界面的相交关系则有以下几种可能。

(1)与井眼相交的层面：层面以非常低的角度与井眼相交，很难在水平井的测井曲线上指示地层与流体界面，反映出的地层界面不再是一个点，而是延滞为一个“区间”，测井分层时应先找出这个“区间”，再找出界面点分层。

(2)层界面：层界面离井眼较近，在仪器探测范围内，测量结果受界面影响严重。

(3)远离井眼的层面：不在仪器探测范围之内，测井曲线不受邻层及层界面的影响。

4)各向异性地层

直井具有良好的水平层状分布且假定侵入为轴对称，而水平井则不然。由于地层与井眼是斜交或者近似平行的关系，围岩对探测器周边的影响是不同的，侵入也不对称，储层显示出非常明显的电阻率各向异性，因此，在水平井测井解释中，必须充分考虑到地层各向异性的影响。

2. 致密砂岩水平井测井响应

通过对比红河油田相同目的层位导眼井、*A* 靶点、水平段测井曲线响应特征发现，水平井测井响应与直井测井响应存在明显差异。图 4－31 为相同目的层位水平段与导眼段和 *A* 靶点声波时差测井响应直方图。图中红色为水平段，蓝色为 *A* 靶点，黑色为导眼段。可以看到大部分井水平段声波时差要小于导眼井。水平段与导眼段声波时差绝对数值相差 0.4～30μs/m(图 4－32)，按相同孔隙度模型，同一套地层水平井孔隙度与导眼井孔隙度差值为 0.08%～6%。

图 4－33 和图 4－34 为水平段、*A* 靶点、导眼段电阻率的直方图、测井数值统计图，从图中可以发现水平段电阻率分布整体上要高于导眼段和 *A* 靶点。

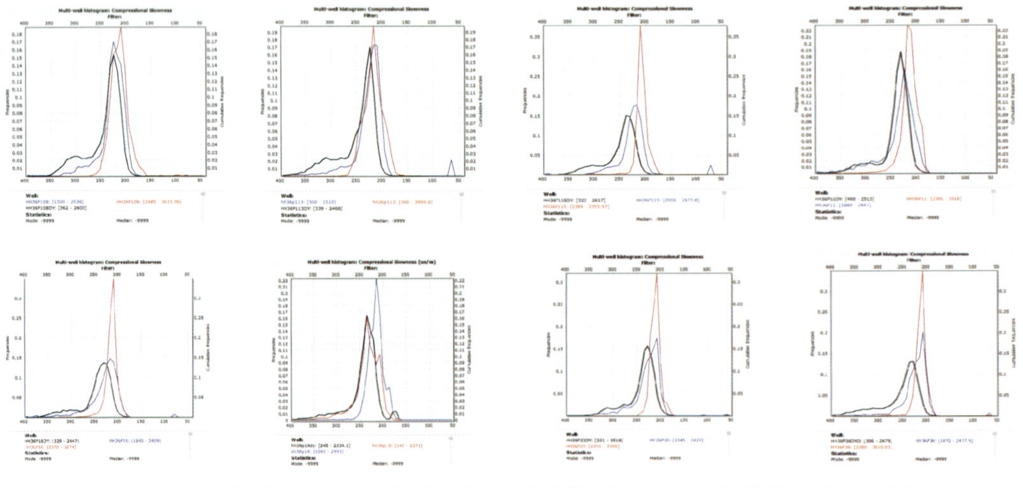

图 4－31　水平段(红)、*A* 靶点(蓝)、导眼段(黑)声波时差测井响应直方图

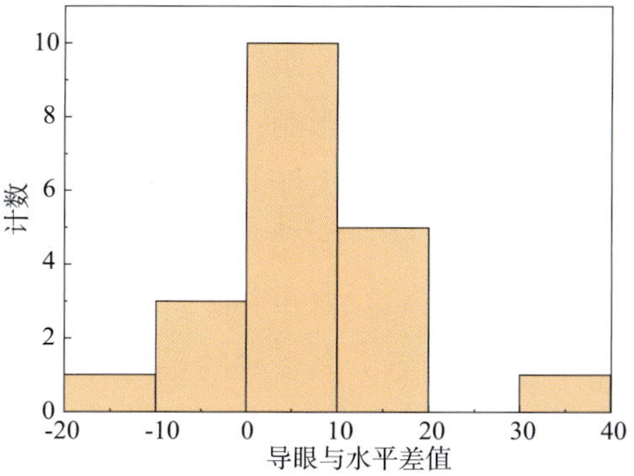

图 4－32 水平段与导眼段声波时差差值直方图

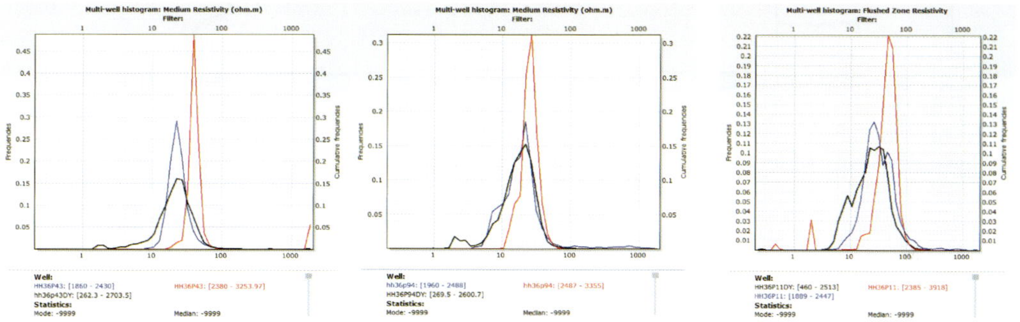

图 4－33 水平段(红)、*A* 靶点(蓝)、导眼段(黑)电阻率测井响应直方图

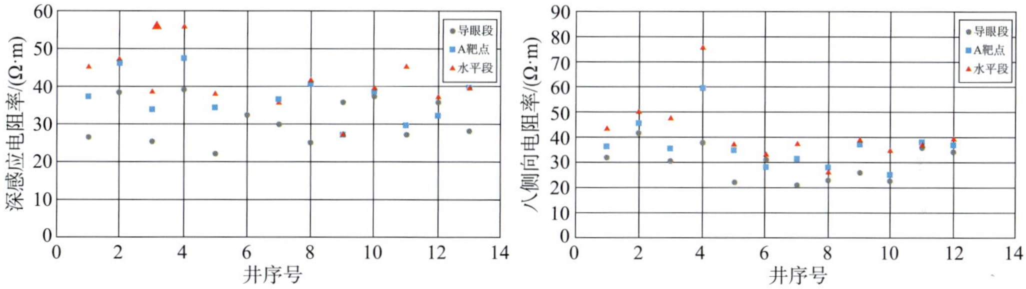

图 4－34 水平段(红)、*A* 靶点(蓝)、导眼段(黑)电阻率测井响应统计图

4.3.1.3 水平井曲线校正方法

严格意义上来讲，水平井所有测井曲线都应该校正，考虑到放射性测井曲线影响较小，而声波和电阻率是反映物性和含油性重要的参数，本书重点介绍电阻率测井和声波时差测井两种测井项目的校正方法。

水平井中，由于井眼轨迹与地层之间的相对位置关系时刻在变化，地层空间的精细展布可能并不符合常规想象，受到的影响因素复杂，除了上面提到的各向异性外，上下围岩的存在可能使得测量结果受到影响，这与井眼轨迹与地层之间的位置关系、目的层层厚、

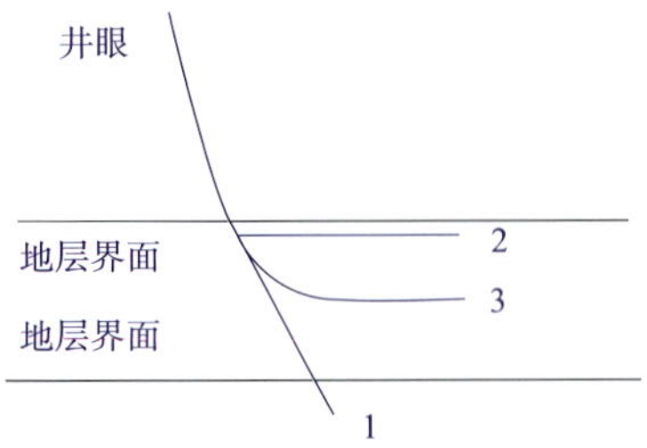

图 4-35 井眼轨迹与地层关系示意图

仪器分辨率(即探测范围)等有关。如图 4-35 所示，井眼轨迹 2 靠近层界面时，其测量值会受到围岩的影响；对于井眼轨迹 3 近似在目的层中心，若层厚大于仪器分辨率，则测量值不会受到围岩影响，若层厚小于仪器分辨率，测量值会受到围岩影响；对于井眼轨迹 1(穿过目的层)，则在不同的位置，其受到的影响也不同。

利用交互式正反演技术确定井轨迹与地层精细接触关系；进而利用井眼与地层精细接触关系图版或者正反演技术开展相关曲线校正，恢复地层的测井真值(图 4-36)。

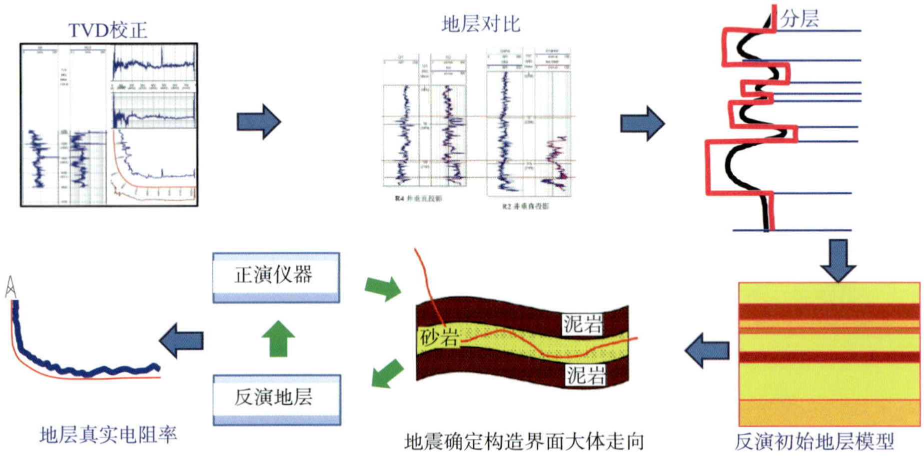

图 4-36 交互式正反演技术进行水平井曲线校正流程图

图 4-37 为 HH92P20 水平井声波时差、电阻率曲线校正成果图。从上到下，第一道

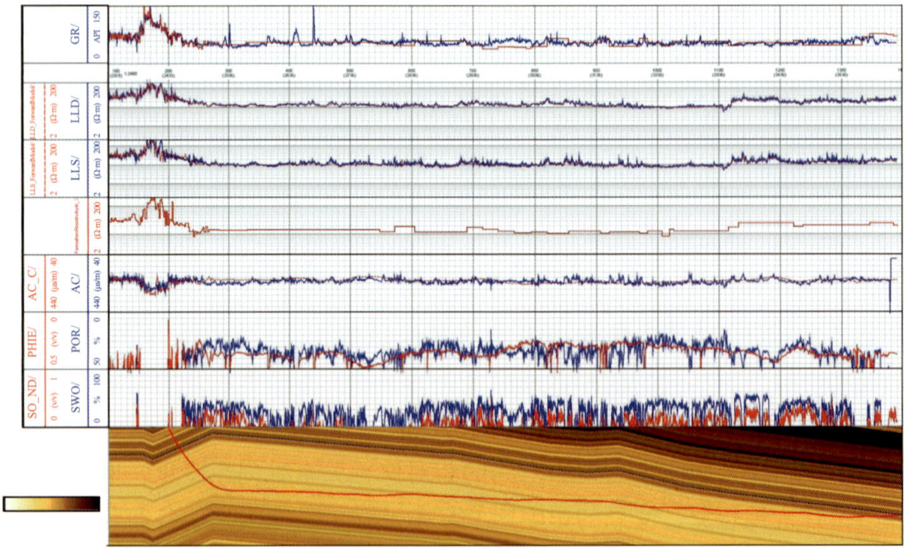

图 4-37 HH92P20 井声波时差曲线、电阻率曲线校正前后对比图

为伽马曲线(蓝色为实测伽马曲线，红色为根据地层模型正演伽马曲红)；第二道为深度道；第三道为深感应曲线(蓝色为实测深感应曲线，红色为正演深感应曲线)；第四道为中感应曲线(蓝色为实测中感应曲线，红色为正演中感应曲线)；从这四道可以看出，正演曲线与实测曲线基本一致，说明井眼轨迹与地层精细关系正确，基础该地层关系，反演得到地层电阻率和声波值，如第五道为校正后的电阻率曲线，第六道为声波时差曲线(蓝色为实测声波时差曲线，红色为校正后声波时差曲线)；第七道和第八道为计算孔隙度曲线和饱和度曲线(蓝色为利用实测数值计算结果，红色为利用校正后数值计算结果)；可以看到校正后声波时差曲线与原始声波时差测井差别不大，校正后计算的含油饱和度明显比原始测井曲线计算的含油饱和度低。

4.3.1.4 非阿尔奇测井饱和度解释模型建立

1. 致密储层宏观导电地层因素计算

1)纯孔隙地层因素计算

红河油田孔隙按照其孔径分布划分为两种类型：孔喉半径大于0.3μm的孔隙为大孔径孔隙，孔喉半径小于0.3μm的孔隙为小孔径孔隙，对应的孔隙度分别为大孔径孔隙度(记为ϕ_x)和小孔径孔隙度(记为ϕ_n)。不同孔隙尺度占比会导致岩样整体导电性不同。令岩样整体导电孔隙记为“宏导电孔隙”，大孔径孔隙和小孔径孔隙均可按照一定的比例折算为“宏导电孔隙”，小孔径孔隙折算比例记为c_n，大孔径孔隙折算比例记为c_x，则岩石中折算后的“宏导电孔隙度”(记为ϕ_s)可表示为：

$$\phi_s = c_x\phi_x + c_n\phi_n \tag{4-2}$$

岩石折算后的“宏导电孔隙度”对岩石导电性起决定作用，参考阿尔奇公式，记宏导电孔隙地层因素计算公式为：

$$F = \frac{a_0}{\phi_s^{\ m_0}} \tag{4-3}$$

式中，a_0、m_0为与岩石性质有关的常数。

将式(4-2)代入式(4-3)，可将公式写为：

$$F = \frac{a_0}{(c_x\phi_x + c_n\phi_n)^{m_0}} \tag{4-4}$$

式中，F为岩样导电因素，可由岩电实验得到；ϕ_x、ϕ_n可由压汞实验数据结合孔隙度测量结果计算得到；参数a_0、m_0、c_n、c_x相互之间有一定的关系，为计算方便，令$a_0=1$。

根据红河油田岩样岩电—压汞联测实验数据，得到$m_0=1.02$、$c_n=0.105$、$c_x=0.277$。因此，式(4-4)可写作：

$$F = \frac{1}{\phi_s^{\ 1.02}} \tag{4-5}$$

绘制ϕ_s与F交会图，如图4-38所示，双对数坐标下，ϕ_s与F呈现明显的单一线性关系，而不是类似图4-23的非阿尔奇线性(分段线性)，通过“宏导电孔隙”地层因素，不同孔径的导电统一起来，可用“宏导电孔隙度”计算地层因素，进一步计算含油饱和度。

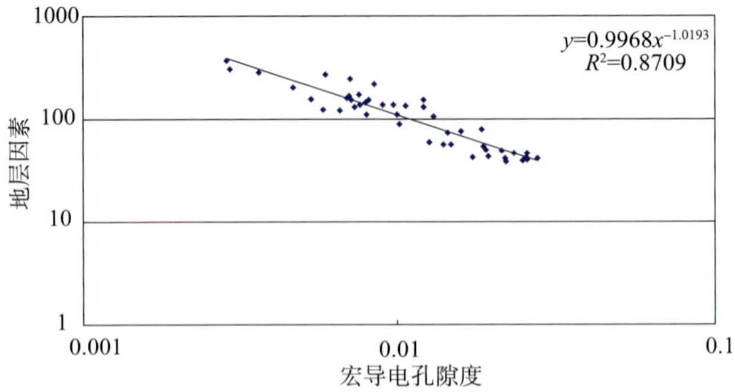

图 4-38 “宏导电孔隙度”与地层因素关系(红河油田岩样)

在实际测井资料处理解释中，ϕ_x、ϕ_n 较难得到，为了便于实际应用，基于红河油田压汞实验数据区分岩电相建立了“宏导电孔隙度”ϕ_s 与岩石孔隙度 ϕ 的关系，如图 4-39 所示，测井解释应用中，依据岩电相分类，利用孔隙度计算“宏导电孔隙度”，进而利用式(4-5)计算地层因素。

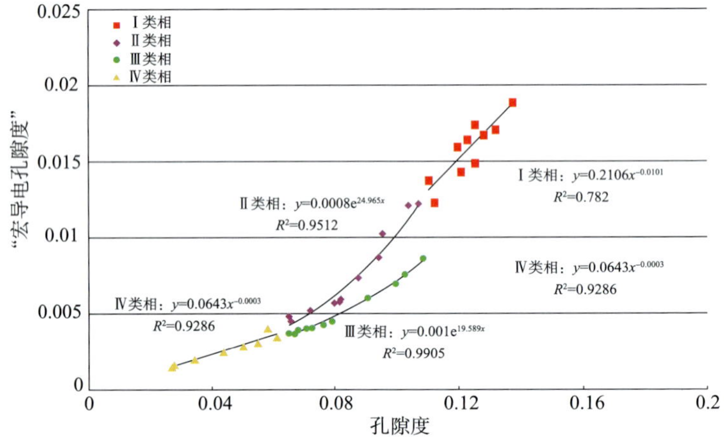

图 4-39 “宏导电孔隙度”计算图版(按岩电相分类)

2)含裂缝地层因素计算

当岩石中含有裂缝时，如果裂缝的方向与测量方向(电流方向)平行，则裂缝中的导电流体为岩石中电流传导提供了一条附加的导电通道，裂缝与基质孔隙网络是并联关系，因此，岩石地层因素计算式为：

$$F=\frac{1}{\phi_{ts}} \tag{4-6}$$

式中，ϕ_{ts} 为裂缝孔隙度与基质孔隙折算的“宏导电孔隙度”之和，将其命名为“总宏导电孔隙度”，计算式为：

$$\phi_{ts}=\phi_f+\phi_s \tag{4-7}$$

式(4-6)、式(4-7)组成了新的岩石地层因素计算方法，该方法基于“宏导电孔隙”假设，将其命名为“宏导电公式”。该公式既能定量描述基质孔隙对岩石导电性的影响，也能定量表征裂缝对岩石导电性的影响。

国内部分学者用数字岩心分析裂缝性碳酸盐岩中裂缝对岩石地层因素的影响。其研究中设置基质孔隙度为3%，模拟了不同裂缝孔隙度时岩石的地层因素。用上述“宏导电公式”计算结果与数字岩心模拟结果对比：利用设置的基质孔隙度折算“宏导电孔隙度”，结合给定的裂缝孔隙度(0.1%～0.5%)，计算“总宏导电孔隙度”，利用“宏导电公式”计算地层因素，与数字岩心模拟的地层因素比较，如图4－40所示。宏导电公式计算结果与数字岩心模拟结果十分吻合，说明“宏导电公式”能准确描述裂缝和基质孔两种孔隙对岩石导电性的影响，证明了“宏导电公式”的正确性。

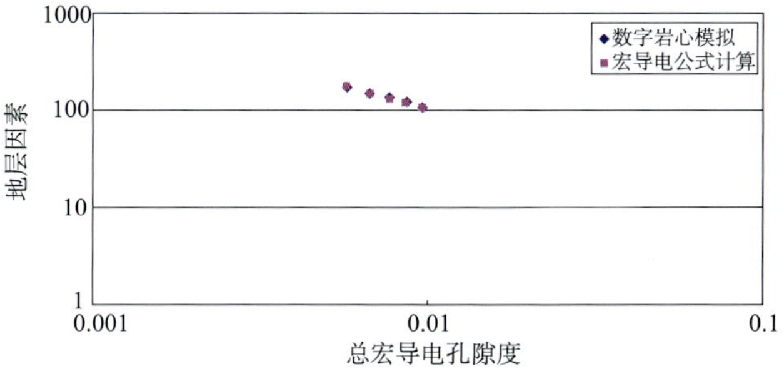

图4－40　宏导电公式计算结果与数字岩心模拟结果对比

2. 饱和度指数确定方法

1)核磁计算 n 值

(1)核磁 $T2$ 谱与电阻率增大指数关系。

岩石的孔隙空间具有分形特性，可用分维数表示。毛管压力曲线、核磁共振 $T2$ 谱、岩电实验曲线等能从不同的方面反映岩石的孔隙结构及其分形特性。根据分形理论，岩石的含水饱和度和电阻率的关系可表示为：

$$\frac{1}{R_t} \propto S_w^{\frac{1}{f(3-D_f)}} \tag{4-8}$$

式中，R_t 为岩石的电阻率，$\Omega \cdot m$；S_w 为含水饱和度，%；D_f 为孔隙性岩石的分维数；f 为与水膜厚度和界面张力有关的指数。

对于毛管压力，有：

$$S_w \propto P_c^{-(3-D_f)} \tag{4-9}$$

式中，P_c 为毛管压力，MPa。

由式(4－9)、式(4－10)，可得

$$R_t \propto P_c^{\frac{1}{f}} \tag{4-10}$$

当 P_c 等于启动毛管压力 P_0(储层中最大孔径相应的毛管压力。油驱水的过程中，相当于此时岩石100%饱和水)时，R_t 等于 R_0(饱含水时岩石的电阻率)，即：

$$R_0 \propto P_0^{\frac{1}{f}} \tag{4-11}$$

式中，P_0 为岩石100%含水时的毛管压力，MPa。

式(4－10)除以式(4－11)，即可得到电阻率增大系数与毛管压力的关系式：

$$I=\frac{R_t}{R_0}=\left(\frac{P_c}{P_0}\right)^{\frac{1}{f}} \tag{4-12}$$

式中，I 为电阻率指数。式(4－12)也可以转化为：

$$P_c=P_0 I^f \tag{4-13}$$

核磁共振谱与孔隙结构直接相关，可用 $T2$ 谱来构造毛管压力曲线。毛管压力曲线与 $T2$ 谱之间的关系可表示为：

$$P_c=p\left(\frac{1}{T_2}\right)^q \tag{4-14}$$

式中，p、q 为转换系数；T_2 为核磁共振横向弛豫时间，ms。

结合式(4－13)和式(4－14)，可得电阻率指数 I 与横向弛豫时间之间的关系为：

$$I=a\left(\frac{1}{T_2}\right)^b \tag{4-15}$$

式中，a、b 为转换系数。

由式(4－15)可知，电阻率指数 I 与 T_2 之间也存在着幂函数的关系。不同孔隙结构的岩心，其核磁共振横向弛豫时间 T_2 和电阻率指数 I 随含水饱和度的变化而不同。

(2) $T2$ 谱确定饱和度指数 n。

图4－41和图4－42是经对数插值转换后的核磁共振横向弛豫时间、电阻率指数与含水饱和度关系图。从图中可知，经插值变换后，横向弛豫时间、电阻率指数与含水饱和度有较好的相关性，电阻率指数随着含水饱和度的增大而减小，横向弛豫时间随着含水饱和度的增大而增大。横向弛豫时间与含水饱和度、电阻率指数与含水饱和度均呈幂函数关系，说明横向弛豫时间与电阻率指数具有明显的一致性，与理论推导公式(4－15)表现出一致的规律。

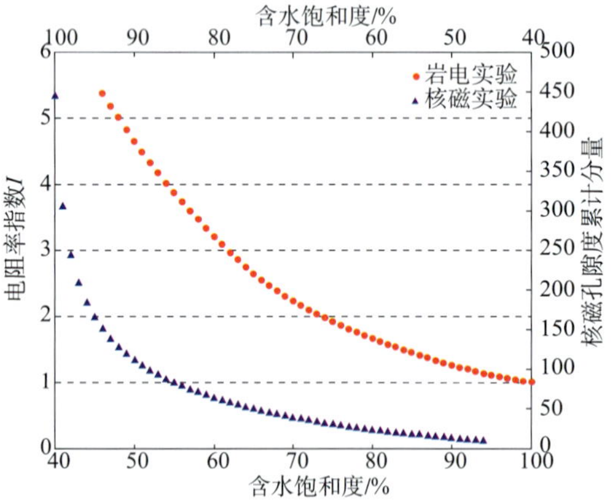

图4－41　HH74－4号岩心核磁—电阻率指数—含水饱和度关系

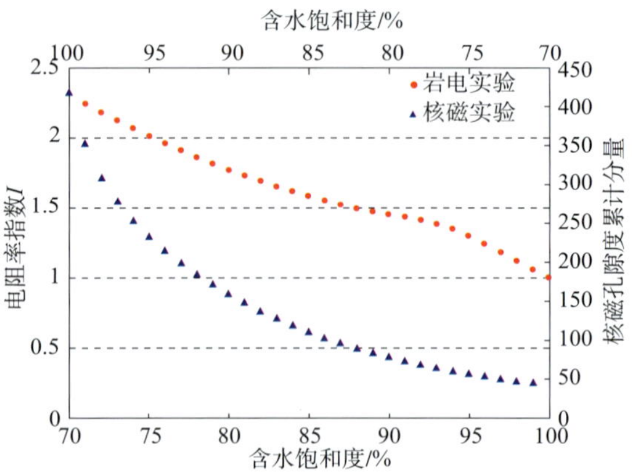

图4－42　HH101－12号岩心核磁—电阻率指数—含水饱和度关系

图4－43、图4－44为HH74－4号、HH1057－3－94号岩心的电阻率指数与核磁共振

横向弛豫时间拟合结果。从图中可知，岩心的核磁共振横向弛豫时间与电阻率指数在插值处理后呈现非常好的幂指数递减关系，当岩石完全含水时电阻率指数为1，横向弛豫时间最大；当岩石为束缚水状态时，电阻率指数最大，横向弛豫时间最小。

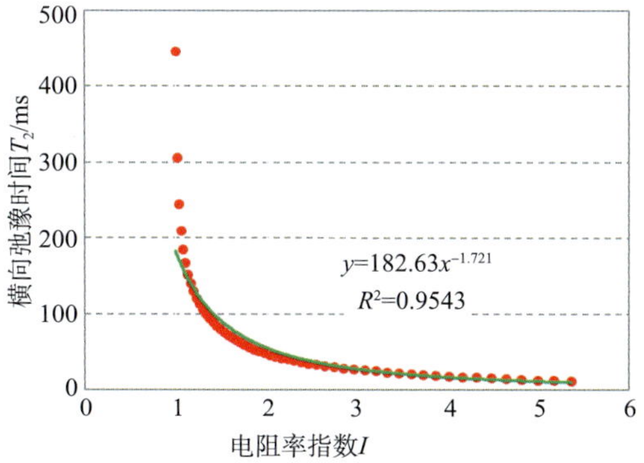

图4-43　HH74-4号岩心T_2-I关系图

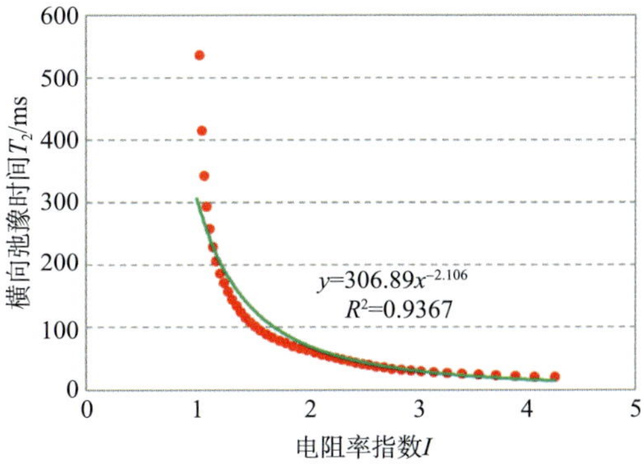

图4-44　HH1057-3-94号岩心T_2-I关系图

核磁共振横向弛豫时间T_2和电阻率指数I的幂指数拟合(称为核磁拟合指数，表示为n_{T_2I})，孔隙结构和岩石导电特性有关，是联系岩石导电特性与孔隙结构的重要参数。图4-45为红河油田20块岩心核磁拟合指数n_{T_2-I}与岩电实验得到的饱和度指数n的关系。从图中可知，n随着n_{T_2I}的增大而增大，两者的相关系数为0.92，其表达式为：

$$n = 1.1614 + 0.5064n_{T_2I} \tag{4-16}$$

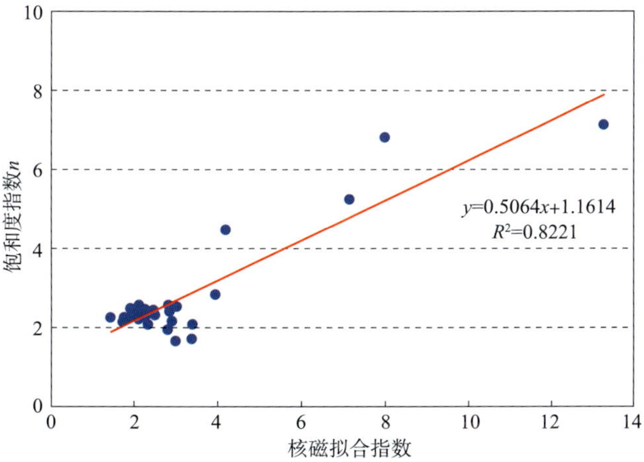

图4-45　岩石饱和度指数与核磁拟合指数相关关系

式(4-16)表明，岩石孔隙结构是影响导电特性的重要因素，这种相关性可用岩石核磁共振$T2$谱来进行表征。饱和度指数与核磁拟合指数密切相关，在进行储层饱和度建模及计算时，应充分考虑孔隙结构对岩石电性尤其是饱和度指数的影响，根据孔隙结构选取不同的饱和度指数，以得到更加准确与合理的评价效果。

2)分岩电相确定n值

通过前述针对岩电实验数据的分析可知，红河36井区致密砂岩饱和度指数变化范围较大(为1.6~3.1)，与孔隙结构有密切关系，利用常规测井资料定量计算饱和度指数存在一定的困难。通过对不同岩电相的岩电实验数据进行分析后发现，相同岩电相致密砂岩的饱和度指数较为集中(图4-46)，可依据岩电相分类确定饱和度指数，每种岩电相取单一饱和度指数(表4-3)。

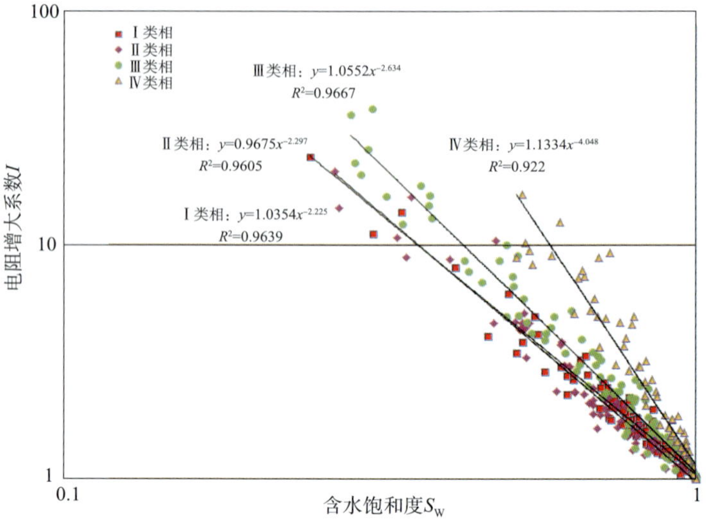

图4-46 不同岩电相含水饱和度—电阻率增大系数交会图

表4-3 不同岩电相饱和度指数取值表

岩电相	系数 b	饱和度指数 n
Ⅰ类相	1.04	2.23
Ⅱ类相	0.97	2.30
Ⅲ类相	1.06	2.63
Ⅳ类相	1.13	4.05

3. 非阿尔奇饱和度计算方程

结合地层因素计算方法和饱和度指数确定方法，致密砂岩饱和度计算方程如下：

$$F=\frac{a_1}{(\phi_x+c_1\phi_n)^{m_1}} \tag{4-17}$$

$$I=\frac{R_t}{R_0}=\frac{b}{S_w^n} \tag{4-18}$$

式中，a_1、m_1、c_1由压汞—岩电联测实验确定，红河地区致密砂岩$a_1=5.23$，$m_1=0.867$，$c_1=0.280$；b值和n值根据不同岩电相由表4-3得到。

图4-47为红河油田饱和度计算成果图，图中从右到左第一道为与密闭取心结果对比，绿色为计算的含水饱和度，蓝色杆状为岩心密闭取心结果，可以看出二者吻合度较高，计算的相对误差小于8%，证实了饱和度计算方法的准确性。

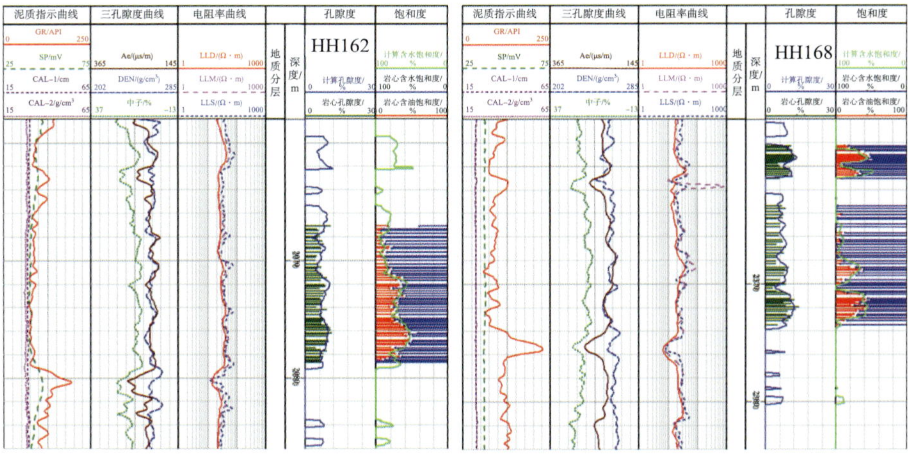

图4-47 饱和度计算效果(HH162井、HH168井)

4. 水平井应用实例分析

图4-48为HH36P32井水平段综合处理成果图，图4-49为该井井眼轨迹图。由图4-48可以看出，右边第四道为视地层水电阻率曲线和孔隙结构指数曲线交会图，可以看出在第47号层以下，两者包络面积明显较大，而在顶部，两者值相对较低且变化幅度很小，下部储层物性较好，含油特征明显；第7道为双孔隙度曲线重叠交会图，图中显示第47号层以下有效孔隙度明显大于含水孔隙度，说明该层含油特征明显，从声感曲线综合分析认为该段储层裂缝不发育。经处理，第47号层以下测井响应特征为：自然伽马平

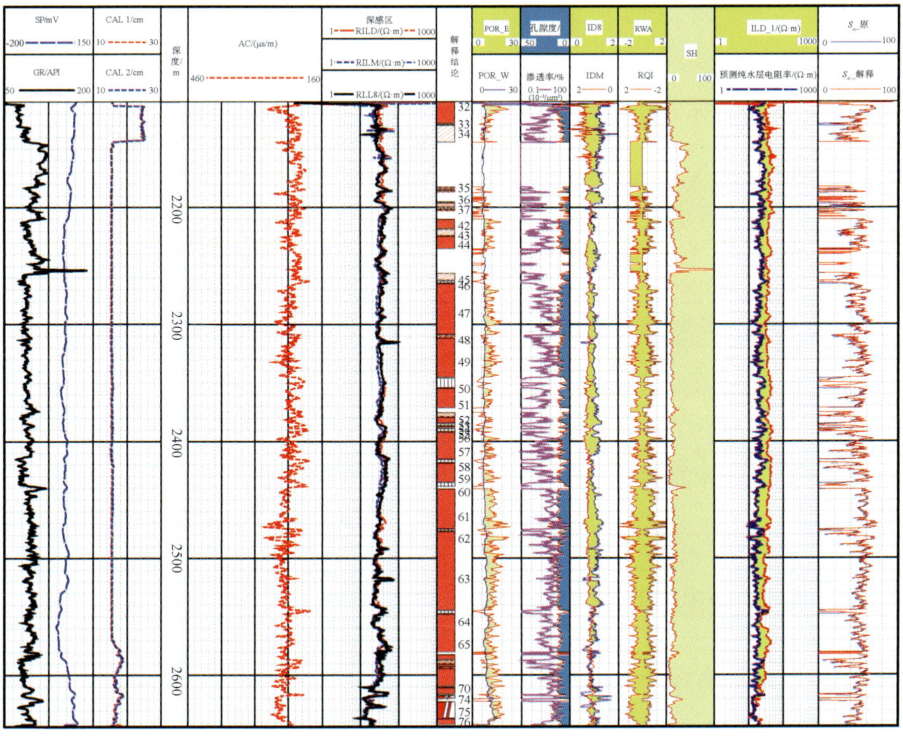

图4-48 HH36P32井测井曲线组合图

均值为88.8API，声波时差平均值为235.4μs/m，深感应电阻率平均值为30.8Ω·m，孔隙度平均值为12.5%，渗透率平均值为$0.74\times10^{-3}\mu m^2$，含油饱和度平均值为49.8%；根据红河36井区储层物性下限、储层分类标准，该段储层为Ⅰ类储层，综合解释结论主要为油层。该井目前日产液$36.3m^3$，日产油$32.3m^3$，含水率11%，与解释结论相符。

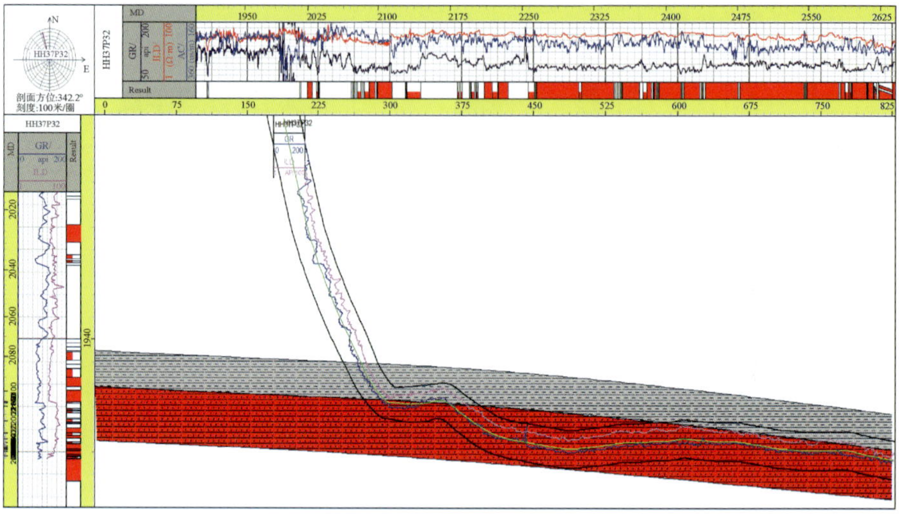

图4-49　HH36P32水平井段井眼轨迹图

水平井钻遇的油层视厚度越大，油井产能越好，含油性认识与产能相符。以HH36P111井组为例，自西向东分别为HH36P100井、HH36P113井、HH36P112井、HH36P111井，四口井钻遇含油饱和度>50%的水平段长度分别为150m、190m、250m、387m，90天日产油分别为0.7t、5.2t、10.4t、12.8t，初期含水分别为90.9%、81.2%、63.2%、44.3%。根据红河36井区水平井含油饱和度测井解释结果，水平井井控范围内含油饱和度平均值与油井初期稳定含水率相关性较好(图4-50)，说明测井含油饱和度计算及油层解释结果与生产动态符合率较高，可靠的测井解释结果，为长8致密油含油非均质性表征和分布特征描述奠定了数据基础。

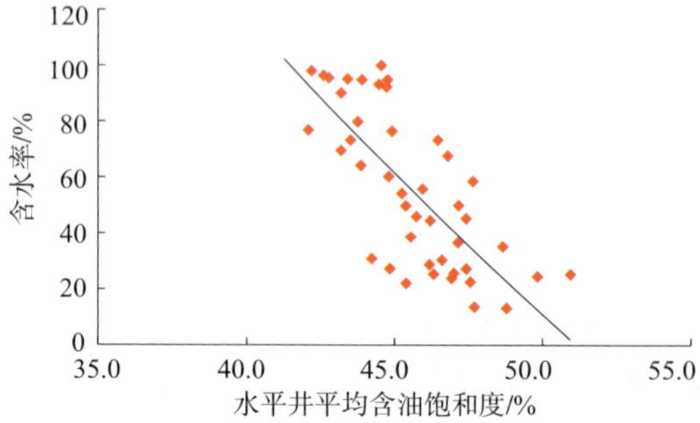

图4-50　红河36井区长8油层水平井含油饱和度与稳定含水关系图

4.3.2　储层含油非均质性表征方法

根据鄂尔多斯盆地南缘长8段致密油富集成藏机理，造成储层含油非均质性的主控因素是基质储层质量和断裂发育程度。在刻画储层含油饱和度非均质性分布时，既要考虑不同储层物性对含油分布的控制作用，也要考虑不同级别裂缝带对油气富集或破坏的影响程度。因此，提出基于岩心测试、测井解释和含油性差异成因模式，采用“井点数据控制、井间模式约束”的思路和方法进行含油非均质性刻画。

以红河36井区为例，鉴于已开发区井网相对较密，充分利用了大量水平井资料。以层位为约束，以探井和水平井测井解释的含油饱和度数值作为硬数据，加强分段统计水平段数据的平面变化规律来增加控制点，提高含油饱和度刻画精度。对于井间含油饱和度刻画，主要在含油性差异成因模式的约束下，分别确定裂缝带内及裂缝带外基质区的含油饱和度。

1）裂缝带内含油饱和度的确定

与盆地内部不同，盆地南缘致密油储层含油性受断裂影响较大，不同尺度断裂对含油性影响差异较大。裂缝带内因钻井过程中存在泥浆漏失，测井解释饱和度存在一定误差。对裂缝带内含油饱和度刻画时，由于裂缝带无法取心以进行含油饱和度测定，现场也缺少分段压裂测试的数据，测井饱和度解释结果难以标定，综合认为含油饱和度解释精度有限。

利用油藏数值模拟技术，评价认为红河油田水平井产能的80%以上由裂缝带贡献，油井的初始含水率主要受裂缝带的含油性控制。因此，在利用测井解释结果的同时，利用岩心相对渗透率曲线建立含油饱和度 S_o 与油井稳定含水 f_W 对应关系图（图4－51），以试油、试采动态资料的最低稳定含水值作为油井初始含水，通过 S_o-f_W 对应关系获得裂缝带初始含油饱和度，对裂缝带内测井解释的饱和度进行校正，利用校正后的测井饱和度数据动静结合综合判断裂缝带内含油饱和度分布特征。例如，位于工区中东部的HH36P1井，测井解释基质物性和含油性较差，平均小于8%，地震显示和测井解释钻遇两条富油裂缝带，生产稳定含水在15%左右，根据含油饱和度 S_o 与油井稳定含水 f_W 关系图版，确定裂缝带含油饱和度为57.5%。

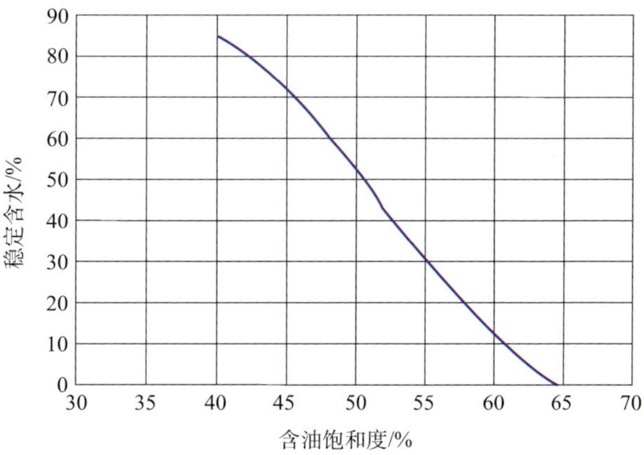

图4－51　初始含油饱和度与油井稳定含水对应关系

2）裂缝带外基质区含油饱和度的确定

井间基质区的含油饱和度分布刻画要尽量排除人为误差的影响，需以含油性差异成因模式为约束，首先要保证与井上数据不矛盾，井间的平面刻画要符合地质规律。依据致密储层含油性主控因素及差异成因模式分析，基质区含油饱和度主要受基质储层质量的影响。在井间含油性刻画时，以分类储层质量平面分布为约束，结合储层物性与含油性相关研究结果，确定基质区不同储层质量的含油饱和度范围，以井上的含油饱和度为确定数据，进行基质区井间含油饱和度刻画。

4.3.3 储层含油饱和度分布特征

1. 纵向分布特征

通过单井含油饱和度解释与井间含油饱和度预测，逐渐明确了鄂尔多斯盆地西南缘含油饱和度的纵向分布特征。

(1)由于鄂尔多斯盆地南缘多尺度裂缝发育，且不同尺度断裂对含油性的控制有差异，因此，高含油饱和度条带主要分布在中尺度断裂附近，在裂缝带内越靠近断裂含油饱和度越高(图4-52)，该现象与长庆广覆式连片状含油饱和度分布的特征有着明显区别(图4-53)。

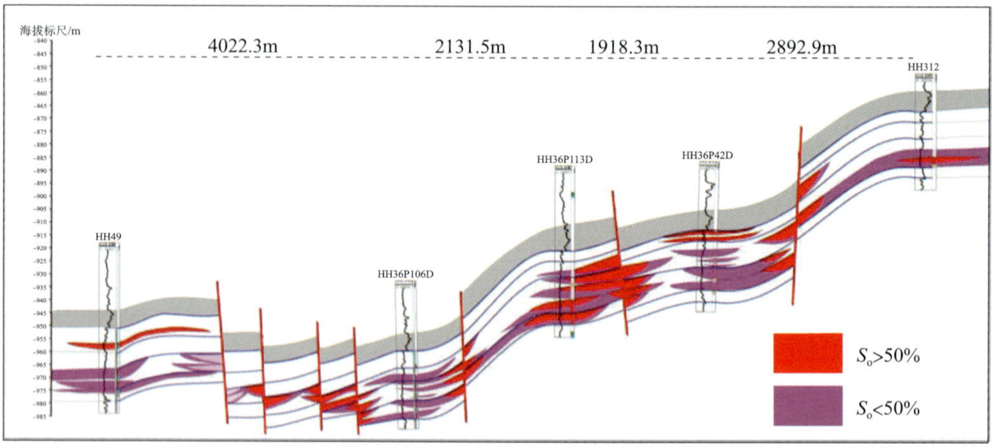

图4-52 鄂尔多斯盆地南缘典型井区长8段致密油藏剖面图

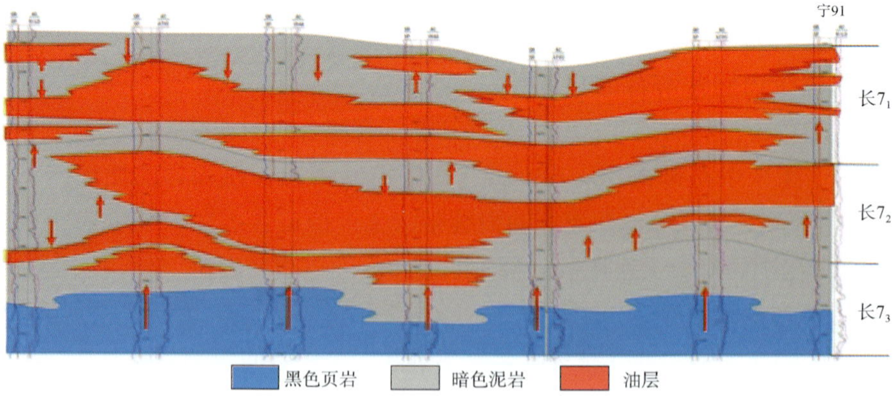

图4-53 长庆油田典型井区长7段致密油藏剖面图

(2)从横切河道剖面来看，在河道中间部位，砂体厚度大、储层物性好，含油性的侧向和垂向连续性都较好；从河道中间向侧翼的砂体逐渐减薄，储层物性变差，砂体的含油连续性和含油级别逐渐降低。据统计，长8_1^2小层砂体厚度小于7m时，含油饱和度普遍小于40%。

(3)靠近烃源岩的长8_1^1小层砂体发育时，与长7_3张家滩页岩构成上生下储成藏组合，源储紧邻接触，油气短距离运移，充注条件好，可以沿着长 $8_1{}^1$ 储层成藏，从而在断裂不发育区也可形成高饱和度区，如图 4－54 中单井的长 $8_1{}^1$ 小层，含油饱和度较高，即使附近不发育断裂，也可达到 50% 以上，形成较好油层。

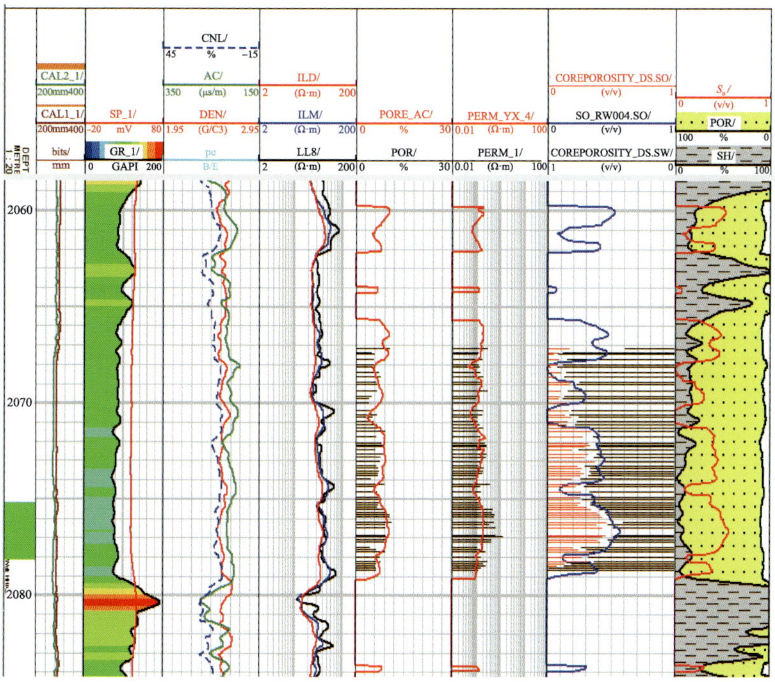

图 4－54 单井含油饱和度解释结果

2. 平面分布特征

以鄂尔多斯盆地西南缘典型井区红河 36 井区为例，基于岩心测试、测井解释和含油性差异成因模式，采用“井点数据控制、井间模式约束”的方法，编制了长 $8_1{}^{2-1}$、长 $8_1{}^{2-2}$、长 $8_1{}^{2-3}$ 三个单层含油饱和度平面分布图（图 4－55～图 4－57）。致密油储层含油饱和度分布主要有以下特征。

（1）鄂尔多斯盆地西南缘烃源岩生油量不足，上生下储再加上长 8 油层组充注压力仅为 4～8MPa，导致储集体油气充注整体不足，受其影响，致密油藏油气往往呈现大面积含油、局部富集的特点。

（2）受断裂影响，高含油饱和度区非连片状分布，而是呈现裂缝带内呈条带状分布，裂缝带外沿优质储层呈片状分布的特征。富油裂缝带内含油性好（$S_o>50\%$），是致密油的“甜点区”。例如，典型井区红河 36 井区，“甜点区”主要分布在井区东北部 HH36P11 断裂带、中部 HH36P1 断裂带、东南部 HH36P36 断裂带及西北部 HH36P81 断裂带附近，沿断裂及其伴生裂缝带呈条带状分布；由于东北部的 HH36P11 断裂带构造位置略高，东部断裂带比西部断裂带含油饱和度略高。

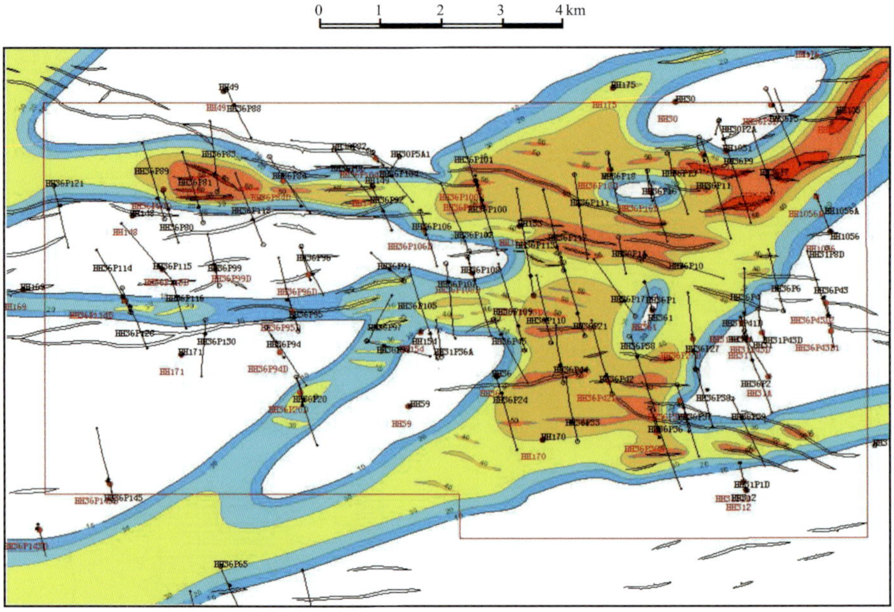

图4－55　红河36井区长 8_1^{2-1} 小层含油饱和度平面分布图

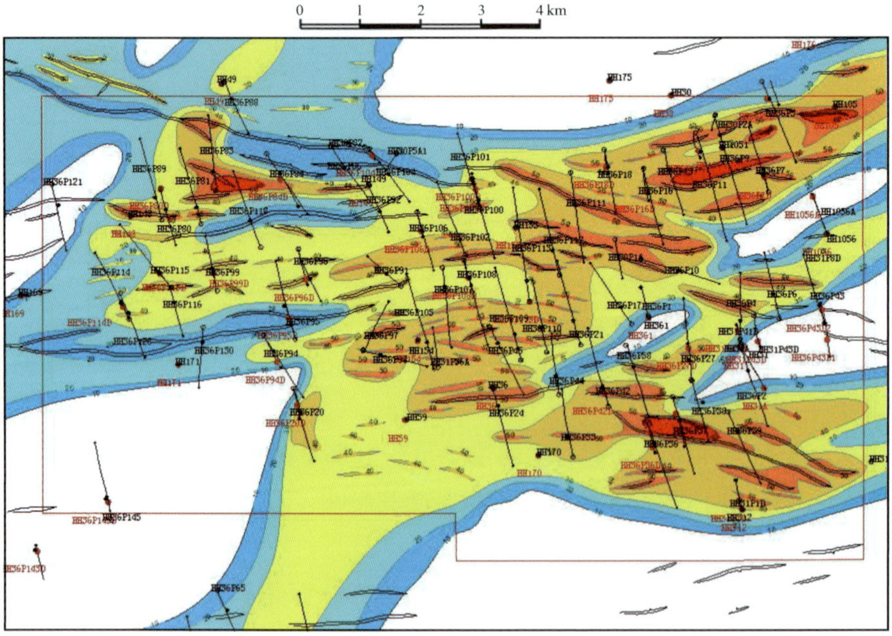

图4－56　红河36井区长 8_1^{2-2} 小层含油饱和度平面分布图

(3)不同尺度断裂带附近含油饱和度有差异。中尺度断裂形成的裂缝带成为最重要的富集区，含油饱和度一般大于50%；大尺度断裂局部保存条件不利，导致油气不同程度的散失，含油饱和度较低，如红河36井区西部三条大断裂，断距普遍大于20m，断裂附近含油性较差，油井初期含水率高，整体产能低；小尺度断裂无法沟通烃源岩，无法作为油气运移优势通道，只能略改善物性，如红河 36 井区 HH36P101 井区附近发育小尺度断裂，形成多个小尺度裂缝带，由于储层质量属于三类储层，含油饱和度整体偏低，裂缝带内含油饱和度为 40% ~50%，附近基质区含油饱和度低于 40%。

(4)基质区含油饱和度主要受储层质量控制。在裂缝带以外，裂缝发育欠佳，在致密油充注聚集过程中，质量较好的储层段更易充注，优质储层区含油饱和度为 40% ~50%，形成比富油裂缝带略差的次级油气富集区。

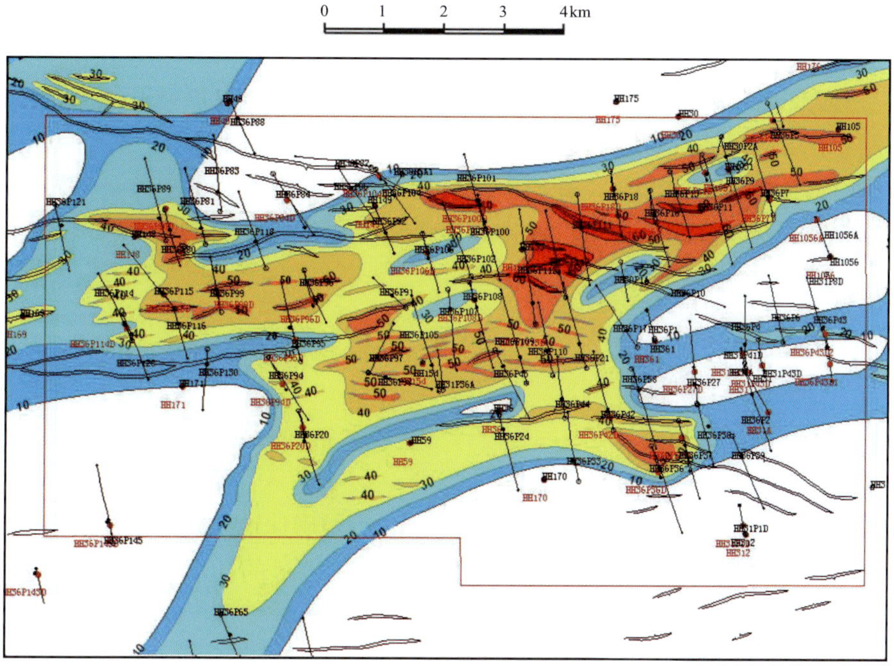

图 4－57 红河 36 井区长 8_1^{2-3} 小层含油饱和度平面分布图

第 5 章　三维地质建模及储量分类评价

鄂尔多斯盆地南缘中生界致密油地质条件复杂，具有基质储层、裂缝和含油性三大强非均质性，储层预测不确定性强，储层表征和三维地质建模难度大。基于南缘致密油典型井区储层“三大强非均质性”的精细表征结果和数据资料特点，开展致密油三维地质建模技术攻关，建立符合该区强非均质性地质特征的三维地质模型，开展储层定量表征和预测，并基于地质模型计算致密油储量，开展储量分类评价，明确不同类型储量分布和规模，建立储量动用序列，为不同类型储量有序开发奠定地质基础。

5.1　致密油藏三维地质建模

5.1.1　构造模型

构造模型是致密油藏三维地质模型的“骨架”，也是确保地质模型符合或者接近地质实际的前提，但是建立高精度的构造模型，不仅需要采用合适的插值计算方法、投注大量的时间成本以及依靠扎实的经验，更需要充分、有效利用不同类型、不同尺度的多种资料协同校正。构造模型包括断层模型和层面模型。

本次建模区选取了鄂尔多斯盆地南缘红河油田红河 36 井区，建模面积 90km^2，目的层为延长组长 8 段长 8_1 亚段长 $8_1{}^2$ 小层，进一步从上向下细分为长 $8_1{}^{2-1}$、长 $8_1{}^{2-2}$、长 $8_1{}^{2-3}$ 三个单层，厚度范围分别为 4 ~ 8m、8 ~ 14m、4 ~ 8m。根据该区地层厚度范围，结合数值模拟的网格需求，将平面网格间距定为 10m × 10m；垂向上平均网格厚度 1m，可以控制有效储层的最小厚度。

5.1.1.1　断层模型

对于鄂尔多斯盆地南缘延长组长 8 段致密砂岩油藏而言，断层具有双重作用。在一定程度上，既是渗流屏障，也是优势渗流通道，控制了致密油优势聚集。因此，断层是储层渗流作用和高产富集的关键因素。

根据地震构造解释，梳理断层的平面分布特征和剖面切割关系，平剖结合、空间闭合，确定断层的组合关系以及三维空间中断面与构造层面之间的错断关系，精细调整每条断层的断层面产状，建立精细的三维断层模型。该模型包括 68 条断层，倾向分别为 140° ~ 220°、300° ~ 360°和 0° ~ 40°，断层长度和最大断距具有较好的正相关性，和地质认识相符(图 5 – 1)。

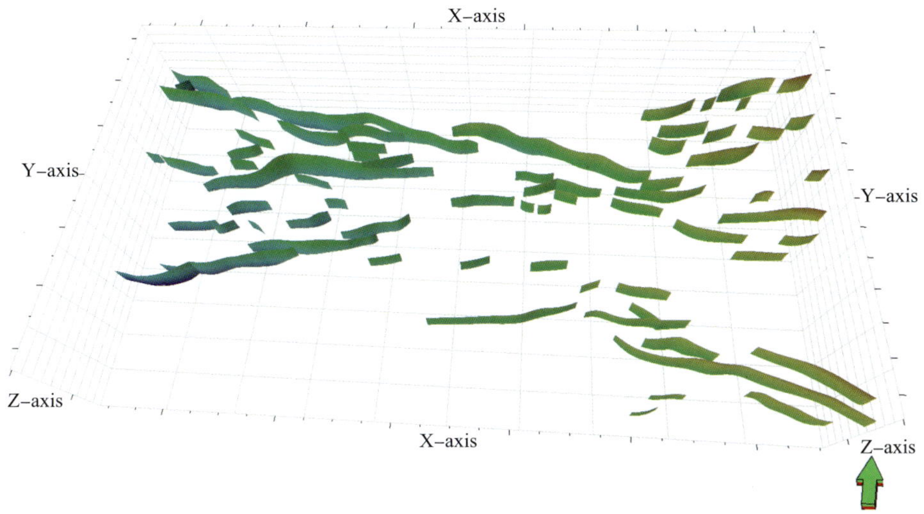

图 5－1　红河油田长 8 段断层模型

5.1.1.2　融合水平井数据的层面模型

在建立构造层面模型时，除了考虑地震解释层面和井点分层数据以外，还充分利用了水平井数据，以更好地控制构造面的空间特征。

水平井技术不仅在致密油开发中具有最大程度地扩大油藏泄油面积的优势，还可以对储层地质建模具有较广泛的指导和应用作用。在地质模型中，对于直井而言，在同一平面网格中只有一个数据点而言，而水平井在同一个平面网格中则类似有无数个数据点，可以有效地判断储层在平面上的连续性。同时，充分利用水平井构造数据和岩相数据，可以直观地预判水平井是否在目的层段，进而反向判断层面模型的合理性。例如，沉积相对稳定的背景下，水平井岩性发生突变，则可能是一定规模的断层错动造成的，根据该判断，不仅可以确定断点位置，还可以调整地层展布，使之和地质实际吻合。因此，充分利用和发挥水平井数据可以很大程度上降低构造模型的不确定性，有效提高模型精度。

在断层模型的基础上，以深度域构造面数据为依据，以井点分层数据为约束，以构造层面为趋势，用断层控制局部，采用克里金插值方法，建立精细的构造模型，既保证了构造的总体趋势，又反映出局部的微幅度起伏。建模过程中，由于基础数据的不完善和地质情况的复杂性，计算结果中往往存在许多与周围不协调的异常点，解决的方法是在落实基础资料的前提下，结合地质认识，对其进行校正。在这一过程中，要根据地震剖面及构造图，逐一调节断层面上层位线的相对位置，重新定义层位在上下盘的位置，直到断层断距符合地质认识。建模过程中综合考虑水平井实钻情况与地质认识，进行局部构造的合理调整，大大提高了构造模型精度(图 5－2、图 5－3)。

建模过程中，合理的网格设计非常重要。一方面，为了节省计算时长，网格数目应尽可能少；另一方面，为了控制地质体的形态及保证建模精度，网格又不能过少。因此，应综合考虑地震测井解释精度、储层发育特征，后期数模研究需求等多种信息，设定工区平面网格间距为10m，垂向网格步长为1m，本次建模采用角点网格。

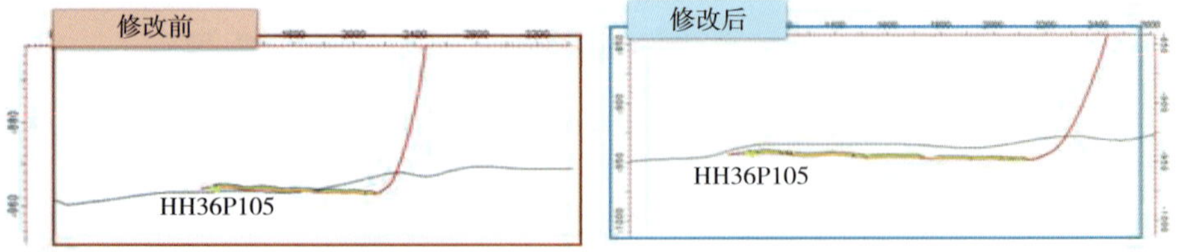

图5-2 基于水平井校正的层面模型剖面图对比

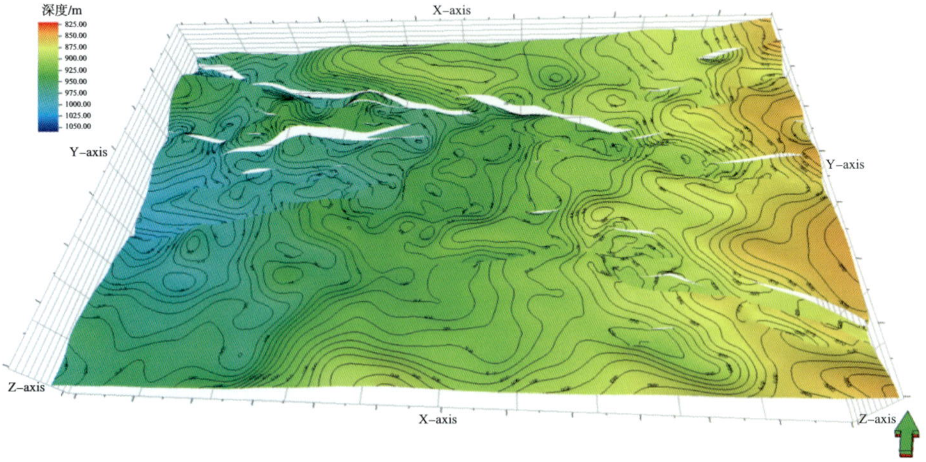

图5-3 红河油田红河36井区长$8_1{}^2$层面模型

5.1.2 基质储层模型

相对于构造模型而言，相模型是油藏三维地质模型的核心和基础。根据本书前文所述，鄂尔多斯盆地南缘红河油田延长组长8_1亚段致密砂岩储层经历了长期的致密化改造，储层质量受到沉积作用和成岩作用的综合控制，储层质量差异大。其中，致密砂岩储层的成岩作用改造更大程度上控制了储层的非均质性，决定了储层质量的好坏。常规相控建模主要基于沉积微相刻画结果，反映了沉积作用对储层质量差异的影响，无法体现成岩作用对储层形成和改造的控制作用，因此，难以精细表征基质储层非均质性特征。

沉积控制储层基础，成岩控制储层质量。在先验地质信息的指导下，本次采用沉积-成岩双重控制、协同约束的建模策略，充分利用地质、测井、地震等资料和各项基础地质研究成果，分别建立致密储层沉积构型模型、成岩相模型和基质储层物性模型。

5.1.2.1 沉积控制的构型模型

沉积微相的空间展布控制着储层的发育规模及储层质量，是预测储层空间分布和指导井位部署的重要参考依据。储层相模型主要有确定性和随机性两种方法，其中随机性方法通常适用于地质认识欠缺、仅靠井资料及地质模式约束的工区。进一步通过多组随机模拟实现对比，结合地质认识和地震资料检验等方法进行模型优选，评价相模型的质量，提高相模型的精确度。而在目的层画分精细、储层分布控制因素明确的地区，则采用“确定 + 随机”结合的方法，建立基于成因控制的地质模型，分级约束，更易满足地质规律，有效降低井间预测的不确定性，实现精细表征储层空间展布特征的目的(图 5 – 4)。

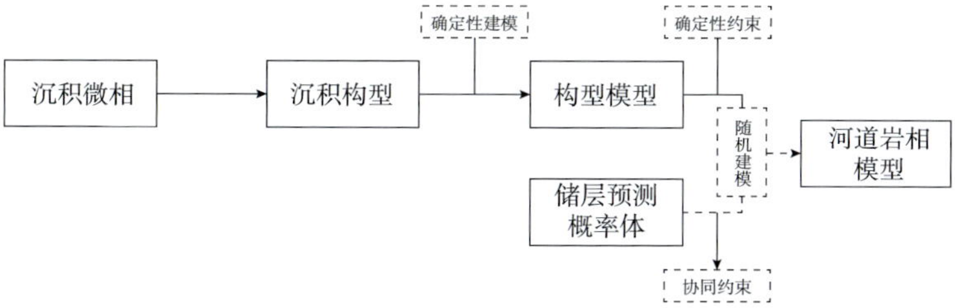

图 5 – 4　沉积控制的构型模型建模流程

鄂尔多斯盆地南缘红河地区延长组长 8 段主要为辫状河三角洲水下平原分流河道沉积，物源方向为西南向和东北方向，供给充足，砂体局部分布广泛，厚度变化较大，单砂体厚度为 3.5 ~ 8m。建模区位于川口条带西南段，井控程度高，主要为水平井，具有充足的平面数据约束，对井间构型的刻画具有较好的指导作用。本次在长 $8_1{}^2$ 小层砂体厚度和沉积微相刻画的基础之上，基于单井解剖和水平井平面约束，刻画长 $8_1{}^{2-1}$、长 $8_1{}^{2-2}$、长 $8_1{}^{2-3}$ 三个单层的河道构型平面图，采用确定性建模方法，建立单层构型模型(图 5 – 5)；在构型约束下，通过储层预测砂厚概率体的空间约束和变差函数的空间分布控制，采用序贯指示方法，构建了构型控制下的岩相模型。该方法通过确定性信息限定随机模拟过程，建立河道岩相模型，大大降低了模型的随机性和不确定性(图 5 – 6)。

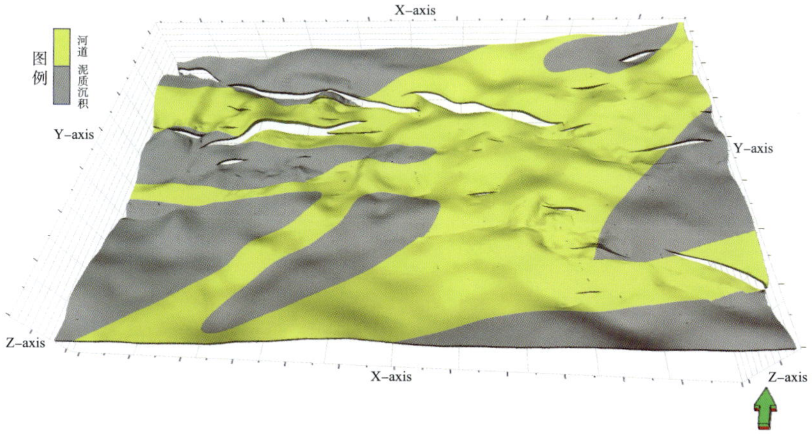

(a)长 8_1^{2-1} 单层构型模型

图 5 – 5　红河油田红河 36 井区长 $8_1{}^2$ 小层各个单层构型模型

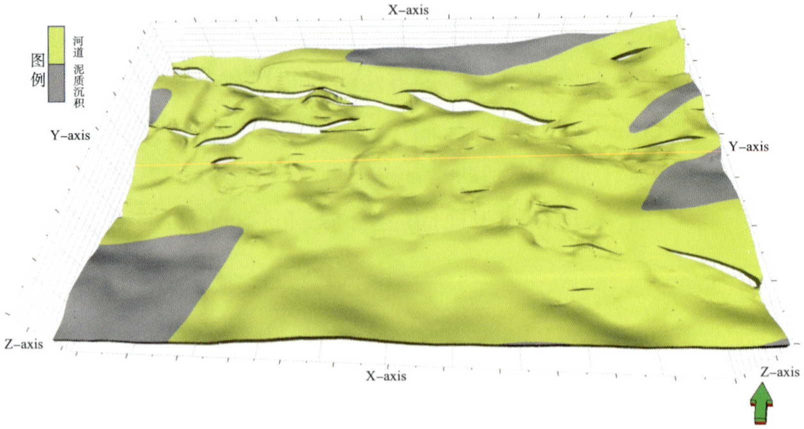

(b)长8_1^{2-2}单层构型模型

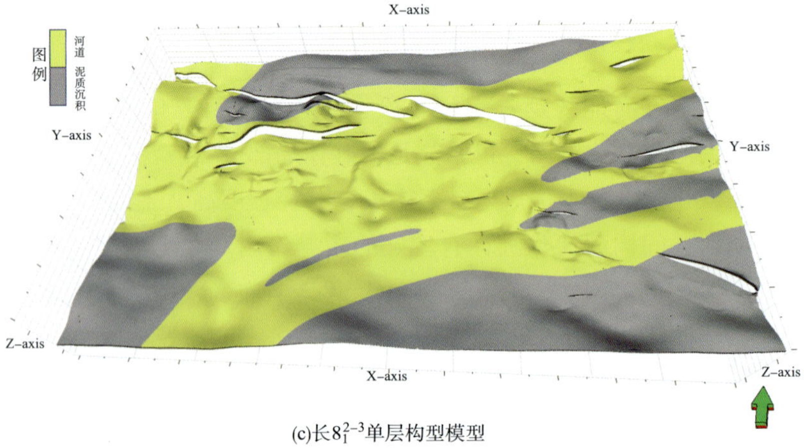

(c)长8_1^{2-3}单层构型模型

图5-5 红河油田红河36井区长$8_1{}^2$小层各个单层构型模型(续)

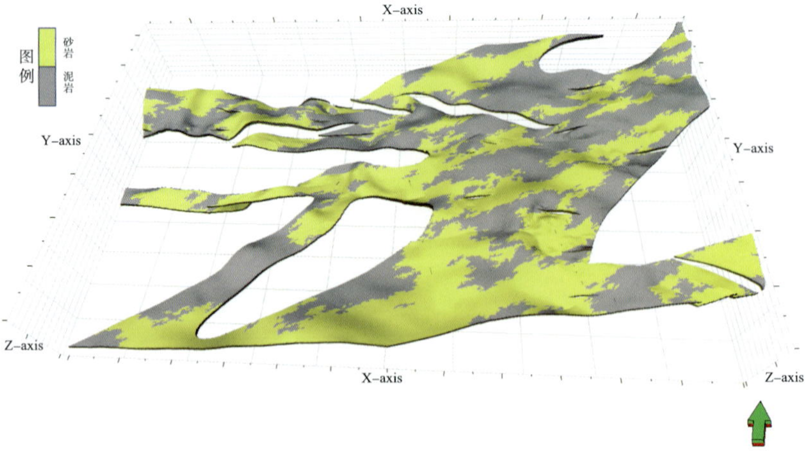

(a)长8_1^{2-1}单层岩相模型

图5-6 构型控制下红河油田红河36井区长$8_1{}^2$小层各个单层河道岩相模型

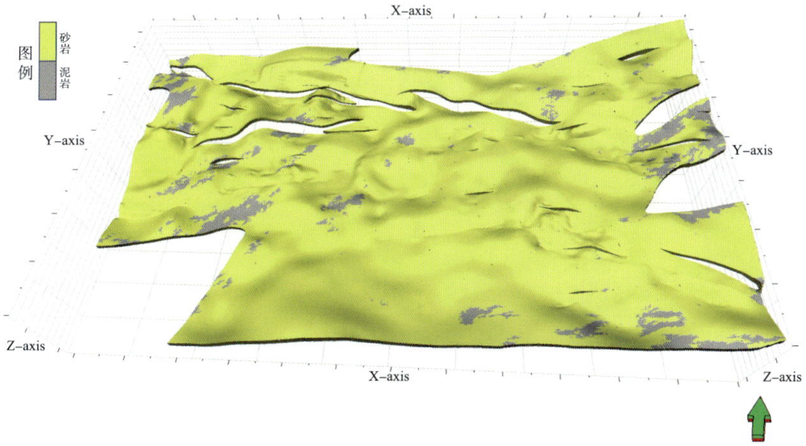

(b)长8_1^{2-2}单层岩相模型

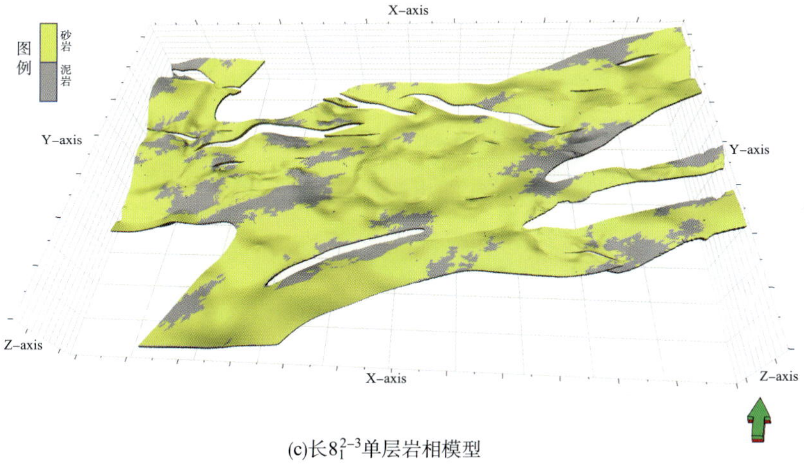

(c)长8_1^{2-3}单层岩相模型

图5－6 构型控制下红河油田红河36井区构型控制下的长$8_1{}^2$小层各个单层河道岩相模型(续)

5.1.2.2 构型约束的成岩相模型

成岩作用是控制储层质量的关键环节，也是物质组成、成岩环境和流体作用的集中反映。因此，成岩相作为某一岩层段所经历的成岩环境的总和，可以很好地反映出不同储层成岩作用的差异，甚至可以完全改变储层性质。因此，将成岩作用从微观分析推广到平面研究，对致密砂岩储层质量评价和平面预测具有至关重要的作用。红河油田红河36井区长8_1亚段主要发育绿泥石衬边中溶解相、方解石中胶结相、高岭石胶结相、方解石强胶结相和强压实相五种成岩相类型，成岩相的差异控制了储层物性特征。通过岩心分析测试和测井解释结果分析可知，绿泥石衬边中溶解相储层孔隙度整体大于15%、方解石中胶结相储层孔隙度为9%～15%、高岭石胶结相储层孔隙度为7%～9%、方解石强胶结相和强压实相储层孔隙度整体小于7%。

在成岩相精细划分的基础之上，编制红河油田红河36井区长$8_1{}^2$小层三个单层的成岩相平面图，基于构型解剖成果，河道在单层构型模型的基础之上，采用确定性建模方法，建立包含五种相类型的成岩相模型(图5-7)。

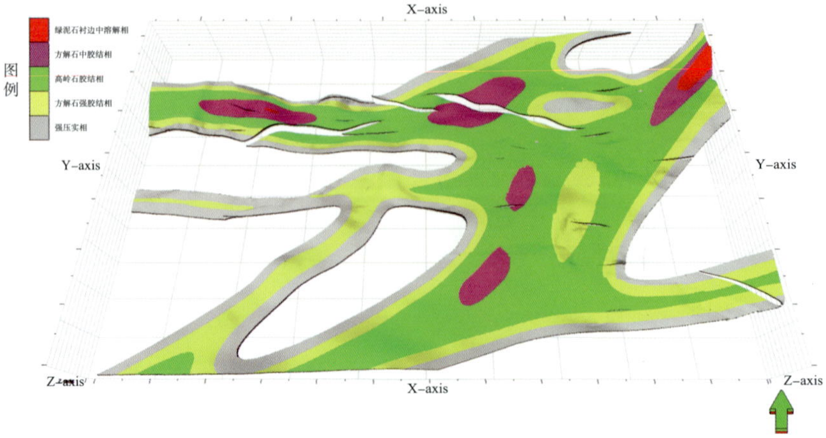

(a)红河油田红河36井区长8_1^{2-1}单层成岩相模型

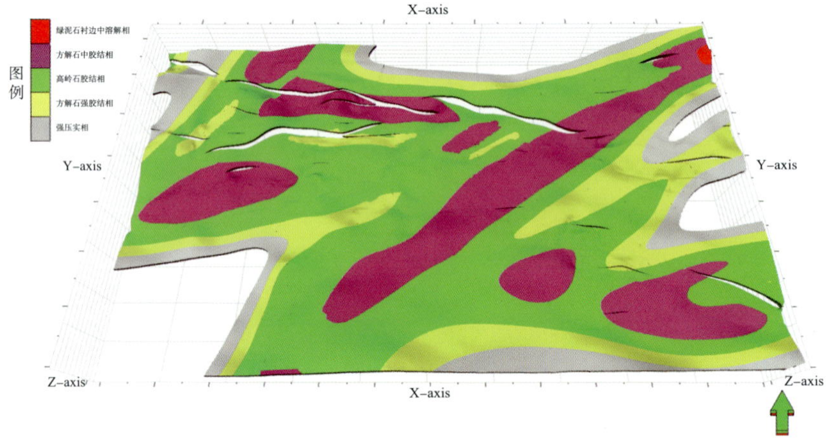

(b)红河油田红河36井区长8_1^{2-1}单层成岩相模型

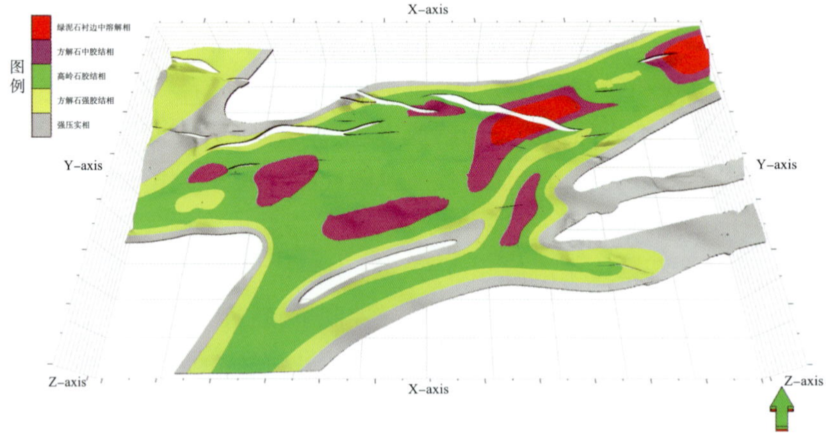

(c)红河油田红河36井区长8_1^{2-1}单层成岩相模型

图5-7　红河油田红河36井区长$8_1{}^2$小层各单层成岩相模型

结果显示，不同成岩相在平面上呈环带分布，从内向外依次为绿泥石衬边中溶解相、方解石中胶结相、高岭石胶结相、方解石强胶结相和强压实相（图5－8）。其中高岭石胶结相为主要的成岩相类型，占比46.5%，其次是方解石强胶结相和方解石中胶结相，分别占比20.1%和17.9%，强压实相占比14.7%，绿泥石衬边中溶解相较不发育，占比仅为0.8%（图5－8）。整体反映出压实作用较强，储层质量较差，非均质性强。对各小层而言，长8_1^{2-2}小层方解石胶结相较发育，绿泥石衬边中溶解相较其他小层较为发育（图5－9）。

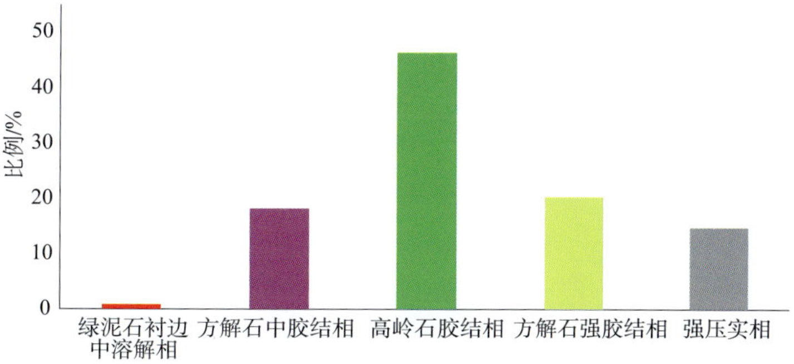

图5－8 红河油田红河36井区长8_1^2小层不同成岩相比例

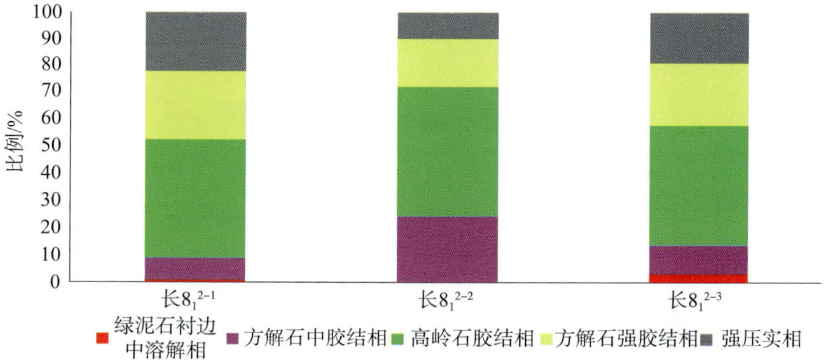

图5－9 红河油田红河36井区长8_1^2小层三个单层不同成岩相比例

5.1.2.3 基质储层属性模型

储层属性模型是油藏地质模型的核心，是储层特征及其非均质性在三维空间变化的具体表征，一般包括孔隙度、渗透率。受到沉积控制和成岩改造，鄂尔多斯盆地南缘红河地区红河油田延长组长8_1亚段致密砂岩储层具有较强的非均质性。因此，采用单一因素约束难以有效表征储层的空间非均质性程度。本书紧扣沉积和成岩双重约束的轴线，采用多信息约束相控建模技术建立储层属性模型，地质认识与地质统计学相结合，建立最大可能接近于地质真实的基质储层属性模型。

1）基质孔隙度模型

首先，建立孔隙度模型。经分析，储层孔隙度除了与沉积相类型和成岩相类型有关外，还与砂体厚度具有显著的正相关性。本次建模综合考虑了多种因素，具体策略为将岩相模型和成岩相模型融合，采用过滤剔除法，将各个成岩相中的泥岩统一定义为强压实相，砂岩中的各个成岩相类型保持不变，即将砂岩进一步细分成五种成岩相组合的离散模型，作为孔隙度建模的“相控”约束体。根据红河 36 井区长 $8_1{}^2$ 中三个单层的砂体厚度图，采用 Geometrical modeling 建模方法，构建单层砂体厚度模型，作为孔隙度建模的协同约束体(图 5－10)。综合多类型、多维度数据，采用 Sequential Gaussian Simulation 方法构建红河 36 井区长 $8_1{}^2$ 各单层基质孔隙度模型(图 5－11)。

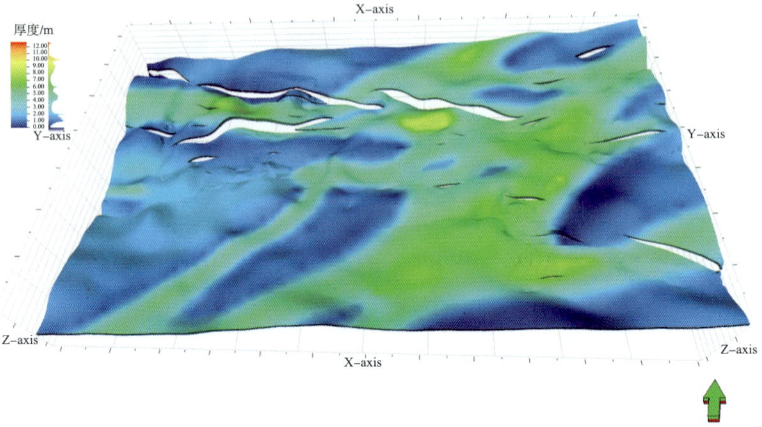

(a)长8_1^{2-1}单层砂体厚度模型

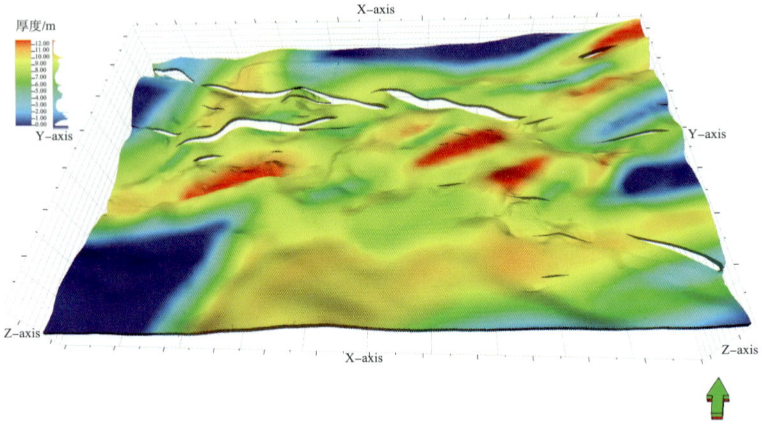

(b)长8_1^{2-2}单层砂体厚度模型

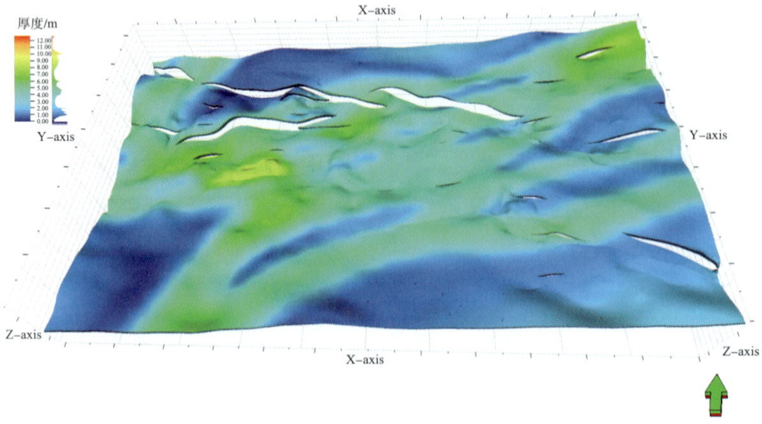

(c)长8_1^{2-3}单层砂体厚度模型

图 5－10　红河油田红河 36 井区长 $8_1{}^2$ 小层各单层砂岩厚度模型

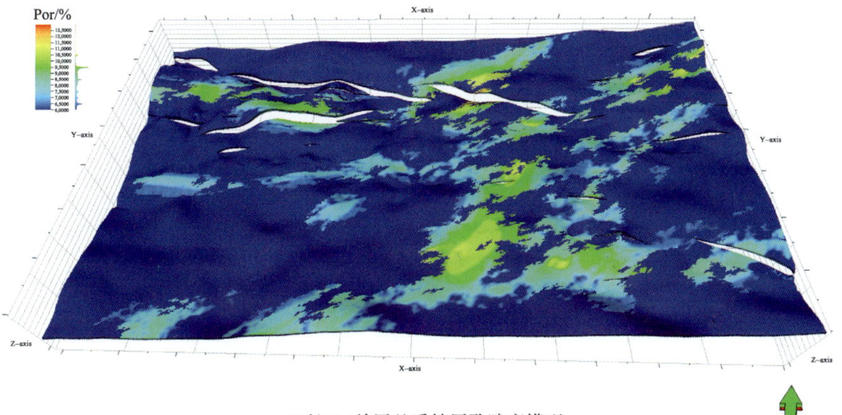

(a)长8_1^{2-1}单层基质储层孔隙度模型

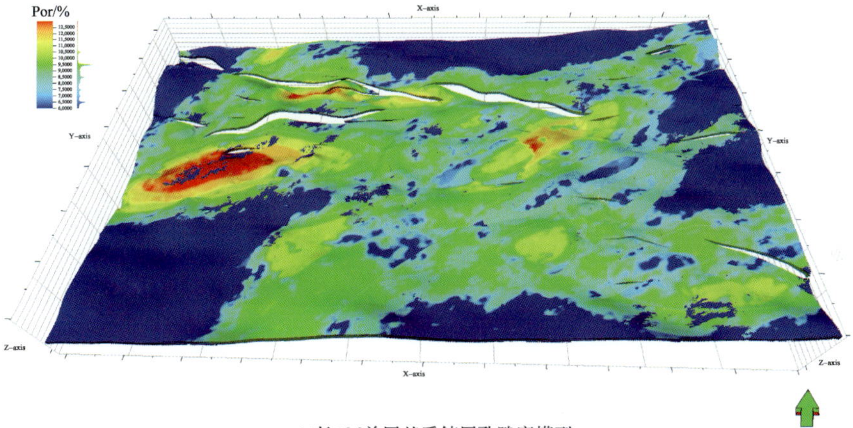

(b)长8_1^{2-2}单层基质储层孔隙度模型

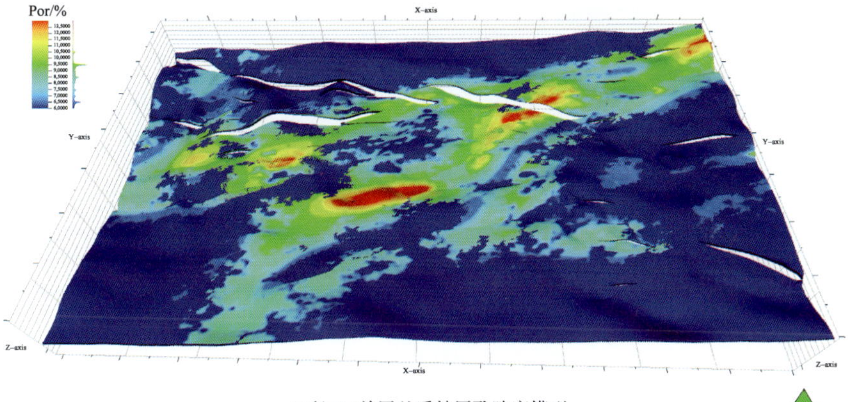

(c)长8_1^{2-3}单层基质储层孔隙度模型

图 5－11　红河油田红河 36 井区长 $8_1{}^2$小层各单层基质储层孔隙度模型

2)基质渗透率模型

在孔隙度模型基础上，以岩心分析的孔渗关系为约束，采用沉积—成岩双重相控和孔隙度模型协同约束的策略，运用 Sequential Gaussian Simulation 方法，构建红河 36 井区长 $8_1{}^2$小层各单层基质渗透率模型(图 5－12)。

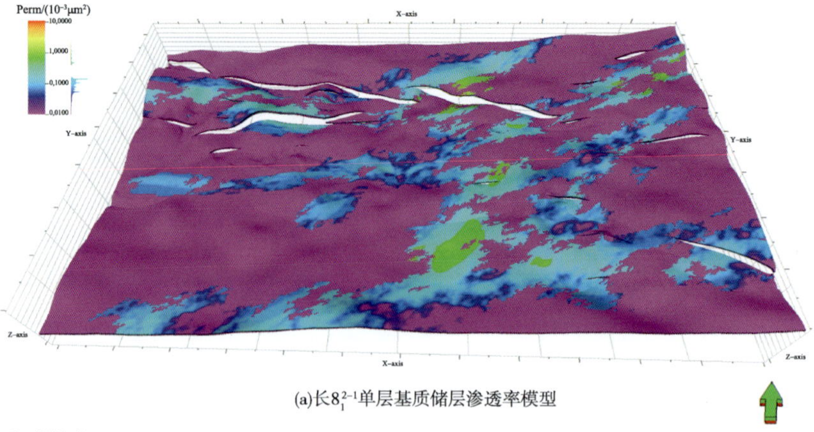

(a)长8_1^{2-1}单层基质储层渗透率模型

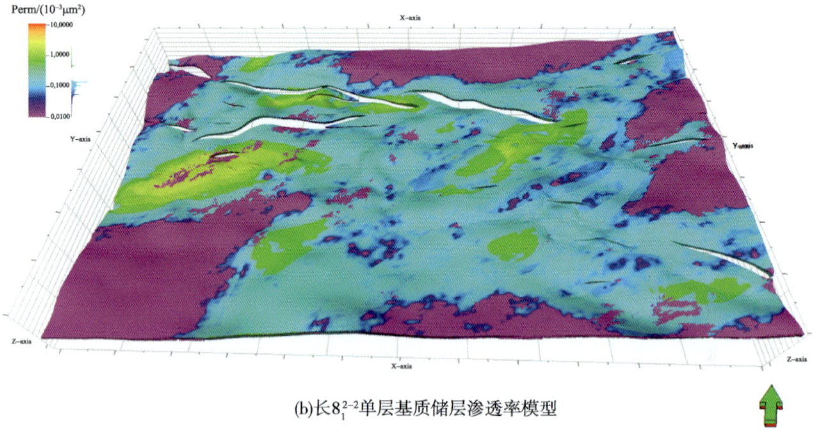

(b)长8_1^{2-2}单层基质储层渗透率模型

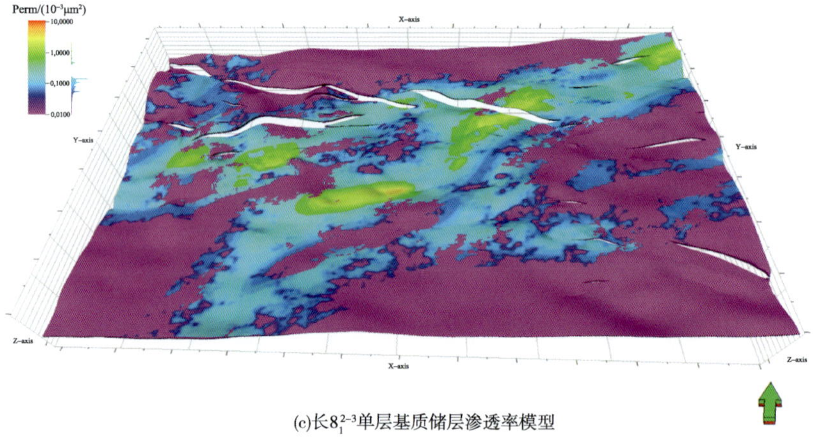

(c)长8_1^{2-3}单层基质储层渗透率模型

图5－12　红河36井区长$8_1^{\ 2}$小层各单层基质储层渗透率模型

5.1.3　多尺度裂缝模型

鄂尔多斯盆地南缘先存基底断裂间歇性活动，发育印支期、燕山期和喜山期多期次断裂系统。剖面上断层产状高陡，倾角普遍大于70°；平面上发育北西向、北东东向以及近东西向3组呈雁列式带状分布的复杂走滑断裂体系。不同期次、不同规模、不同走向的高密度断裂系统不仅控制了红河地区的构造格局，并派生了大量层组间剪切裂缝，局部改善了储层物性，形成了复杂的天然裂缝系统。天然裂缝尺度具有很强的不确定性，分布规律具有难以预测的随机性。同时，裂缝的表征参数(如开度、长度、密度等)的获取难度大且数量有限，严重制约了裂缝建模的可靠性，增加了预测的不确定性。

通过整合大尺度、中小尺度裂缝模型获得综合离散裂缝网络模型(本部分内容在第3章中有详细介绍)。在此基础之上，根据经验公式计算裂缝开度和裂缝渗透率，并通过粗化建立裂缝孔隙度、裂缝渗透率和 σ 因子模型。

5.1.3.1 裂缝孔隙度模型

对于每个网格来说，其等效裂缝孔隙度就等于该网格内的裂缝体积与该网格结点自身体积的比值，数学表达式如下：

$$\phi_f = \frac{A_f \cdot w_f}{V_{cell}} \times 100\% \tag{5-1}$$

其中，ϕ_f 为网格结点裂缝等效孔隙度,%；A_f 为网格结点内的裂缝面积，m^2；w_f 为网格结点内的裂缝开度，m；V_{cell} 为网格结点体积，m^3。

在建立裂缝孔隙度模型之前，需要对裂缝片的开度进行计算。裂缝开度既可以由测井资料计算得到，还可以通过直接测量岩心上的裂缝获得，此外，比较常用的方法是通过经验公式计算得到。本次研究采用的裂缝开度计算，公式为：

$$\text{Aperture} = \text{Length} * \text{Normal}(0.0005,\ 0.0001) \tag{5-2}$$

式中，Aperture 表示裂缝开度，m；Length 表示裂缝长度，m。在计算每个裂缝片的开度之后，根据每个网格结点内的裂缝面积和裂缝开度，利用公式(5-1)计算得到每个网格结点内的裂缝孔隙度值，粗化至储层模型内获得红河36井区长 $8_1{}^2$ 裂缝孔隙度模型裂缝孔隙度

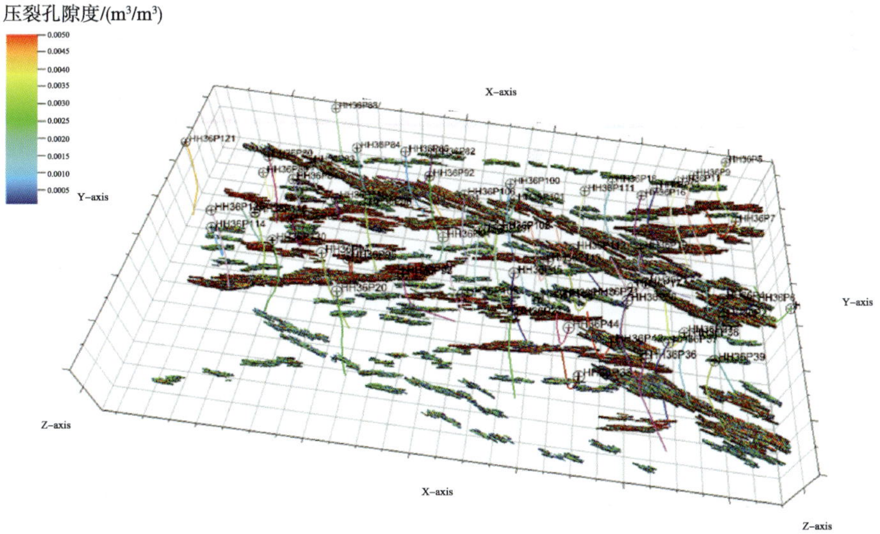

图5-13 HH36井区裂缝孔隙度模型

模型(图5-13)。由图5-13可知，裂缝孔隙度值较小，主要介于0.05%~0.5%，说明裂缝的存在对致密砂岩储层孔隙度值影响较小。

5.1.3.2 裂缝渗透率模型

裂缝等效渗透率的计算包含两个步骤，先根据经验公式计算每个裂缝片的渗透率，再利用等效方法计算每个网格结点内的裂缝等效渗透率。利用裂缝渗透率与裂缝开度的经验关系式计算每个裂缝片的渗透率，公式为：

$$\text{Permeability} = 10^4 \cdot (39.37\text{Aperture})^3 \tag{5-3}$$

式中，Aperture为裂缝开度，m，Permeability为裂缝渗透率，$10^{-3}\mu m^2$。

裂缝等效渗透率计算方法包括Oda方法和基于流体的粗化方法。Oda方法将裂缝简化成一系列平板，裂缝内的流动等效为平面板流，建立了裂缝渗透率与裂缝张量的关系，以单个网格内裂缝的总面积和裂缝的不同参数为基准，对每个单元的渗透率以及其他参数进行估算。该方法是一种基于数据统计的计算方法，计算速度很快，但是未考虑裂缝间的连通性，所以，当裂缝密度较小时，计算的裂缝渗透率值会偏小。基于流体的粗化方法是通过对每一个网格进行特别的设定，并且在压力梯度下进行流体的流动模拟，从而计算各个方向的裂缝渗透率。该方法是基于流动模拟的计算方法，计算结果较准确，但是计算复杂，计算过程较为漫长。

利用Oda方法计算每一个网格结点内的裂缝等效渗透率，粗化至储层模型内获得红河36井区裂缝渗透率模型(图5-14)。由模型可知，裂缝渗透率值明显大于致密储层基质渗透率，主要为$(1\sim200)\times10^{-3}\mu m^2$，虽然裂缝对储层储集空间影响不大，但是明显增加了致密砂岩储层的渗透率，对油气储集和运移具有重大影响。

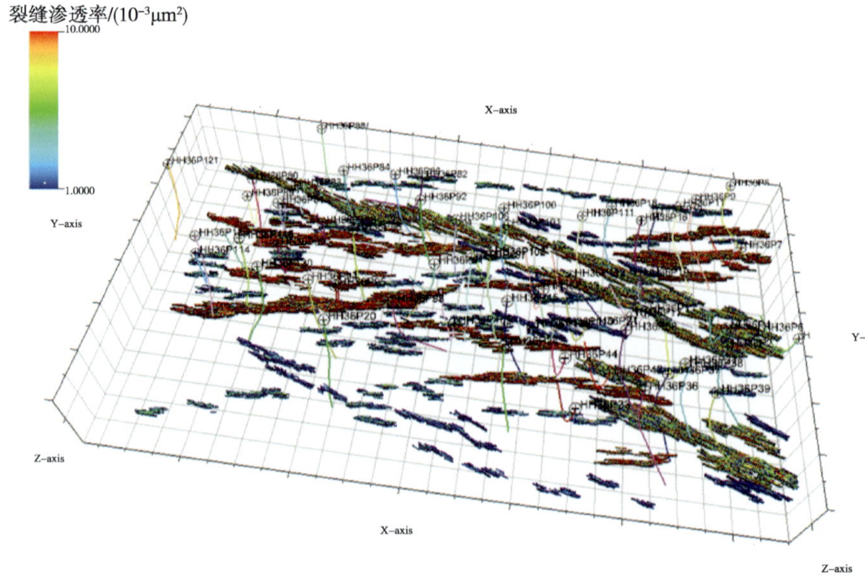

图5-14 HH36井区裂缝渗透率Ki模型

5.1.4　含油饱和度模型

含油饱和度模型是致密油油藏三维地质建模的关键组成部分，对于精细油藏描述、储量计算和井位部署等具有重要的作用。和储层物性相比，致密油储层含油饱和度受断裂和与之伴生的裂缝控制作用显著，其中多尺度断裂是导致含油性差异的关键因素，而对于裂缝带以外的基质区，储层含油性主要受储层物性的影响，优先充注于储层质量好的区域并规模性聚集。然而，裂缝的含油饱和度参数获取难度大，没有足够的数据资料支撑，制约了裂缝带区域含油饱和度的定量表征和预测，进而难以构建符合含油性差异成因模式的含油饱和度模型。

研究显示，断层和与其伴生的裂缝发育带的含油性特明显高于其外围储层，具有显著的分带性。因此，对裂缝带和基质储层，采用“确定性 + 随机性”分步计算的建模策略。

对于裂缝带而言，本次充分发挥数值模拟和动态资料反推的方法，获得裂缝带的含油饱和度为50%。在此基础之上，基于含油性差异模式指导，采用确定性的方法，建立裂缝带的含油饱和度模型，赋值为50%。对于裂缝带外侧的基质储层而言，在直井、水平井含油饱和度测井解释的基础上，采用沉积 – 成岩双重相控和孔隙度模型协同约束的策略，运用 Sequential Gaussian Simulation 方法构建红河 36 井区长 $8_1{}^2$小层基质储层含油饱和度模型。最后，将裂缝带和外侧的基质储层的含油饱和度融合，获得红河 36 井区长 $8_1{}^2$小层各单层含油饱和度模型(图 5 – 15)。

三维地质模型定量表征了红河油田长 8 段基质储层、裂缝和含油性的空间非均质性特征，为储量计算和分类评价提供了模型基础。

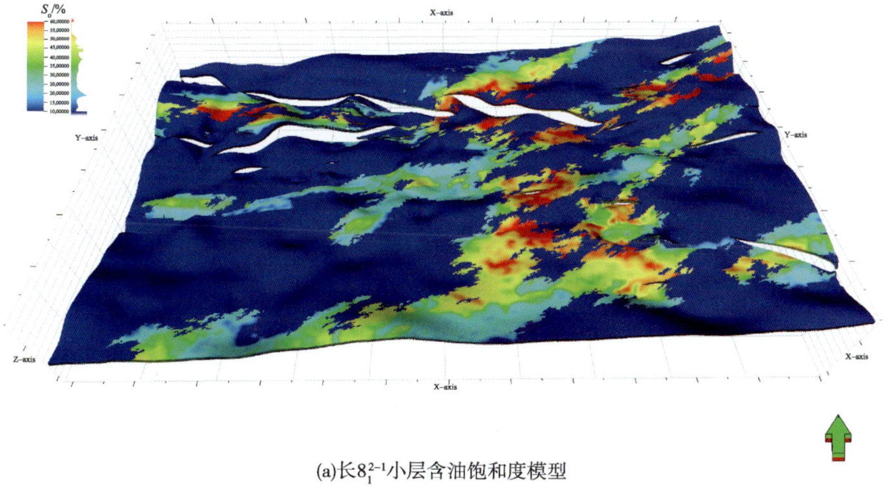

(a)长8_1^{2-1}小层含油饱和度模型

图 5 – 15　红河 36 井区长 $8_1{}^2$小层三个单层含油饱和度模型

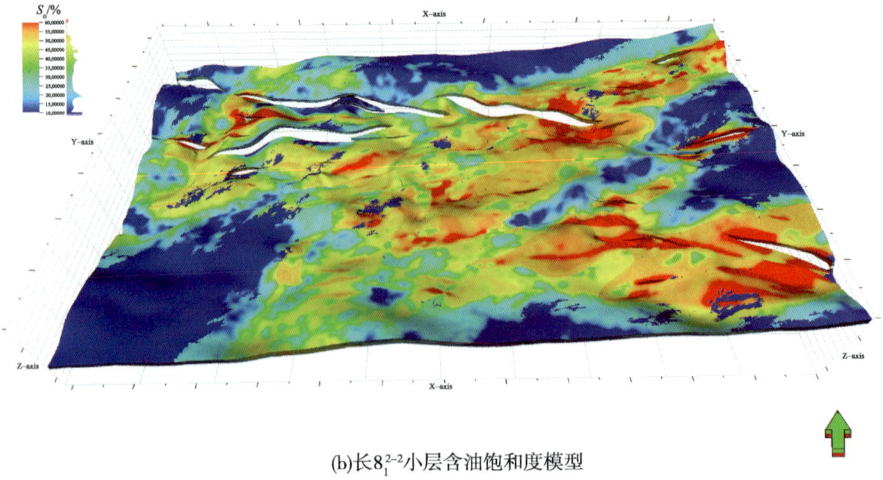

(b)长8_1^{2-2}小层含油饱和度模型

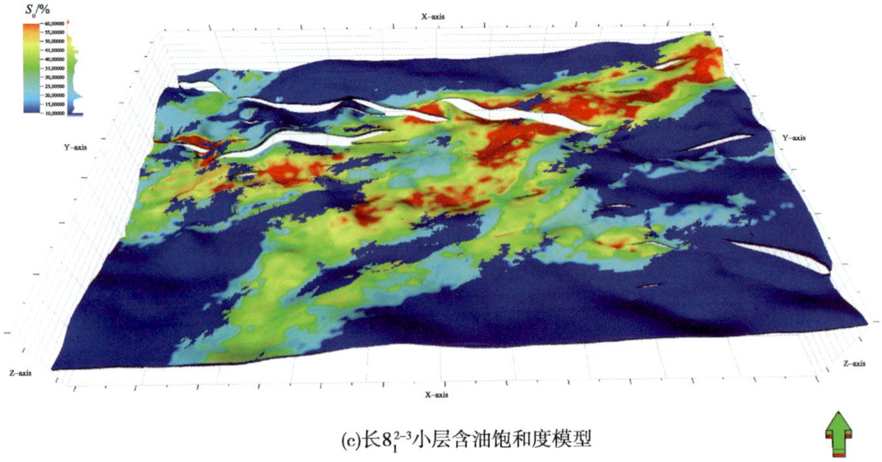

(c)长8_1^{2-3}小层含油饱和度模型

图 5－15　红河 36 井区长 $8_1{}^2$ 小层三个单层含油饱和度模型(续)

5.2　致密油储量分类评价

鄂尔多斯盆地南缘陆相致密油资源品位整体较低，受基质储层质量、分级裂缝和含油非均质性等地质因素的影响，储量品质呈现较大的差异，因此，开展致密油储量分类评价，明确不同类型储量分布和规模，建立储量动用序列，是致密油开发的一项重要工作。本节从开发技术经济界限研究出发，确定不同经济条件下的经济初产和可采储量界限，并基于油藏精细描述和地质模型储量计算结果，分析与之对应的关键地质参数和界限，进而建立储量分类评价的参数体系及标准，据此开展储量分类评价和分布特征描述，为有序开发致密油奠定地质基础。

5.2.1 开发技术经济界限确定

从经济含义上来说，技术经济界限指在现有油田开发技术和财税体制下，新钻井能收回新井增加的投资、采油操作费并获得最低收益率时所应达到的最低产量或可采储量值。技术经济界限主要包括：单井初始产量界限、单井经济可采储量界限、单井控制地质储量界限，如图 5-16 所示。

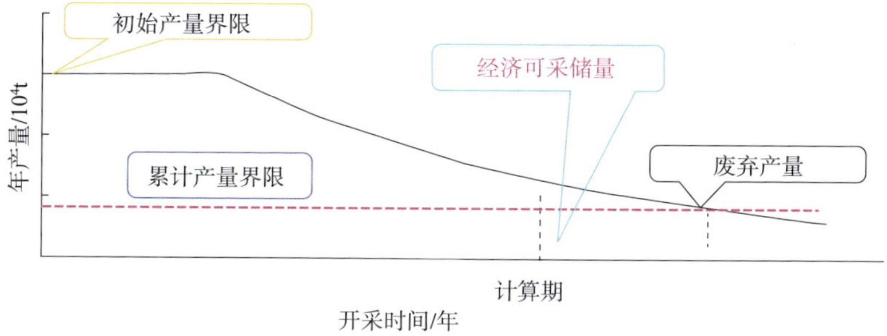

图 5-16 技术经济界限示意图

1. 单井初期产量界限

1) 单井现金流入和现金流出模型

单井现金流出包括新增建设投资、操作成本和税金。

新增建设投资：单井新增开发工程投资包括钻井投资、采油工程投资、地面集输工程投资。单井新增投资用 I_t 表示。

操作成本：包括固定成本和可变成本，固定成本包括生产人员工资、职工福利费、材料费、动力费、测井试井费、井下作业费、其他开采费、维护及修理费等。固定成本用 S_{of} 表示，可变成本用 C_{ov} 表示。

税金：按照国家财税制度和石化行业的规定，主要包括增值税、城市建设维护费、教育费附加、资源税、所得税等项目，按照国家相关的规定计入，用 T_r 表示单井税金。

油田开发单井现金流出计算公式为：

$$C_O = I_t + S_{oft} + C_{ovt} \cdot Q_t + T_r \tag{5-4}$$

式中，Q_t为年产量，10^4t；I_t为单井新增建设投资，万元；S_{oft}为固定操作成本，万元/年；C_{ovt}为单位变动成本，元/t；T_r为税金及附加，万元。

单井产出为主要产品和副产品的销售收入，在数值上等于销售量、商品率和销售价格的乘积，单井总产出计算公式为：

$$\mathrm{CI} = \sum_{t=1}^{t} P_t Q_t n \tag{5-5}$$

式中，P_t为原油价格，元/t；n 为商品率，小数。

2) 单井初期产量界限模型

新钻井初期产量界限指在一定的开发技术和财税体制下，新钻开发井所获得的收益能弥补全部投资、采油操作费并获得最低收益率时初期所应达到的最低产量，当新钻井初期产量大于这一值时，则认为经济上是可行的。因此，同时满足公式(5-6)和公式(5-7)的 Q_c 的值即为新井初期产量界限。

$$Q_c \cdot \{\sum_{t=1}^{t}[P_t \cdot n \cdot (1-r_c) - C_{ovt}].\eta_t \cdot (1+i_c)^{-t}\} - \sum_{t=1}^{t}(I_t + S_{oft}) \cdot (1+i_c)^{-t} \geqslant 0 \tag{5-6}$$

$$Q_c \cdot \sum_{t=1}^{P_T}[P_t \cdot n \cdot (1-r_c) - C_{ovt}].\eta_t - \sum_{t=1}^{P_T}(I_t + S_{oft}) \geqslant 0 \tag{5-7}$$

式中，Q_c 为新井初期产量界限，10^4t；r_c 为税金及附加占收入的比率；P_t 为原油价格，元/t；P_T为投资回收期，年；t 为经济评价期，年；η_t为无因次产量变化系数；i_c 为基准收益率,%。

2. 经济可采储量界限

油井从开始生产至达到关井产量界限时的累计产量为经济可采储量，用公式表示为：

$$N = \sum Q_t \tag{5-8}$$

式中，N 为经济可采储量，10^4t。

3. 单井控制地质储量界限

根据单井经济可采储量界限及预测采收率，可计算单井控制地质储量边际值。

$$N_c = \sum Q_t / E_r \tag{5-9}$$

式中，N_c为控制地质储量界限，10^4t；E_r 为经济采收率，小数。

不同的经济条件对应不同的技术经济界限。石油行业基准收益率(目前中国石化基准收益率为所得税后内部收益率8%)和中国人民银行五年期以上长期贷款利率(按照名义利率计算年度实际利率为4.99%)是两个重要界线点，在一定的技术经济条件下，单井经济评价内部收益率大于行业基准收益率时，为可效益开发储量，定义为一类储量(效益储量)；单井经济评价内部收益率为4.99%~8%时，为低效开发储量，定义为二类储量(低效储量)；单井经济评价内部收益率小于4.99%时，为无效开发储量，定义为三类储量(暂无效益储量)。

根据致密油开采规律和经济条件，计算出不同类别储量的经济初产储量和可采储量界限(表5-1)。

表5-1　分类储量经济和产量界限

分类储量	基准收益率/%	经济初产/(t/d)	可采储量/t
一类	≥8	≥10	6000
二类	5(含)~8	3(含)~10	3000(含)~6000
三类	<5	<3	<3000

5.2.2　储量评价参数及界限

确定了分类储量经济和产量界限之后，关键是如何转换到可描述和量化的关键地质参数。分析影响致密油储量分类评价的地质因素，需要从储量规模和储量品质两方面入手。决定储量规模的地质因素主要包括有效厚度、孔隙度和含油饱和度，而孔隙度主要受基质储层质量控制，含油饱和度则受基质储层质量和裂缝双重控制；基于油井生产动态分析，影响致密油储量品质的地质因素主要是裂缝，裂缝不仅控制了储层含油非均质性分布，也是油井高产的主要因素。因此，本节从致密油基质储层、裂缝及含油性三个方面分析出发，并结合满足不同基准收益率的经济界限，确定了影响鄂南长8段致密油储量分类评价的主要地质参数及指标界限。

5.2.2.1　基质储层参数及界限

有效厚度、孔隙度是决定储量规模的关键参数。通过本书第2章第2节基质储层质量差异机理分析可知，具有一定厚度的砂体是储层发育有效厚度和有效孔隙度的提前。受顶部压实和底部胶结作用的影响，红河油田长8段致密油储层砂体厚度与储层物性呈正相关关系，7m以下砂体的渗透率平均小于$0.1\times10^{-3}\mu m^2$，基质孔隙度小于7%，以Ⅳ类基质储层为主，几乎没有油气储渗能力，不发育有效厚度。

通过统计分析红河油田200余口水平井生产数据和地质参数，初产小于3t/d、可采储量小于3000t的油井，以Ⅲ类基质储层为主，平均渗透率为$(0.1\sim0.3)\times10^{-3}\mu m^2$，平均孔隙度为7%～9%，依据岩心渗透率与砂体厚度对应关系（图5－17），砂体厚度一般为7～14m，按照技术经济界限要求，此类油井均分布在三类储量区；按照满足基准收益率大于5%的要求，二类储量区的水平井单井经济初产需为3～10t/d、可采储量为3000～6000t，统计分析该类油井主要发育Ⅰ类、Ⅱ类基质储层，平均渗透率大于$0.3\times10^{-3}\mu m^2$、

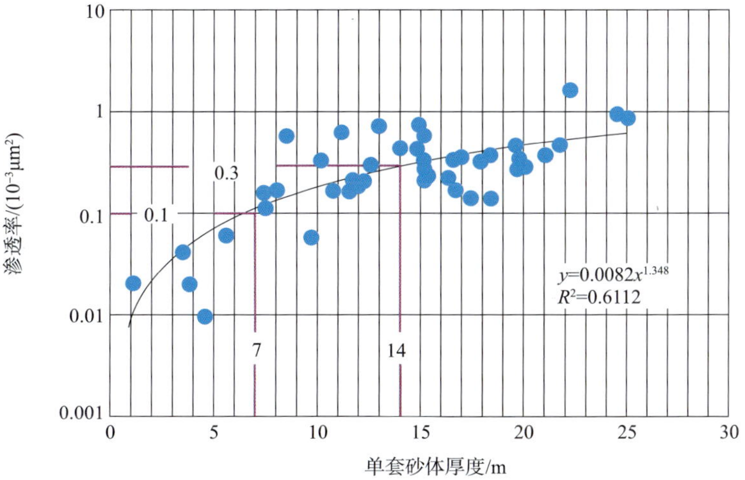

图5－17　红河长8岩心渗透率随砂体厚度的变化

平均孔隙度大于9%。依据岩心渗透率与砂体厚度对应关系，砂体厚度需大于14m；而统计分析基准收益率大于8%的油井，即满足初产达到10t/d、可采储量大于6000t的水平井，其基质储层参数与二类储量的水平井差异不大，以Ⅰ类基质储层为主，其次为Ⅱ类储层。

因此，按照不同初产能力的水平井钻遇基质储层地质参数的统计规律，并参考本书第2章的基质储层质量分级标准(表8)，采用微观与宏观参数结合的方法，优选了砂体厚度、分选系数、孔隙度、渗透率、主流喉道半径和K/ϕ比等六个参数作为红河油田长8段致密油储量评价的基质储层分类评价指标，并建立了分类标准(表5－2)。

表5－2　红河油田储量评价基质储层参数分类

储量类别		一类	二类	三类
基质储层质量类别		Ⅰ、Ⅱ类	Ⅰ、Ⅱ类	Ⅱ、Ⅲ类
沉积特征	砂岩厚度	>14	>14	7~14
	分选系数	2~3	2~3	1.5~4
储集参数	孔隙度/%	>9	>9	7~9
渗流参数	渗透率/($10^{-3}\mu m^2$)	>0.3	>0.3	0.1~0.3
	主流喉道半径/μm	>0.5	>0.5	<0.5
	K/ϕ	>4	>4	1.5~5

5.2.2.2　裂缝参数及界限

基于鄂尔多斯盆地南缘致密油水平井的生产动态分析，明确了裂缝发育程度对红河油田油井产能有着明显的控制作用，而产能高低反映了钻井区的储量品质好坏。因此，本书认为裂缝是影响鄂尔多斯盆地南缘致密油储量品质的关键地质因素，可选取归一化后的裂缝强度指数FFI作为储量分级的评价参数。

按照一类储量区满足基准收益率大于8%的要求，水平井单井经济初产需达到10t/d、可采储量大于6000t。以红河油田长8段致密油为例，分别建立归一化后的单井裂缝强度指数FFI与水平井单井初产交汇图版(图5－18)、单井裂缝强度指数FFI与水平井可采储量交汇图版(图5－19)。由上述两个图版得知，当满足水平井初产达到10t/d、可采储量大于6000t时，裂缝强度指数FFI需大于0.4。

按照二类储量区满足基准收益率大于5%的要求，水平井单井经济初产需达到3~10t/d、可采储量为3000~6000t。通过归一化后的单井裂缝强度指数FFI与水平井单井初产交汇图版(图5－18)、单井裂缝强度指数FFI与水平井可采储量交汇图版(图5－19)得知，当满足水平井初产达到3t/d、可采储量大于3000t时，裂缝强度指数FFI需大于0.2。

因此，通过建立裂缝参数与水平井单井初产及可采储量图版，确定了三类储量的裂缝参数界限要求，即一类储量区需满足裂缝强度指数大于0.4，二类储量区需满足裂缝强度指数为0.2~0.4，三类储量区裂缝强度指数小于0.2。

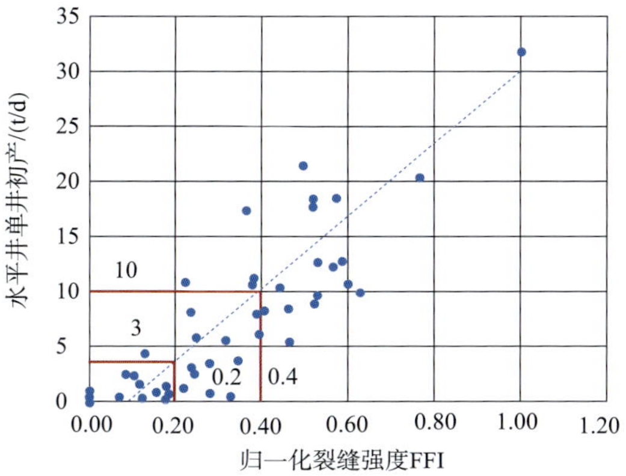

图5－18　红河长8归一化裂缝强度FFI与水平井单井初产交会图

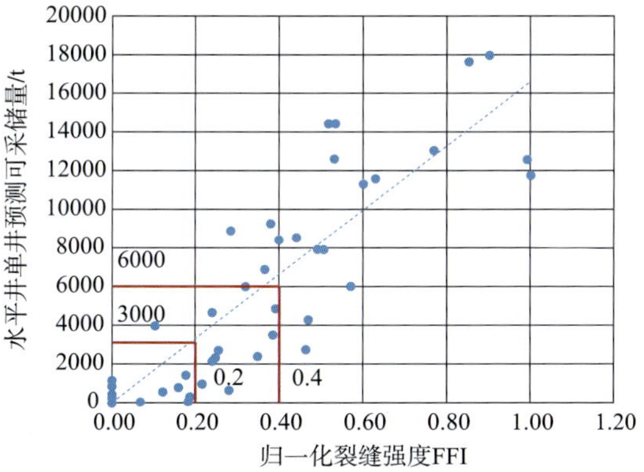

图5－19　红河长8归一化裂缝强度FFI与水平井单井可采储量交会图

红河油田裂缝发育程度受控于断裂带的规模，并对储层含油性分布具有控制作用，但并不是断裂带的规模越大、裂缝越发育，对油气富集更为有利。由第4章中储层含油性主控地质因素分析得知，断距大于20m、长度大于2.5km的断层相关的大级别裂缝带，对油气保存不利，储层含油性较差，附近水平井含水率均在50%以上，储量品质较差，断距为10～20m，长度为1.0～2.5km的断层控制的中级别裂缝带为主要油气富集区，储层含油性好、储量品质高，小级别裂缝带附近含油性和储量品质次之。

因此，以归一化后的裂缝强度FFI为主要裂缝指标，同时结合大、中、小不同尺度断裂带的分级标准，考虑断裂长度和断距两个参数，作为红河油田长8致密油储量分类评价裂缝参数体系，并建立了分类标准(表5－3)。

表5－3　红河油田储量评价裂缝参数分类

储量类别	断裂级别	裂缝强度	长度/km	断距/m
一类	中级别裂缝带	>0.4	<2.5	10～20
二类	小级别裂缝带	0.2～0.4	<1.0	<10
三类	裂缝不发育	—	—	—

5.2.2.3 含油性参数及界限

致密油储层含油饱和度受裂缝和储层质量的双重控制，含油非均质性极强，含油饱和度高低直接影响了储量品质，是储量分类评价的重要参数之一。

鄂尔多斯盆地南缘延长组长8段上千口直井及数百口水平井试油、试采及生产结果表明，已发现的致密油藏边水、底水均不明显，油水同储同出。这是由于鄂南致密油储层致密，孔隙喉道细小，横向上岩性、物性变化大，加之地层平缓，油水难以在其中形成良好分异，而以油水同层、含水油层为主，纯油层、纯水层较少，这与典型的常规砂岩油藏明显不同。

为了最大限度地评估致密油储量规模，只要满足红河地区工业油流井标准要求，本书把油层和油水同层均纳入储量计算的范围。因此，以油水同层的含油饱和度作为储量计算的储层饱和度下限。限于红河油田资料和实际生产特征，主要采用试油法确定。试油法主要通过绘制红河地区内多口工业油流井试油油层、油水同层的含油饱和度和孔隙度交会图（图5-20），以满足达到工业油流井的最低含油饱和度和孔隙度，作为储量计算的下限值。从图5-20中可以得出致密油储量计算的含油饱和度下限值为30%，即分类储量的含油饱和度下限为30%。

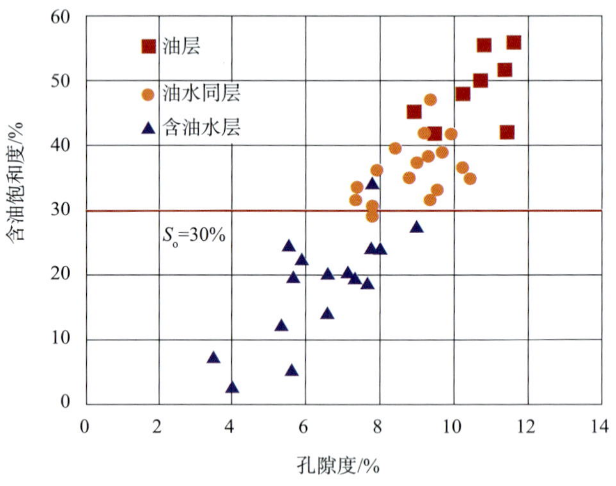

图5-20 红河油田孔隙度与含油饱和度交会图

按照一类储量区满足基准收益率大于8%的要求，水平井单井经济初产需达到10t/d、可采储量大于6000t。由于油井累产受地质条件、压裂措施、工作制度等多方面因素的影响，而初产更多反映的是地质条件本身，与储层含油饱和度关系更为密切。因此，以红河油田长8段致密油为例，建立水平井单井初产与测井解释含油饱和度交汇图版（图5-21）。由图版得知，当满足水平井初产达到10t/d时，储层平均含油饱和度需大于50%。同样，按照二类储量区满足内部收益率大于5%的要求，水平井单井经济初产需达到3t/d，由图5-21可知，储层平均含油饱和度需大于40%。

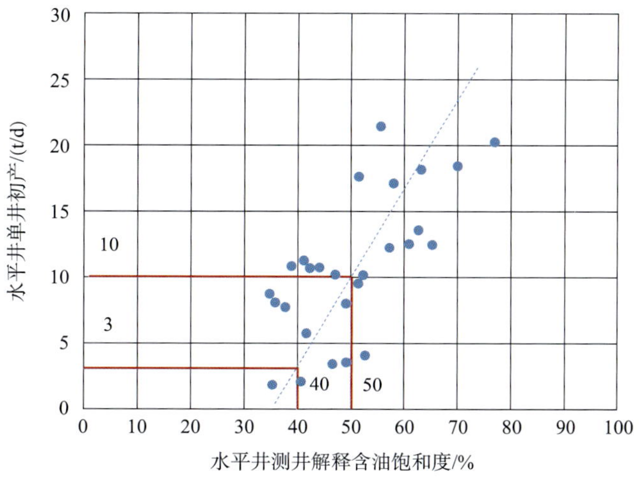

图 5－21　水平井初产与测井解释含油饱和度交汇图

结合分类储量的含油饱和度下限 30%，确定了三类储量的不同含油饱和度界限要求，即一类储量需满足含油饱和度大于 50%，二类储量需满足含油饱和度为 40%～50%，三类储量需满足含油饱和度为 30%～40%，具体如表 5－4 所示。

表 5－4　红河油田储量评价含油饱和度界限

储量类别	含油饱和度范围 /%
一类	≥50
二类	40～50
三类	30～40

5.2.3　储量分类标准及分布特征

5.2.3.1　储量分类评价标准

在精细描述致密油基质储层、裂缝和含油性“三大强非均质性”地质特征的基础上，通过分析影响致密油储量规模和储量品质的地质因素，结合不同基准收益率的经济和产能界限，确定了不同类型储量的“基质储层＋裂缝＋含油性”配置关系，并在储量计算的基础上，确定了不同类型储量的储量丰度界限。

一类储量：现技术经济条件可动用储量。满足基准收益率大于 8%，水平井单井经济初产达到 10t/d、可采储量大于 6000t。地质特征组合为Ⅰ类/Ⅱ类基质储层＋中级别裂缝带区＋储层含油性好($S_o>50\%$)，储量丰度大于 $50\times10^4t/km^2$，属于致密油的“甜点区”。

二类储量：通过技术攻关或一定经济条件可动用储量。满足基准收益率大于 5%，水平井单井经济初产超过 3t/d、可采储量为 3000～6000t。地质特征组合为Ⅰ类/Ⅱ类基质储层＋小级别裂缝带区＋储层含油性中等($40\%<S_o<50\%$)，储量丰度为$(30\sim50)\times10^4t/km^2$。

三类储量：目前技术经济条件下暂不能有效动用储量。基准收益率小于5%，水平井单井经济初产小于3t/d、可采储量小于3000t。地质特征组合为Ⅱ类/Ⅲ类基质储层区＋裂缝不发育＋储层含油性差（$30\% < S_o < 40\%$），储量丰度小于$30\times10^4 t/km^2$。

由技术经济界限出发，结合基质储层非均质性评价、裂缝非均质性评价、含油非均质性评价结果，确定了鄂尔多斯盆地南缘致密油储量分类评价的主要地质参数及指标界限，建立了储量分类评价标准（表5－5）。

表5－5　鄂尔多斯盆地南缘致密油储量分类评价标准

类别	经济评价	产能评价		储层综合评价										储量丰度/($10^4t/km^2$)
				基质储层参数						裂缝参数			含油性参数	
				沉积特征		储集参数	渗流参数			断层尺度		裂缝强度	含油饱和度/%	
	内部收益率/%	初期产油/(t/d)	单井可采储量/(10^4t)	砂厚/m	分选系数	孔隙度/%	渗透率/($10^{-3}\mu m^2$)	主流喉道半径/μm	K/ϕ	长度/km	断距/m			
一类	>8	>10	>0.6	>14	2～3	>9	>0.3	>0.5	>4	<2.5	10～20	>0.4	>50	>50
二类	5～8	3～10	0.3～0.6	>14	2～3	>9	>0.3	>0.5	>4	<1.0	<10	0.2～0.4	40～50	30～50
三类	<5	<3	<0.3	7～14	1.5～4	7～9	0.1～0.3	<0.5	1.5～5	/	/	<0.2	30～40	<30

5.2.3.2　分类储量分布特征

选取红河油田具有较好代表性的红36井区开展储量分类评价。基于三维地质模型，计算了红河36井区地质储量，结合鄂尔多斯盆地南缘致密油储量分类标准，开展储量分类评价，明确了该井区不同类型储量占全部储量的占比及平面分布特征（图5－22）。

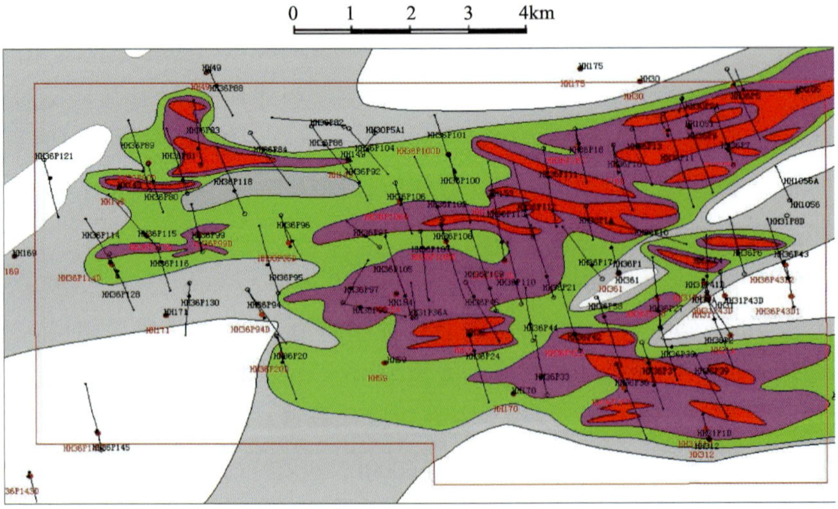

图5－22　不同类型储量类型平面分布图

一类储量占比31.6%，仅占该井区全部地质储量规模的三分之一，主要为中等尺度断裂的富油裂缝带，分布在井区的西北部、东南部、中北部和西部几个中等级别断裂形成的裂缝带中，整体呈条带状分布。该类储量区裂缝发育，S_o 相对较高(＞50%)，是鄂尔多斯盆地南缘致密油的“甜点区”。统计发现“甜点区”分散在20个单元内，其中9个面积小于0.2km²、储量规模小于 10×10^4t，整体具有小而分散的特点。通过前期开发实践，认为该类储量在目前的经济条件下，通过水平井分段体积压裂技术可有效动用，是致密油优先开发动用的主要目标。

二类储量占比48.7%，占全部地质储量规模的近一半，为小级别裂缝带与Ⅰ类/Ⅱ类储层质量叠合区，是红河36井区地质储量的主要构成类型，主要分布在自西南部向东北部的主河道和东南部主河道中部，储层物性略差，距离裂缝带有一定的距离，发育一定微裂缝，沿裂缝带呈不规则连片分布特征。该类储量目前动用范围小，评价认为通过技术攻关加降本，未来可实现有效动用。

三类储量占比19.6%，占比规模相对较小，主要分布在支河道及河道边部，沿二类储量区呈不规则连片分布，但含油饱和度低、储层物性相对较差。评价认为该类储量在目前的经济技术条件下难以动用。

红河油田长8段致密油开发初期，储层表征技术不成熟、油藏描述精度不高，未能正确认识到致密油特殊地质条件对油气分布的影响，也没有认识到储量品质的差异性，采用水平井分段压裂技术无差别开发，导致大量的低产、低效井，开发效果未达预期。实践证明，储层精细表征和储量分类评价是致密油开发的基础，通过储量分类评价，建立储量动用序列，遵循效益开发的原则，有步骤地优先动用一类储量，同时准备攻关二类储量，才能最大程度地保证陆相致密油实现效益开发。

第 6 章　结论与认识

经过多年的技术攻关和开发实践，对鄂尔多斯盆地南缘陆相致密油地质特征的认识不断深化，特别是针对红河油田长 8 段以裂缝—孔隙型储层为主的致密油研究，大幅度提高了基质储层质量、裂缝和含油“三大强非均质性”的描述精度，基本搞清了此类致密油藏地质特征和“甜点”分布，为红河油田致密油开发调整提供了地质依据。

(1)明确了红河油田主力开发层长 $8_1^{\,2}$ 小层为辫状河三角洲下平原沉积，多期河道叠置，单期砂体厚度为 4～8m，宽度为 400～1200m，内部砂泥和物性变化频繁、储层非均质极强。提出了“沉积构型约束成岩、成岩约束储层质量”的新思路，根据微观孔隙结构与宏观储层质量的对应关系，形成“成岩相控、井眼约束、物性参考”的预测方法，实现了 4～8m 厚度砂体的单期河道内部储层质量非均质性表征。受沉积、成岩双重控制，以Ⅱ类储层为主，Ⅰ类储层分布范围局限，河道下游储层质量逐渐变好。

(2)明确了红河油田多尺度裂缝发育，以 NEE 向及 NW 向裂缝带为主，形成了多信息融合的裂缝带分级预测方法，利用岩心、测井、钻录井、地震、地应力等多维信息，综合表征大、中、小尺度裂缝强非均质性，实现“千米级”到“米级”裂缝定量表征。其中，中尺度裂缝带宽 50～300m，具有明显分带性，在断层交汇处、转折处裂缝带变宽；小尺度裂缝带规模略小，宽度一般小于 100m。

(3)明确了不同尺度裂缝带差异性控制红河油田致密油富集，高含油饱和度区沿控油裂缝带和优质储层呈条带状分布。形成了直井－水平井结合的非阿尔奇饱和度测井解释方法，长 8 段油藏含油饱和度低且非均质性强，平均为 45%，以油水同层为主；地质－动态相结合，从烃源岩、基质储层、裂缝、断层、构造五个方面开展油气富集主控因素分析，明确断裂在油气富集中起主导作用，断裂规模在油气聚集与保存中的作用具有差异性，提出了雁列式中尺度断裂的构造高部位为有利目标区。

(4)形成了致密砂岩油藏三维地质建模技术，定量表征了致密油“三大强非均质性”。建立了鄂尔多斯盆地南缘致密油储量分类评价标准。以技术经济条件为约束，明确了红河油田长 8 段致密油储量动用序列及规模，其中Ⅱ类储量占比较高，Ⅰ类储量集中在裂缝带内，鄂尔多斯盆地南缘致密油“甜点”沿裂缝带和优质储层呈条带状分布，具有小而分散的特点。

基于鄂尔多斯盆地南缘致密油新的地质认识，提出针对不同类型储量分类施策。

Ⅰ类储量区裂缝发育，S_o 相对较高(>50%)，“甜点”小、井控程度高，是挖潜的主要目标，面临的首要问题是地层能量严重不足，如何利用现有井网有效补充地层能量是需要重点研究的课题。一方面研究有效补充能量方式，如井组整体吞吐，集中注入遏制井间水/气窜，集中焖井充分发挥渗吸作用，提高储量动用程度；如多轮次调堵注水增能，让注入介质进入致密孔隙，扩大注入介质波及范围。另一方面研究高效注入介质体系，如降低原油黏度、降低界面张力等，以改善流动性，提高置换驱油效率。通过综合措施，进一步提高Ⅰ类储量采收率。

Ⅱ类储量区储量规模较大(占比近50%)，连片分布，但含油饱和度低，储层物性略差，单井产量和储量动用程度低，需重点攻关提高单井产量技术。针对Ⅱ类储量含油饱和度相对较高的区域，试验水平井密切割体积压裂技术，同步实现“增大缝控储量+增能置换+降低原油黏度”，提高单井产量；试验水平井同井段间注采，注入介质沿人工裂缝侧向驱替，建立线性驱替压力场，提高储量动用程度。通过技术进步，提高单井产量，进而释放Ⅱ类储量开发潜力。

鄂尔多斯盆地南缘长8段致密油地质条件异常复杂，给效益开发带来极大难度，回顾其开发历程，有以下两点体会。

一是“程序不能超越”的理念对陆相致密油开发尤为重要。“勘探发现—油藏评价—先导试验—产能建设”是油田勘探开发必须遵循的程序。在勘探发现之后，一个重要的任务就是油藏评价，开展油藏描述，搞清油藏类型，建立概念地质模型，评价地质储量和油井产能，提出主导工艺技术，编制油藏开发概念设计，进行总体部署、分批实施；在完成油藏评价之后，为了提前认识油藏开发规律和可能出现的问题，搞清拟采用的开发方式和工艺技术是否得当，还需要进行油藏开发先导试验，以此深化油藏认识，指导油藏的合理开发和优化调整；在概念方案和先导试验的基础上，建立符合油藏实际的地质模型，落实动用储量规模和生产能力，明确开发方式和主导工艺技术，编制油藏开发方案，实施产能建设。遵循上述程序，一步一步做实每一个环节的基础工作，对地质条件极其复杂的陆相致密油开发尤为重要，可以最大程度地减少失误，有效地控制开发风险，确保开发方案设计的主要指标具有较高的符合率。

地质条件越复杂，油藏认识与实践的多次反复不可避免，要准确地搞清油藏情况，需要较长的过程。技术人员可以采取“滚动勘探开发”方式加快工作节奏，但要坚决避免上一层次问题未查明解决，就急于进入下一层次的超越程序的做法，超越程序往往以牺牲油藏认识和工程准备为代价，造成开发过程中出现很多意想不到的情况，最后的结果是方案实施符合率低、达不到预期开发效果。因此，“程序不能超越”的理念对陆相致密油开发有很强的现实指导意义。

二是油藏精细描述和储量分类评价是陆相致密油效益开发的基础。陆相致密油整体属于低品位资源，受基质储层质量、分级裂缝和含油非均质性的影响，其成藏富集规律和储量品质差异很大，通过油藏精细描述，正确认识油藏特征，搞清分类储量展布及规模，建立储量动用和评价序列，是致密油效益开发的前提和基础。

油藏描述是对控制油气富集和影响油气流动的地质因素的表征，是正确认识致密油、合理开发致密油的基础工作。由于陆相致密油地质条件的特殊性，其油藏描述内容与常规砂岩油藏的侧重点不同，需要加强基质储层、分级裂缝和含油非均质性的精细表征。基质储层质量受控于沉积、成岩的综合作用，在沉积构型模式的控制下，重点要厘清储层微观孔隙结构、成岩相与储层质量三者的关系，进而描述不同储层质量的分布特征；不同尺度裂缝对致密油成藏富集与分布有重要的控制作用，其识别、预测与描述是储层表征的重中之重；受裂缝和储层质量的双重控制，含油非均质性强是陆相致密油一个重要特征，对储量分类评价和“甜点”优选影响极大，需重点开展含油性解释与评价，描述储层含油饱和度纵横向分布特征。针对陆相致密油地质特点，为提高油藏描述精度、满足致密油开发需求，需要广大地质工作者不断探索和攻关，逐步形成致密油藏描述技术方法和流程。

在油藏精细描述的基础上，分析影响储量丰度和品质的地质因素，结合经济条件和生产动态，建立储量分类评价的参数体系及标准，完成致密油储量分类评价，Ⅰ类为现技术经济条件下可效益开发储量，Ⅱ类为通过技术攻关或经济条件改变可有效开发储量。在储量分类评价基础上，致密油开发应遵循“先易后难”、有序动用的原则，严控开发风险，有步骤地提高储量动用规模；防止对储量不加区别地笼统开发，这是造成致密油储量动用程度低、采收率低的主要原因。

诚然，陆相致密油是一种潜力巨大的非常规资源，但目前致密油实现效益开发还存在诸多难题，要成为我国石油开发的接替阵地，无疑还有较长的路要走。但笔者相信，只要有资源，加强基础研究和技术攻关，加强现场先导试验，理论与实践相结合，通过地质理论认识和工程技术水平不断迭代升级，持续发力，致密油效益开发终会迎来突破之日，必将为我国未来石油产量接替做出应有的贡献。

限于笔者对陆相致密油的认知水平，本书的观点和阐述难免有错误和不当之处，敬请各位读者谅解和批评指正。

参考文献

[1]白玉彬．鄂尔多斯盆地长 7 致密油成藏机理与富集规律[M]．北京：石油工业出版社，2014.

[2]赵政璋，杜金虎．致密油气[M]．北京：石油工业出版社，2012.

[3]邹才能，陶士振，侯连华，等．非常规油气地质[M]．2 版．北京：地质出版社，2013.

[4]吴胜和．储层表征与建模[M]．北京：石油工业出版社，2010.

[5]贾承造，邹才能，李建忠，等．中国致密油评价标准、主要类型、基本特征及资源前景[J]．石油学报，2012，33(3)：343 –350.

[6]邹才能，朱如凯，吴松涛，等．常规与非常规油气聚集类型、特征、机理及展望：以中国致密油和致密气为例[J]．石油学报，2012，33(2)：173 –187.

[7]长庆油田石油地质志编写组．中国石油地质志(卷十二长庆油田)[M]．北京：石油工业出版社，1992：47 –51.

[8]邹才能，赵文智，张兴阳，等．大型敞流坳陷湖盆浅水三角洲与湖盆中心砂体的形成与分布[J]．地质学报，2008，82(6)：813 –825.

[9]周庆凡，杨国丰．致密油与页岩油的概念与应用[J]．石油与天然气地质，2012，33(4)：541 –544.

[10]张园园，任战利，何发岐，等．克拉通盆地构造转折区中 –新生界构造特征及其控藏意义——以鄂尔多斯盆地西南部镇泾地区延长组为例[J]．岩石学报，2020，36(11)：3537 –3547.

[11]朱光有，杨海军，张斌，等．油气超长运移距离[J]．岩石学报，2013，29(9)：3192 –3212.

[12]李桢，吴胜和．致密储层砂体内部成岩强度与储层质量差异分析——以鄂尔多斯盆地延长组三角洲分流河道构形要素为例[A]．第三届中国油气藏开发地质大会．2014.

[13]罗静兰．河流—湖泊三角洲相砂岩成岩作用的重建及其对储层物性演化的影响——以延长油区侏罗系—上三叠统砂岩为例[J]．中国科学：D 辑，2001，31(12)：1006 –1016.

[14]钟大康，周立建，孙海涛，等．储层岩石学特征对成岩作用及孔隙发育的影响——以鄂尔多斯盆地陇东地区三叠系延长组为例[J]．石油与天然气地质，2012，33(6)：890 –899.

[15]付晶，吴胜和，罗安湘，等．鄂尔多斯盆地陇东地区延长组纵向储层质量差异及主控因素分析[J]．地学前缘，2013，20(02)：98 –107.

[16]张哨楠，丁晓琪．鄂尔多斯盆地南部延长组致密砂岩储层特征及其成因[J]．成都理工大学学报：自然科学版，2010，37(4)：386 –394.

[17]曾联波．低渗透砂岩储层裂缝的形成与分布[M]．北京：科学出版社，2008.

[18]Zeng L B，Su H，Tang X M，et al. Fractured tight sandstone oil and gas reservoirs：a new play type in the Dongpu depression，Bohai Bay Basin，China [J]．AAPG Bulletin，2013，97 (3)：363 –377.

[19]曾联波，漆家福，王永秀．低渗透储层构造裂缝的成因类型及其形成地质条件[J]．石油学报，2007，28(4)：52 –56.

[20]曾联波，李忠兴，史成恩，等．鄂尔多斯盆地上三叠统延长组特低渗透砂岩储层裂缝特征及成因[J]．地质学报，2007，81(2)：174－180.
[21]曾联波，高春宇，漆家福，等．鄂尔多斯盆地陇东地区特低渗透砂岩储层裂缝分布规律及其渗流作用[J]．中国科学D辑：地球科学，2008，38(Ⅰ)：41－47.
[22]曾联波，赵继勇，朱圣举，等．岩层非均质性对裂缝发育的影响研究[J]．自然科学进展，2008，18(2)：216－220.
[23]曾联波．低渗透砂岩储层裂缝的形成与分布[M]．北京：科学出版社，2008.
[24]曾联波，柯式镇，刘洋．低渗透油气储层裂缝研究方法[M]．北京：石油工业出版社，2010.
[25]冉令波，丁晓琪，张熙．鄂尔多斯盆地镇泾油田长 8_1 小层沉积相类型及沉积演化研究[J]．石油天然气学报(江汉石油学院学报)，2010，32(6)：341－345.
[26]丁晓琪，张哨楠，谢世文，等．镇泾地区长8段致密低渗透油藏主控因素分析[J]．西南石油大学学报(自然科学版)，2011，33(1)：25－30.
[27]曾联波，柯式镇，刘洋．低渗透油气储层裂缝研究方法[M]．北京：石油工业出版社，2010.
[28]Lyu W Y，Zeng L B，Liu Z Q，et al. Fracture responses of conventional logs in tight－oil sandstones：A case study of the Upper Triassic Yanchang Formation in southwest Ordos Basin，China[J]. AAPG Bulletin，2016，100(9)：1399－1417.
[29]Tsvankin I. Reflection moveout and parameter estimation for horizontal transverse isotropy [J]. Geophysics，1997，62(2)：614－629.
[30]Crampin S. Evaluation of anisotropy by shear－wave splitting[J]. Geophysics，1985，50(1)：142－152.
[31]吴国忱．各向异性介质地震波传播与成像[M]．东营：中国石油大学出版社，2006.
[32]毕研斌，龙胜祥，郭彤楼，等．地震方位各向异性技术在TNB地区嘉二段储层裂缝检测中的应用[J]．石油地球物理勘探，2009，44(2)：190－195.
[33]王洪求，杨午阳，谢春辉，等．不同地震属性的方位各向异性分析及裂缝预测[J]．石油地球物理勘探，2014，49(5)：925－931.
[34]Rueger A，Tsvankin I. Using AVO for fracture detection：Analytic basis and practical solutions[J]. The Leading Edge，1997，16(10)：1429－1434.
[35]李香芹，曹正安，王健，等．地震裂缝预测技术在户部寨气田开发中的应用[J]．科技与创新，2015(16)：152.
[36]陈双全，曾联波，黄平，等．多尺度裂缝综合预测应用研究[J]．应用地球物理，2016，13(1)：80－92.
[37]周文，林家善，张银德，等．镇泾地区曙光油田延长组构造裂缝分布评价[J]．石油天然气学报(江汉石油学院学报)，2008，30(5)：1－4.
[38]王翠丽，周文，李红波，等．镇泾地区延长组多期次裂缝发育特征及分布[J]．成都理工大学学报(自然科学版)，2014，41(5)：596－603.
[39]张娟．镇泾地区长8段裂缝发育特征及其与开发关系[D]．四川成都：成都理工大学，2010.
[40]赵永刚，潘和平，李功强，等．鄂尔多斯盆地西南部镇泾油田延长组致密砂岩储层裂缝测井识别[J]．现代地质，2013，27(4)：934－940.
[41]吴吉元．鄂尔多斯盆地红河油田长8油藏裂缝识别及预测方法[J]．新疆地质，2014，32

(3): 351 -355.

[42]张林炎，范昆，刘进东，等. 鄂尔多斯盆地镇原——泾川地区三叠系延长组构造裂缝分布定量预测[J]. 地质力学学报，2006，12(4): 476 -484.

[43]Aguilera R A. Determination of Matrix Flow Units in Naturally Fractured Reservoirs[J]. Journal of Canadian Petroleum Technology, 2003, 42(12).

[44]Aguilera M S, Aguilera R A. Improved Models for Petrophysical Analysis of Dual Porosity Reservoirs[J]. Petrophysics, 2003, 44(1): 21 -35.

[45]Antonellini M, Mollema P N. A natural analog for a fractured and faulted reservoir in dolomite: Triassic Sella group, northern Italy[J]. AAPG Bulletin, 2000, 84(3): 314 -344.

[46]Bai T, Pollard, David D. Fracture spacing in layered rocks: a new explanation based on the stress transition [J]. Journal of Structural Geology, 2000, 22(1): 43 -57.

[47]Catherine L H, John Lorenz, Lawrence T I, et al. Lithological and structural controls on natural fracture distribution and behavior with in the Lisburne group, northeastern Brooks Range and north slope subsurface, Alaska[J]. AAPG Bulletin, 1997, 81(10): 1700 -1720.

[48]Chad A, Underwood, M L Cooke, et al. Stratigraphic controls on vertical fracture patterns in Silarian dolomite, northeastern Wisconsin[J]. AAPG Bulletin, 2003, 87(1): 121 -142.

[59]Cooke M L. Fracture termination and step -over at bedding interfaces due to frictional slip and interface opening[J]. Journal of Structural Geology, 2001, 23(2 -3): 223 -238.

[50]David D, Pollard D D, Aydin A. Progress in understanding jointing over the past Century[J]. Geological Society of America Bulletion, 1988, 100: 1181 -1201.

[51]Finkbeiner, T, C A Barton, M D Zoback. Relationships among in -situ stress, fractures and faults, and fluid flow: Monterey formation, Santa Maria basin, California[J]. AAPG bulletin, 1997, 81, 12: 1975 -1999.

[52]Finn M D, Gross M R, Eyal Y, et al. Kinematics of throughgoing fractures in jointed rocks[J]. Tectonophysics, 2003, 376(3 -4): 151 -166.

[53]Gillespie P A, Howard C B. Measurement and characterization of spatial distributions of fractures[J]. Tectonophysics, 1993, 226: 113 -141.

[54]Groshong R H. Forced folds and fractures: Geological Society Special Publication[J]. Tectonophysics, 2001, 334(5): 57 -59.

[55]刘忠群，等. 泾河油田裂缝型致密油藏地质特征及开发政策[J]. 西南石油大学学报(自然科学版), 2019, 41(2): 23 -32.

[56]任战利，李文厚，梁宇，等. 鄂尔多斯盆地东南部延长组致密油成藏条件及主控因素[J]. 石油与天然气地质，2014，35(2): 190 -198

[57]张凤奇，张凤博，钟红利，等. 鄂尔多斯盆地甘泉南部地区延长组长7致密油富集主控因素[J]. 岩性油气藏，2016，28(3): 12 -19

[58]汪少勇，黄福喜，宋涛，等. 中国陆相致密油“甜点”富集高产控制因素及勘探建议[J]. 成都理工大学学报(自然科学版)，2019，46(6): 641 -650

[59]Zou C N, Yang Z, Tao S Z, et al. Continuous Hydrocarbon Accumulation Over a Large Area as a Disting-

guishing Characteristics of Unconventional Petroleum: The Ordos Basin[J]. Earth Science Reviews, 2013, 126: 358－369
[60]刘建民, 徐守余. 河流相储层沉积模式及对剩余油分布的控制[J]. 石油学报, 2003, 24(1): 58－62
[61]宋明水, 赵乐强, 宫亚军, 等. 准噶尔盆地西北缘超剥带圈闭含油性量化评价[J]. 石油学报, 2016, 37(1): 64－72
[62]孙玉善, 申银民, 徐迅, 等. 应用成岩岩相分析法评价和预测非均质性储层及其含油性—以塔里木盆地哈得逊地区为例[J]. 沉积学报, 2002, 20(1): 55－60
[63]崔景伟, 朱如凯, 吴松涛, 等. 致密砂岩层内非均质性及含油下限———以鄂尔多斯盆地三叠系延长组长 7 段为例[J]. 石油学报, 2013, 34(5): 877－882
[64]陈德坡, 王延忠, 柳世成, 等. 孤东油田七区西馆陶组上段储层非均质性及剩余油分布[J]. 成都理工大学学报(自然科学版), 2019, 46(6): 641－650
[65]裘亦楠. 储层地质模型[J]. 石油学报, 1991(04): 55－62.
[66]裘怿楠, 贾爱林. 储层地质模型 10 年[J]. 石油学报, 2000(04): 101－104＋125.
[67]贾爱林. 中国储层地质模型 20 年[J]. 石油学报, 2011, 32(01): 181－188.
[68]贾爱林, 郭智, 郭建林, 等. 中国储层地质模型 30 年[J]. 石油学报, 2021, 42(11): 1506－1515.
[69]张园园, 任战利, 何发岐, 等. 克拉通盆地构造转折区中－新生界构造特征及其控藏意义——以鄂尔多斯盆地西南部镇泾地区延长组为例[J]. 岩石学报, 2020, 36(11): 3537－3549.
[70]林承焰, 李辉, 任丽华, 等. 致密砂岩储层天然裂缝建模方法研究进展[J]. 地球物理学进展, 2020, 35(05): 1803－1814.
[71]林承焰, 李辉, 马存飞, 等. 致密砂岩储层天然裂缝建模方法[J]. 中国石油大学学报(自然科学版), 2019, 43(05): 21－33.
[72]董少群, 吕文雅, 夏东领, 等. 致密砂岩储层多尺度裂缝三维地质建模方法[J]. 石油与天然气地质, 2020, 41(03): 627－637.
[73]孙爽, 赵淑霞, 侯加根, 等. 致密砂岩储层多尺度裂缝分级建模方法——以红河油田 92 井区长 8 储层为例[J]. 石油科学通报, 2019, 4(01): 11－26.
[74]董少群, 曾联波, 曹菡, 等. 裂缝密度约束的离散裂缝网络建模方法与实现[J]. 地质论评, 2018, 64(05): 1302－1314.
[75]董少群, 曾联波, Xu Chaoshui, 等. 储层裂缝随机建模方法研究进展[J]. 石油地球物理勘探, 2018, 53(03): 625－641＋8.
[76]G E Archie. The electrical resistivity log as an aid in determining some reservoir characteristics[J]. AIME Petroleum Tech, 1942, 5(1): 1－8.
[77]谭廷栋. 浅析"阿尔奇公式"[J]. 国外测井技术, 1992, 7(2): 105－113.
[78]孙建国. 阿尔奇(Archie)公式: 提出背景与早期争论[J]. 地球物理学进展, 2007, 22(2): 472－486.
[79]孙建孟, 王永刚. 地球物理资料综合应用[M]. 东营: 石油大学出版社, 2001.
[80]洪有密. 测井原理与综合解释[M]. 东营: 石油大学出版社, 1993.
[81]雍世和, 张超谟. 测井数据处理与综合解释[M]. 东营: 中国石油大学出版社, 2007.
[82]刘忠华, 吴淑琴, 杜宝会, 等. 储层渗透性与地层因素关系的实验研究与分析[J]. 地球物理学报, 2013, 56(6): 2088－2097.

[83]黄蓬刚．低渗透砂岩储层岩石渗流电性特征研究[D]．西安：西安石油大学，2012.
[84]郑庆林，王钰森，赵雨．低孔隙度条件下阿尔奇含水饱和度解释模型改进[J]．测井技术，2006，30(1)：57－59.
[85]毛志强，谭廷栋，林纯增，等．完全含水多孔岩石电学性质及其孔隙结构实验研究[J]．石油学报，1997，18(3)：51－55.
[86]张明禄，石玉江．复杂孔隙结构砂岩储层岩电参数研究[J]．测井技术，2005，29(5)：446－448.
[87]伍泽云，王晓光，王浩．低孔低渗储层中确定 Archie 参数 m 与 a 的改进方法[J]．石油天然气学报(江汉石油学院学报)，2009，31(3)：76－78.
[88]李霞，赵文智，周灿灿．低孔低渗碎屑岩储集层双孔隙饱和度模型[J]．石油勘探与开发，2012，39(1)：82－91.
[89]Changxi Li，Liangmin Tang，Falong Hu，et al. On the Electrical Property of Low Porosity and Low Permeability Sandstone Reservoirs with Well－developed Secondary Pore Space[C]．Perth，Australia：SPWLA 29th Annual Logging Symposium，2010：BBBB1－BBBB9.
[90]李秋实，周荣安，张金功．阿尔奇公式与储层孔隙结构的关系[J]．石油与天然气地质，2002，23(4)：364－367.
[91]么丽娜．大庆长垣低孔渗砂岩储层原始含油饱和度模型研究[D]．大庆：东北石油大学，2012.
[92]杨雪．低孔低渗储层含水饱和度模型的确定及在松南地区的应用[D]．长春：吉林大学，2008.
[93]樊云峰．鄂尔多斯盆地志丹－子北油区长 6－1 储层岩电关系特征研究[D]．西安：西北大学，2012.
[94]陈杰．基于电阻率测井资料研究致密砂岩孔隙结构特征[D]．成都：西南石油学院，2005.
[95]章海宁，张超谟．适用复杂孔隙结构地层消除背景导电饱和度模型[J]．测井技术，2011，35(1)：41－44.
[96]张超谟，张占松，李军．基于港湾效应的导电机理与饱和度方程研究[J]．石油天然气学报(江汉石油学院学报)，2009，31(6)：86－95.
[97]Burdine N T. Relative permeability calculations from pore size distribution data[J]．Journal of Petroleum Technology，1953，5(3)：71－78.
[98]Pirson S J，Boatman E M. Prediction of relative permeability characteristics of intergranular reservoir rocks from electrical resistivity measurements[J]．Journal of Petroleum Technology，1964，16(5)：564－570.
[99]Li K. A new method for calculating two－phase relative permeability from resistivity data in porous media[J]．Transport in Porous Media，2008，74(1)：21－33.
[100]郎晓玲，郭召杰．基于 DFN 离散裂缝网络模型的裂缝性储层建模方法[J]．北京大学学报(自然科学版)，2013，49(06)：964－972.
[101]汤延帅，汪洋，高建武，等．地质约束条件下的致密储层地质建模研究——以七里村油田柴上塬区长 6 油层组为例[J]．西安石油大学学报(自然科学版)，2021，36(05)：46－54＋63.
[102]刘长利，刘欣，张莉娜，等．碎屑岩成岩作用及其对储层的影响——以鄂尔多斯盆地镇泾地区为例[J]．石油实验地质，2017，39(03)：348－354.
[103]刘春燕．致密碎屑岩储层“甜点”形成及保持机理——以鄂尔多斯盆地西南部镇泾地区延长组长 8 油层组为例[J]．石油与天然气地质，2015，36(06)：873－879.
[104]徐梦龙，何治亮，尹伟，等．鄂尔多斯盆地镇泾地区延长组 8 段致密砂岩储层特征及主控因素[J]．

石油与天然气地质，2015，36(02)：240-247.

[105] Li H, Lin C, Ren L, et al. An Integrated quantitative modeling approach for fault-related fractures in tight sandstone reservoirs[J]. Journal of Petroleum Science and Engineering, 2020, 194: 107552.

[106] Ortega O J, Marrett R A, Laubach S E. A scale-independent approach to fracture intensity and average spacing measurement[J]. AAPG bulletin, 2006, 90(2): 193-208.

[107] Koike K, Liu C, Sanga T. Incorporation of fracture directions into 3D geostatistical methods for a rock fracture system[J]. Environmental earth sciences, 2012, 66(5): 1403-1414.

[108] Jenkins C, Ouenes A, Zellou A, et al. Quantifying and predicting naturally fractured reservoir behavior with continuous fracture models[J]. AAPG bulletin, 2009, 93(11): 1597-1608.